中山市气象预报与服务

中山市气象局 编

气象出版社
China Meteorological Press

内容简介

本书是一部为各级党政领导和有关部门介绍中山市气象预报与服务工作的业务技术书。全书分为五章，内容有中山市地理和天气气候特点，揭示了影响中山的灾害性天气发生、发展和演变的天气规律，分析天气预报的着眼点和针对中山灾害天气，总结了数个影响中山的台风、暴雨、强冷空气等的个例预报分析。同时，介绍了天气预报与预警的种类及发布标准，阐述了决策气象服务的主要内容。全书文字简练，图表清晰，总结几十年来中山市天气预报业务与服务工作经验，有助于读者加深对中山气象业务服务工作的了解，提高气象为防灾减灾服务的水平。

本书可供党政部门领导及气象、水利、农业、地理、环境保护等部门科技工作者参考应用。

图书在版编目(CIP)数据

中山市气象预报与服务 / 中山市气象局编. —北京：气象出版社，2018.2

ISBN 978-7-5029-6726-0

Ⅰ. ①中… Ⅱ. ①中… Ⅲ. ①气象预报—中山②气象服务—中山 Ⅳ. ①P45

中国版本图书馆 CIP 数据核字(2018)第 013274 号

Zhongshanshi Qixiang Yubao Yu Fuwu

中山市气象预报与服务

出版发行：气象出版社	
地　　址：北京市海淀区中关村南大街 46 号	**邮政编码**：100081
电　　话：010-68407112(总编室)　010-68408042(发行部)	
网　　址：http://www.qxcbs.com	**E-mail**：qxcbs@cma.gov.cn
责任编辑：杨泽彬	**终　　审**：吴晓鹏
责任校对：王丽梅	**责任技编**：赵相宁
封面设计：博雅思企划	
印　　刷：北京中石油彩色印刷有限责任公司	
开　　本：787 mm×1092 mm　1/16	**印　　张**：14.25
字　　数：355 千字	**彩　　插**：2
版　　次：2018 年 2 月第 1 版	**印　　次**：2018 年 2 月第 1 次印刷
定　　价：85.00 元	

《中山市气象预报与服务》编写委员会

主　　编：徐宁军

副 主 编：黄柳卿　黄　根　黄　静

执行主编：黄奇章

编　　委：陈战平　周思业　李海鹰　冯志强
陈桢华　吴嘉豪　姜丽萍　叶　平
谢宝永　林晓剑　饶生辉　方宇凌
劳钊明　麦健华

编　　务：黄奇章　麦健华　梁碧芳　李颖昕
吴健君

前　言

中山市位于广东省的西南部，全境在北回归线以南，濒临南海，属于南亚热带季风气候，冬季盛行东北季风，天气较为寒冷，空气干燥，少雨；夏季盛行西南季风，受海洋暖湿气流影响，天气炎热，空气潮湿，多雨，自然条件优越，气候资源丰富。但由于受到季风带、副热带系统和热带天气系统的影响，天气气候复杂，灾害性天气比较频发，例如，暴雨、洪涝、热带气旋、强冷空气、高温等灾害性天气每年都有发生。气象灾害已成为危害中山市经济建设和人民生活的重要因素。

中山市气候资源丰富和优越，全市气候温暖，年平均气温为 22.2℃，最冷月的平均气温只有 13.8℃，最低气温在 5℃或以下的低温天气不足 5 d。全年雨量充沛，年平均年雨量为 1811.1 mm。按季节条件划分，春夏季节，温暖、潮湿多雷暴和暴雨；秋冬季节，温湿适度，空气清新，风和日丽。

季风气候在给中山带来优越的气候环境和丰富气候资源的同时，也带来了一些气象灾害。中山市常见的灾害性天气有：暴雨洪涝、热带气旋、强对流天气、强冷空气、雷电灾害、干旱咸潮和高温等。影响中山市的气象灾害不但种类繁多，而且时间长。一年四季都有可能发生重大的气象灾害，例如，特大暴雨造成的洪涝，台风的正面袭击带来强风和暴雨，严重的强对流天气会造成雷雨大风等。这些气象灾害的发生会给社会和人民的生命财产造成极大损失。气象部门作为政府部门的参谋、助手，为全市人民做好决策气象服务和公共气象服务工作非常重要。如果有重大灾害性天气影响该地区，做好有关的气象服务工作，给政府部门决策指挥，给全市人民提供充足的防御时间，会大大地减轻经济和财产损失。例如，1994 年 6 月中山市的特大洪水，1999 年 9 月 16 日 10 号台风，2003 年 9 月 15 日特大暴雨，等等。气象部门提供了准确及时的气象决策服务，为中山市防灾减灾做出了应有的贡献。为了进一步提高决策气象服务的科学水平，中山市气象局组织编写了《中山市气象预报与服务》一书。

本书以几十年珍贵的气象资料作为基础，系统地分析和总结了中山市的气候和主要灾害性天气，介绍了天气预报与警报的类型，阐述了决策气象服务、公众气象服务等。全文采用科普的写作手法，语言简明易懂，图文并茂，便于查阅，可供有关党政领导部门，气象、地理、农业、环境、水利等部门的科技工作者参考使用。

本书气象资料的统计时间为1955—2010年，个别应用资料到2012年或2016年。

由于编者水平有限，不妥之处，敬请读者批评改正。

编　者

2017年7月

目　录

第1章　地理概况

1.1　概况

1.1.1　简介及沿革

中山古称香山，历史上中山、珠海、澳门等地同属于香山县，16世纪中期葡萄牙租占了澳门，珠海直到20世纪60年代在行政区上才从中山县分离出去。中山有着悠久的历史和文化，建县距今已有八百多年历史。它在封建社会中的中后期取得了快速发展，清代中业已成为“大县”，农业、工业、商业颇为发达，由于华侨较多，故成为侨乡。近30年来，中山又成为改革开放、社会主义现代化建设的排头兵，熔铸了新时期的中山人精神——“博爱、创新、包容、和谐”。

中山市地处低纬，背靠大陆，南临浩瀚的南海，北接广州市番禺和佛山市的顺德，西邻江门市区、新会区和珠海市的斗门区，东南连接珠海市，东隔珠江口伶仃洋与深圳市和香港特别行政区相望。

中山市处于北纬22°11′～22°47′，东经113°09′～113°46′，陆地南北相距约60 km，东西相距约40 km。

1.1.2　行政区划与人口

中山市在1988年1月7日由县级市升格为地级市。1949—1988年，中山隶属佛山专区管辖。现在，中山市共设立1个市区、1个开发区和19个镇。其中，市区分为石岐区、东区、西区和南区；开发区称为中山市火炬开发区；19个镇区分别为：阜沙、三角、民众、南朗、五桂山、三乡、板芙、神湾、坦洲、古镇、小榄、东升、东凤、南头、港口、横栏、大涌、沙溪、黄圃。

中山市是一个辖区内没有设县的地级城市，人口规模比较少，根据中山市统计局2010年末的统计，全市常住人口312.27万人，户籍人口149.18万人。其中，男性74.38万人，女性74.08万人。中山市的语言状况比较复杂，主要使用汉语方言，包括粤方言、闽方言及客家方言。其中使用粤方言的人数最多，约占总人口的84%。

1.1.3 资源物产与经济概况

(1)资源物产

中山市为南亚热带季风气候，是一个光、热、水资源特别丰富的地区，气候温暖，雨量充沛。年平均气温为22.2℃，年平均降水量为1811.1 mm。由于充足的热量、充沛的雨量，使得中山市区草木常年郁郁葱葱，生机盎然；四季水果飘香，特别是荔枝、龙眼、香蕉、菠萝被誉为名优产品。其中神湾菠萝甜、脆、香，被称为中山一绝。

中山市水资源丰富，年集雨量达29.18亿 m^3，西江和北江流经中山市的磨刀门、横门、洪奇沥，多年平均年径流总量2241 m^3，占珠江年平均径流总量3290亿 m^3 的68.1%。此外，中山地处滨海，可利用潮差进行排灌。

中山市的地质发展历史悠久，地壳变动频繁，但地层分布比较简单，富矿地层缺乏，矿产种类不多，金属矿产十分短缺，优势矿产主要有建筑使用的花岗岩、矿泉水、地下热水、砂料和耐火黏土。其中石料主要有黑云母花岗岩、黑云母二长花岗岩和花岗闪长岩，广泛分布于市内的低山，丘陵和台地，以五桂山和竹篙岭储量最为丰富；地下热水主要分布在三乡、坦洲等地；矿泉水主要分布于中山南部的五桂山至神湾一带的山区。

中山市多名人胜迹，五桂山山脉和珠江三角洲南部的水乡特色，形成多姿多彩的人文与自然景观。市内主要旅游景点有：翠亨孙中山故居、中山市影视城、孙中山纪念馆、中山纪念中学、孙文纪念公园、孙中山纪念堂、五桂山逍遥谷、翠竹园漂流乐园及革命历史根据地、紫马岭公园、中山温泉、长江水库旅游区、孙文西路步行街、横门海上庄园、三乡泉林旅游山庄、民众岭南水乡、丰本农业科技园、大涌卓旗山庄、烟墩山古塔、西山禅寺、南区古香林、宋帝遗址、罗三妹山、桥头小琅环等。土特产主要有三月红荔枝、神湾菠萝、小榄菊花肉、中山杏仁饼、石岐乳鸽、长江脆肉皖、三乡濑粉、黄圃腊肠等。

中山的动植物资源也比较丰富，大中型兽类的主要活动场所分布于五桂山的低山丘陵和白水林山高丘陵地区，现存的经济动物主要有小灵猫、食蟹獴、豹猫、南狐、穿山甲、板齿鼠和各种鸟类、蛇类等；平原地区以爬行类、两栖类、鸟类和鼠类为主；水生动物有鱼类、甲壳类和多种贝类。植被主要有热带季风雨林和常绿季风雨林。据调查，全市有维管植物217科912属1771种，其中野生维管植物186科646属1235种，全市森林覆盖率16.4%。

(2)社会经济概况

中山市在历史上开发比较晚，秦汉以前，这里杂树丛生，森林茂密，虫蛇出没，人迹稀少，到了魏晋南北朝时期，这里才开始有些人气，隋唐时期，生产逐渐繁盛，或农或渔或盐，经济有所发展。随后，唐代建镇，南宋设县。到了封建社会的中后期，中山的社会经济才取得快速的发展。清代中业称为“大县”。“户籍殷繁”，农、工、商业颇为发达，由于与国外交往频繁，华侨比较多，因此，成为侨乡，文化与经济和社会同步，互动地演进。南宋绍兴二十二年(1152年)设香山县，民国十四年(1925年)易名为中山县。1983年12月，中山市撤县设市(县级)，1988年1月，获得国务院批准升格为地级市。中山市是中国民主革命伟大先驱孙中山的故乡，1979年以来，中山市坚持改革开放，促进经济社会全面发展，由贫穷小县逐渐发展成为富庶文明的现代化中等城市，创造出沧海桑田巨变的辉煌。20世纪80年代中期被誉为广东“四小虎”之一而闻名于世。改革开放后，中山经济社会各项事业发展迅猛，在交通、运输、邮电、教育、城市建设、居民住房等多个方面位于全省乃至全国的前列。1999 年中山成为全国创建文明城市工作先进城市;2005 年成为首批全国文明城市和中国品牌经济的城市;2007 年成为中国十佳和谐可持续发展城市;2010 年成为国家历史文化名城。

1.2 地理环境与气候特点

1.2.1 地形地貌

中山市位于广东省中南部、珠江三角洲中部偏南的西、北江下游出海口,行政管辖面积 1800.1446 km^2。地形以平原为主,地势中部隆起、四周平坦,平原地区自西北向东南方向倾斜。五桂山、竹篙岭等山脉凸起于市境的中南部,五桂山主峰海拔为 531 m,为全市最高峰。地貌由大陆架隆起的低山、丘陵、台地和珠江口的冲积平原、海滩组成。其中,低山、丘陵、台地占全境面积 24%,海拔在 10～200 m,其土壤类型为赤红壤,海拔在 0.5～1.0 m,即平原地区的土壤类型为水稻土和基水地,滩涂广泛分布有滨海盐渍沼泽土以及滨海沙土。

河流面积占全境的百分之八,西江下游的西海水道、磨刀门水道自北向南流经中山市西部边界,由磨刀门流入南海;北江下游的洪奇沥水道自北向东南经过中山市东北边由洪奇沥流入珠江口。其间岔道纵横交错,其中小榄水道、鸡鸦水道横贯中山市北半部,汇入横门水道由横门流入珠江口。水系划分为平原河网和低山丘陵河网两个部分,平原地区河网深受南海海洋潮汐的影响,具有典型的河口区特色。

1.2.2 江河水库

(1)江河

由于中山市地处珠江三角洲腹地,市境内河流、水道纵横交错,主要河流有磨刀门水道、洪奇沥水道、鸡鸦水道、小榄水道、横门水道、岐江河及前山水道等,均属于珠江流域的西、北江水系。这些河流大多呈西北东南走向。

鸡鸦水道:为西江的支流与海水道的下分支,位于中山市的北部,流长约 33 km,河面宽 200～300 m。

小榄水道:位于中山市北部,为西江支流与海水道的下分支,流长 31 km,河面宽 150～300 m。

横门水道:位于市境中、东部,流长 12 km,河面宽 800～1000 m。

洪奇沥水道:为北江干流出海水道,位于中山市东北部,全长 28 km,河面宽 300～1000 m,该水道是通往港湾地区的主要航道之一。

磨刀门水道:位于市境西部,属于西江下游河流,沿中山、新会、斗门流入南海,流长 44 km,河面宽 700～3600 m。

黄圃水道:属于西江水系,西接鸡鸦水道,东至三星围口入洪奇沥,流长 11.5 km,河面宽 100～150 m。

黄沙沥水道：位于市境北部，流长 10 km，河宽 130～150 m。

岐江河，横穿中山市境中部，流长 39 km，宽 80～200 m，该河流经中山市城区，所以它被誉为中山人民的“母亲河”。从 1998 年以来，中山市对岐江河进行过 2 次大规模综合治理，水质由 V 类水质升为 IV 类。城区河段两岸均兴建了绿化景观公园，随处绿树成荫，花草铺地，安放有靠背椅及各种城雕、艺术品。现在昼夜游人如鲫，欢声笑语，彰显着中山市国家环保模范城市和优秀旅游城市的风采。

(2)水库

中山市人民政府在 20 世纪 50 年代就开始兴建蓄水灌溉工程。到 2010 年为止，中山市境兴建的水库有长江水库、逸仙水库、金钟水库、横迳水库、莲花山水库、马山水库和田心水库等。其中长江水库为中山市最大的水库，它位于五桂山镇小隐涌上游，是防洪、灌溉、供水、发电综合利用的中型枢纽工程，集雨面积 36.4 km^2，总库容 5040 万 m^3。由于长江水库距市区只有 5 km，从 20 世纪 80 年代开始它已经成为中山市人民休闲活动的场所。

1.2.3　气候特点

中山市属南亚热带季风气候区，又属亚热带和热带的过渡区，其主要特点是：气候温暖，热量丰富，光照充足，雨量充沛。

(1)温暖的气候，丰富的热量

中山市由于地处低纬，又在北回归线以南，每年有两次被太阳直射，因此，全年气候温暖，多年平均气温为 22.2℃，而且气温差较小，即使是有气象观测记录以来最冷的 1984 年，年平均气温也有 21.2℃。按 5 d 为一候的平均气温≤10℃作为气候学上的冬季划分标准，中山没有气候学上的冬季。

(2)充沛的雨量

由于中山市濒临浩瀚的南海，全市除了冬季受大陆冬季风的控制，雨量较少外，其余时间均受温暖的海洋气流影响，雨量充沛，多年平均雨量达到 1811.1 mm，并形成了雨热同季的现象，即夏季雨量充沛，秋冬季节雨量较少。

(3)充足的阳光

中山市全年日照时数平均为 1797.8 h，平均每天为 4.9 h。在盛夏和秋冬季节，日照时数会长一些，到了 2—3 月，由于阴雨天气较多，相应日照也较少。

(4)气候资源优越

中山属于南亚热带季风气候，夏季炎热多雨，冬季温和干燥，光照的有效率极高，热、光、水条件对植被、农作物生长十分有利，同时，中山具有雨水充沛，空气湿润的海洋性气候特点，由于中山的地理位置特殊，一般来说，除了个别年份之外气象灾害影响的程度相对比较轻。

(5)气象灾害频繁

中山地处低纬，濒临海洋，位于大陆气团和海洋气团的交界处，成为两个大气团的交接地带，天气气候异常复杂。冬半年受来自大陆的寒冷气团影响，而夏半年又频繁受到来自海洋的热带系统的袭击，因此，气象灾害天气比较多，一年到头都有可能发生，例如春季的低温阴雨，夏季的暴雨洪涝，夏秋季节的台风以及冬季的低温冷害，等等。而雨量分布时空的不均匀，又会带来干旱和咸潮。

第 2 章　气候资源

2.1　光能资源

一个地区的光能资源一般用太阳辐射的强度和日照时数的长短来表示。中山太阳辐射观测时间比较短，代表性不强，本书主要用日照时数这一气象要素来分析中山的光能资源。

2.1.1　日照

(1)日照的年变化

由于中山地处低纬，太阳辐射比较强，全年日照时间较长，光照充足。根据 1955—2010 年年平均日照时数的观测统计为 1797.8 h，每日平均日照时数为 4.9 h。日照的年际变化比较大。年日照时数最多是 1955 年，达到 2392.6 h，日平均日照时数达 6.6 h。其次是 1958 年，年日照时数为 2306.9 h，日平均日照时数为 6.3 h。年日照时数最少是 1994 年，只有 1448.2 h，日平均日照时数只有 4 h。其次是 1961 年，年日照时数为 1455.8 h，日平均日照时数也是 4 h。

另外，根据多年观测和统计发现，近数十年来中山的日照时数显著减少。20 世纪 50 年代中后期(1955—1960 年)，年均日照时数为 2068.1 h，日均日照时数 5.7 h。到了 60 年代，年均日照时数为 1927.0 h，比 50 年代少了 141.1 h，日均日照时数 5.3 h。70 年代，年均日照时数为 1785.9 h，又比 60 年代减少了 141.1 h，日均日照时数减少到 4.9 h。到了 80 年代以后，年均日照时数徘徊在 1672.4～1683.5 h，日均日照时数只有 4.6 h。与 50 年代相比，日均日照时数减少了 1.1 h，90 年代和 80 年代相近，但到了 2000 年以后又有所上升。中山市不同年代平均日照时数如表 2-1-1 所示。

表 2-1-1　中山市不同年代平均日照时数　　单位：h

年代	20 世纪 50 年代中后期	20 世纪 60 年代	20 世纪 70 年代	20 世纪 80 年代	20 世纪 90 年代	2000 年
年均日照时数	2068.1	1927.0	1785.9	1683.5	1672.4	1758.0
日均日照时数	5.7	5.3	4.9	4.6	4.6	4.8

(2)日照的季节变化

一年之中，不同的季节，日照是不同的，一般是夏季最多，秋季次之，春季最少。按月份来说，各个月的日照时数也是不同的。从天文角度来看，理应是 6 月日照时数最多，12 月最少。但是，由于云量、降雨以及地理环境等因素的影响，实际的日照时数月变化与天文角度不完全相同。中山月平均日照时数最多是 7 月，为 223.5 h，日平均日照时数为 7.1 h。其次是 8 月，为 193.4 h，日平均 6.2 h。月平均日照时数最少是 3 月，只有 78.8 h，日平均日照时数只有 2.5 h，仅为 7 月日照时数的三分之一左右。出现这种情况，正好与 3 月阴雨天气多相吻合。其次是 2 月，月日照时数 81.9 h，日平均 2.9 h。1955—2010 年中山市各月平均日照时数如图 2-1-1 所示。

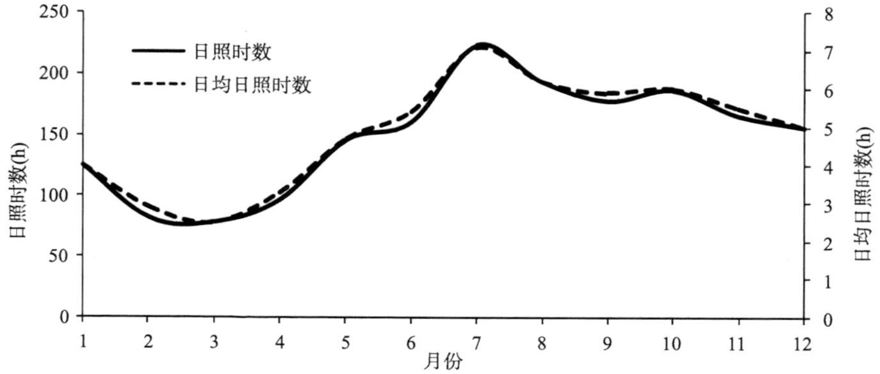

图 2-1-1　1955—2010 年中山市各月平均日照时数

2.1.2　光能资源的利用

光能资源是指某地所接受的太阳辐射量。我国的光能资源丰富，年辐射总量在 80～240 kcal①/cm²，其分布规律是从东向西逐渐增大。年辐射量最大的是青藏高原，大部分地区在 160 kcal/cm² 以上。

太阳辐射是绿色植物通过光合作制造有机物的唯一能量来源。光能资源利用潜力很大，全国光能利用率仅为 0.4%。因此，光能利用的潜力是广阔的。

光能来自于太阳能，主要表现就是常说的太阳光线，目前一般用作发电或者为热水器提供能源。自地球上生命诞生以来，就主要以太阳提供的热辐射能而生存，而自古人类就懂得以阳光晒干物件，并作为制作食物的方法，如制盐晒鱼干等。在化石燃料日趋减少的情况下，太阳能已成为人类使用能源的重要组成部分，并不断得到发展。太阳能的利用有光热转换和光电转换两种方式，太阳能发电是一种新兴的可再生能源。

2.2　热量资源

2.2.1　气温

(1)气温的年变化

根据 1955—2010 年气象资料统计，中山市的年平均气温为 22.2℃。年平均气温最高

① 1 cal＝4.1855 J，下同。

为 23.6℃，分别出现在 1998 年、2002 年和 2003 年。最低为 21.2℃，出现在 1984 年。年平均气温的年际变幅为 2.4℃。中山市地处副热带与热带交界处，终年气温较高，夏天炎热，春季暖湿，秋季气温偏高，冬季凉爽，有些年份偏冷。另外根据分析表明，最近六十多年气候变暖明显。

根据 1955—2010 年的气象资料分析，可以把中山市年平均气温变化情况分为三个阶段：

第一阶段（1955—1986 年），为气温略偏低时期。在这一阶段的 32 年中，有 29 年年平均气温低于历年平均值（22.2℃），2 年等于平均值，1 年高于平均值。低于平均值的 29 年温度也不是太低，大都在 21.5～22.1℃。

第二阶段（1987—1997 年），为气温波动微升时期。在这一阶段的 11 年中，年平均气温高于平均值的有 7 年，低于或等于平均值的有 4 年，年平均气温在 21.6～22.9℃呈波动微升之势。

第三阶段（1998—2007 年），为气温显著上升时期。这一时期，年平均气温一直都在 23.0℃或以上，其中 1998 年、2002 年和 2003 年的年平均气温高达 23.6℃，比历年平均值高出 1.4℃，可见气候变暖的趋势十分明显。2008—2010 年年平均气温有所下降，分别为 22.3℃、22.8℃、22.6℃。

从每 10 年年平均气温的变化也反映了气候变暖的趋势。头 3 个 10 年（1955—1984 年），10 年年平均气温稳定在 21.8～21.9℃，且后 2 个 10 年（1965—1984 年）比前 10 年的年平均气温稍为下降了 0.1℃。到了第 4 个 10 年（即 1985—1994 年），10 年年平均气温转为上升，升幅为 0.3℃，达到 22.1℃。到了第 5 个 10 年，（1995—2004 年），气温明显上升，年平均气温整整上升了 1℃，达到 23.1℃，可见气候明显变暖。2005—2010 年，2005、2006 年和 2007 年平均气温为 23.0～23.3℃，仍保持着变暖的势头 2008—2010 年平均气温有所下降。表 2-2-1 为 1955—2010 年中山市 10 年平均年气温变化。

表 2-2-1　1955—2010 年中山市每 10 年平均年气温　　单位：℃

年份	1955—1964	1965—1974	1975—1984	1985—1994	1995—2004	2005—2010
10 年平均年气温	21.9	21.8	21.8	22.1	23.1	22.8

（2）气温的季节变化

中山市一年中是夏季的气温最高，秋季的气温次之，冬季的气温最低。全市月平均气温是以 7 月最高，为 28.6℃。其次是 8 月，为 28.3℃。月平均气温最低出现在 1 月，为 13.8℃。其次是 2 月，为 15.1℃。月平均气温最高和最低相差 14.8℃。虽然月平均气温以 7 月最高，但并不是每年 7 月的平均气温都是全年最高的。在 1955—2010 年中，有 19 年 8 月的月平均气温高过 7 月，占了总年数的三分之一。同样，也并不是每年的月平均气温最低值都出现在 1 月，在 56 年中有 15 年（占总年份的 27%）月平均最低气温出现在 2 月。各月平均气温如图 2-2-1 所示。

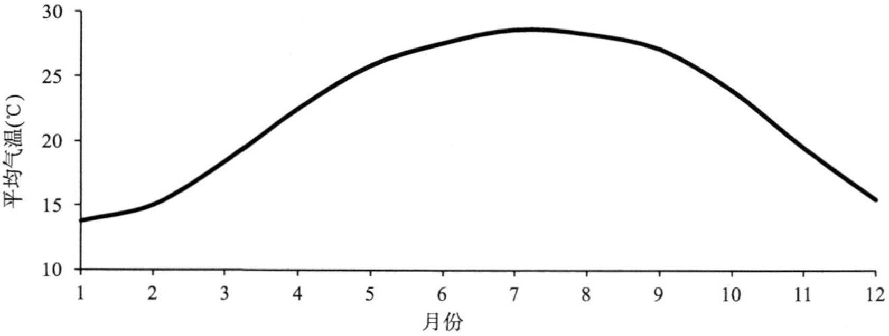

图 2-2-1　1955—2010 年中山市各月平均气温

(3)极端气温

①极端最高气温

根据 1955—2016 年气象资料，中山市年最高气温平均值为 35.9℃，其中最高气温极值为 38.7℃，出现在 2005 年 7 月 18 日和 7 月 19 日。其次是 38.3℃，出现在 2004 年 7 月 1 日。同时分析发现最高气温的变化有前低后高的趋势。在 1955—1985 年 31 年中，有 24 年极端最高气温低于平均值，占 77%；高于平均值的有 5 年，占 16%；等于平均值的有 2 年，占 6%。1986—2010 年 25 年中，有 21 年极端最高气温高于平均值，占 84%；小于平均值的有 2 年，等于平均值的有 2 年。其中，2003—2010 年，8 年间有 6 年极端最高气温超过 37.0℃，这是 1955—2010 年 56 年资料中绝无仅有的。历年年极端最高气温如表 2-2-2 所示。

表 2-2-2　1955—2016 年中山市各年极端最高气温　　单位：℃

年份	1955	1956	1957	1958	1959	1960	1961	1962	1963	1964
最高气温	34.0	36.2	35.6	35.3	34.6	34.7	35.7	35.7	35.6	35.0
年份	1965	1966	1967	1968	1969	1970	1971	1972	1973	1974
最高气温	35.6	35.3	35.9	35.6	35.5	36.1	35.8	35.8	33.8	35.3
年份	1975	1976	1977	1978	1979	1980	1981	1982	1983	1984
最高气温	35.1	35.3	34.8	35.6	35.6	36.7	35.1	36.0	35.1	35.1
年份	1985	1986	1987	1988	1989	1990	1991	1992	1993	1994
最高气温	34.6	35.9	35.8	36.0	36.4	36.4	35.9	36.0	35.6	37.5
年份	1995	1996	1997	1998	1999	2000	2001	2002	2003	2004
最高气温	36.4	36.1	35.6	36.9	36.6	36.9	36.4	36.0	37.2	38.3
年份	2005	2006	2007	2008	2009	2010	2011	2012	2013	2014
最高气温	38.7	37.1	36.0	37.3	37.3	36.0	35.7	35.8	35.6	36.6
年份	2015	2016	平均	最高						
最高气温	36.9	37.6	35.9	38.7						

②极端最低气温

1955—2016 年，中山最低气温的平均值为 3.6℃，其中最低气温的极值为－1.3℃，出现在 1955 年 1 月 12 日。其次是 0.5℃，出现在 1957 年 2 月 11 日。

年极端最低气温的变化，大致有前低后高趋势。在 1955—1985 年 31 年中，极端最低气温有 22 年低于平均值，占 71%。而 1986—2010 年 25 年，有 19 年极端最低气温高于平均值，占 76%。其中 2000—2010 年，连续 10 年极端最低气温高于平均值，只有 2010 年低于平均值。

各年极端最低气温如表 2-2-3 所示。

表 2-2-3　1955—2016 年中山市各年极端最低气温

单位:℃

年份	1955	1956	1957	1958	1959	1960	1961	1962	1963	1964
最低气温	−1.3	0.7	0.5	3.9	4.6	3.7	2.7	2.9	0.9	4.4
年份	1965	1966	1967	1968	1969	1970	1971	1972	1973	1974
最低气温	4.5	5.1	1.2	3.6	2.0	4.7	3.1	3.1	1.8	2.4
年份	1975	1976	1977	1978	1979	1980	1981	1982	1983	1984
最低气温	1.5	1.8	2.2	3.5	3.0	2.9	3.3	1.9	2.5	1.6
年份	1985	1986	1987	1988	1989	1990	1991	1992	1993	1994
最低气温	3.1	2.2	3.9	5.0	5.2	3.7	2.4	4.1	1.3	5.8
年份	1995	1996	1997	1998	1999	2000	2001	2002	2003	2004
最低气温	5.4	3.3	6.0	6.0	2.9	5.4	5.5	4.5	5.8	5.0
年份	2005	2006	2007	2008	2009	2010	2011	2012	2013	2014
最低气温	3.5	6.0	6.1	5.0	4.2	2.9	3.3	4.4	5.7	4.0
年份	2015	2016	平均	最低						
最低气温	7.9	1.9	3.6	−1.3						

2.2.2　热量资源的利用

中山市热量资源丰富。因为气温在 0℃以上的时间都是植物和农作物以及经济作物生长的季节,因为中山市全年日平均气温都是稳定在 0℃以上,因此,中山市即使在冬季,所有的植物和农作物都是绿色的,一遍春意,看不到冬季那种叶子枯萎的现象。

日平均气温在 10℃以上是喜温作物的生长期。按中山市的情况,除了个别时间,基本上全年日平均气温都是在 10℃以上。

日平均气温在 20℃以上是水稻、玉米等成熟的指标温度,实际上中山除了冬季(12、1、2 月)及 3 月(平均气温 18.5℃)、11 月(平均气温 19.6℃),其他季节都是在 20℃以上,中山市水稻为一年两造成熟收割。

中山市全年的霜冻时间也很少,最近 10 年基本无地霜冻出现,因此,中山市的热量资源相当丰富,是十分有利于植物生长和农作物生产的。

2.3　水资源

2.3.1　降水量

(1)降水量的年变化

根据 1955—2010 年的气象资料,中山市雨量充沛,平均年雨量为 1811.1 mm。年雨量最大值出现在 1981 年,达到 2744.9 mm,为平均值的 152%。其次是 1993 年,年雨量为 2568.3 mm,

为平均值的142%。年雨量最小值出现在1956年，只有1000.7 mm，仅为平均值的55%，相当于1981年年雨量的36%。其次是1977年，年雨量为1057.3 mm，仅为历年平均值的59%，相当于1981年年雨量的39%。各年年雨量如表2-3-1所示。

表2-3-1　1955—2016年中山市各年年雨量　　单位:mm

年份	1955	1956	1957	1958	1959	1960	1961	1962
雨量	1850.8	1000.7	1470.0	1176.9	1851.2	1819.4	2168.2	1224.3
年份	1963	1964	1965	1966	1967	1968	1969	1970
雨量	1061.7	1984.3	2419.1	1857.1	1316.4	1536.0	1353.7	2048.7
年份	1971	1972	1973	1974	1975	1976	1977	1978
雨量	1665.1	2102.7	2233.1	2136.1	2282.9	1902.6	1057.3	2005.8
年份	1979	1980	1981	1982	1983	1984	1985	1986
雨量	1758.8	1556.5	2744.9	1671.9	1850.7	1491.2	2231.9	1738.3
年份	1987	1988	1989	1990	1991	1992	1993	1994
雨量	2046.6	1460.7	1443.6	1415.6	1450.7	1764.8	2568.3	1998.3
年份	1995	1996	1997	1998	1999	2000	2001	2002
雨量	1554.3	1817.2	2338.3	2151.4	1814.1	2012.6	2530.5	1795.1
年份	2003	2004	2005	2006	2007	2008	2009	2010
雨量	1920.4	1441.4	1792.2	1897.9	1568.0	2090.8	2043.6	1938.9
年份	2011	2012	2013	2014	2015	2016	平均	
雨量	1460.2	2102.0	2160.2	1560.3	1723.2	2888.2	1811.1	

年雨量不仅存在年际变化，而且有逐年增加趋势。20世纪60年代比50年代中后期平均年雨量增加了168.8 mm，而70年代又比60年代增加了173.1 mm。到80年代年平均雨量略有下降，而90年代达到最高峰，为1947.0 mm，比50年代整整多了418.8 mm。从2001年开始，年雨量略有减少，但仍比50年代年雨量多372.9 mm。各年代平均年雨量如表2-3-2所示。

表2-3-2　1955—2010年中山市各年代平均年雨量　　单位:mm

时间	1955—1960	20世纪60年代	20世纪70年代	20世纪80年代	20世纪90年代	2001—2010
平均年雨量	1528.2	1697.0	1870.1	1809.6	1947.0	1901.9

(2)雨季降雨量的分布

每年4—9月，中山市降水频繁，称为雨季，或称为“汛期”。1955—2010年，中山市汛期平均雨量为1497.9 mm，占全年总雨量的82%。汛期雨量最多是2001年，达到2187.0 mm，超过汛期平均雨量46%，相当于年平均雨量的121%。其次是1981年，有2110.3 mm，也超过了年平均雨量。汛期雨量最小是1956年，只有804.4 mm，仅为汛期平均雨量的54%。其次是1977年，只有899.4 mm，仅为汛期平均雨量的60%。

由于雨季前期和后期造成降水的天气系统不一样，所以气象上把雨季分为前期和后期。把4—6月称为前汛期，7—9月称为后汛期。前汛期以锋面低槽和高空槽降水为主，后汛期则以热带气旋和热雷雨降水为主。中山市前汛期的平均雨量为749.7 mm，占汛期总雨量的50%。后汛期雨量为748.2 mm，占汛期总雨量的50%，后汛期平均雨量与前汛期相当。

前汛期雨量最大是1998年，达到1375.4 mm，为前汛期平均雨量的188%，相当于年平均年雨量的76%，比1956年、1958年、1962年、1963年等的年雨量还多。其次是1993年，为

1186.8 mm，为平均值的163%，相当于年平均雨量的66%。前汛期雨量最小是1977年，只有226.5 mm，仅为前汛期雨量平均值的31%，相当于年平均雨量的13%。其次是1963年，只有234.3 mm，仅为平均值的32%，相当于年平均雨量的13%。

后汛期雨量最大是1973年，达到1231.0 mm，为后汛期雨量平均值的165%，相当于年平均雨量的68%。其次是1981年，为1219.8 mm，为平均值的163%，相当于年平均雨量的67%。后汛期雨量最小是1956年，只有321.7 mm，仅为平均值的43%，相当于年平均雨量的18%。其次是1969年，只有382.6 mm，仅为平均值的51%，相当于年平均雨量的21%。

(3)降水量的季节分布

中山市一年中是以夏季降雨量最大，春季次之，冬季最小。月平均雨量最多是6月，达到319.9 mm，占全年平均雨量的18%。其次是8月，月雨量为274.1 mm，占年雨量的15%。这两个月的雨量加起来，占了全年雨量近三分之一。月平均雨量最少是12月，月雨量只有28.9 mm，不到年雨量的2%。其次是1月，月雨量34.5 mm，同样也不到年雨量的2%。各月平均月雨量如图2-3-1所示。

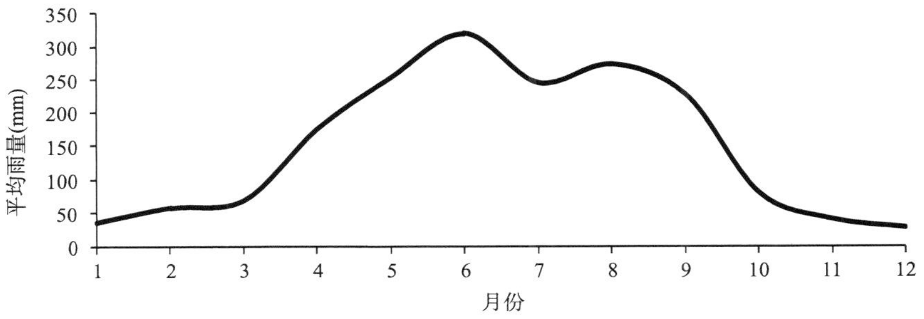

图2-3-1　1955—2010年中山市各月平均雨量

(4)日降水量的分布

中山市日降水量的最高纪录是325.8 mm，出现在2003年9月15日，属特大暴雨量级。其次是313.4 mm，出现在1999年9月16日，也属特大暴雨量级。从雨量等级来看，中山市最经常出现的是小雨（日雨量0.1～9.9 mm），概率达到70%。其次是中雨（日雨量10.0～24.9 mm），概率为16%。再其次是大雨（日雨量25.0～49.9 mm），概率为9%，暴雨（日雨量≥50.0 mm）及以上等级降雨出现的概率不大，只有5%。其中大暴雨以上降水（日雨量≥100.0 mm）出现概率只有1%。各等级雨量出现概率如表2-3-3所示。

表2-3-3　1955—2010年中山市各级别雨量出现概率

雨量级别 (mm)	小雨 (0.1～9.9)	中雨 (10.0～24.9)	大雨 (25.0～49.9)	暴雨 (50.0～99.9)	大暴雨及特大暴雨(≥100.0)
出现概率(%)	70	16	9	4	1

(5)降水日数的分布

降雨日数是指日雨量≥0.1 mm的天数。1955—2010年，中山市年平均降雨日数为145.3 d。年降雨日数最多是1975年，达到186 d，全年超过一半的天数有雨。其次是1961年，为171 d。降雨日数最少是2003年，全年只有105 d。其次是2004年，为113 d。

降雨日数年际变化呈山峰型：1955—1960年平均年雨日为137.3 d，1961—1970年为

146.5 d，1971—1980 年 149.3 d，1981—1990 年雨日最多，达到 150.7 d，随后，逐渐下降。1991—2000 年为 148.3 d，而 2001—2010 年则为 136.6 d。各年降雨日数如图 2-3-2 所示。

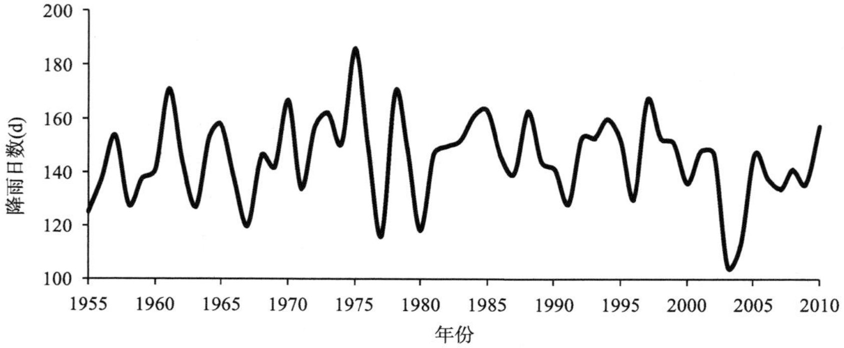

图 2-3-2　1955—2010 年中山市年降雨日数

全年雨日的 83%集中在 2—9 月，这 8 个月月均雨日都在 11 d 以上，其中以 6 月最多，月均为 18.5 d。其次是 8 月，为 17.3 d。全年雨日最少是 12 月，月均只有 5.6 d。其次是 11 月，为 5.7 d。各月雨日分布情况如图 2-3-3 所示。

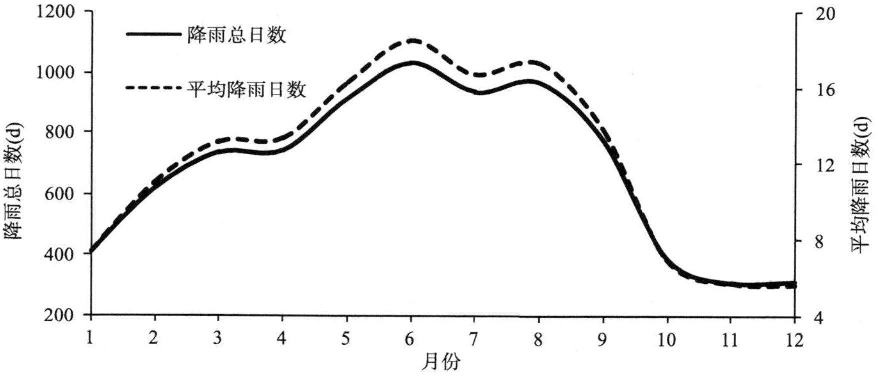

图 2-3-3　1955—2010 年中山市月平均降雨日数

2.3.2　水分资源的利用

中山市由于地理位置优越，年降水量丰沛。历年平均降水量达到 1811.1 mm，这样充沛的降水，如果能合理利用，完全能满足饮用水和工农业生产的需要。

早在三十亿年前，生命就在海洋里诞生了，这是为什么呢？原来，水是一种比热容较大的液体，因此，它吸收大量的太阳能而不产生很高的温度。晚上，它释放出大量的热量而不会使温度骤降，这就为生命提供了适宜稳定的温度环境。水是一种良好的无机溶剂，可溶解大量的矿物质，为生命提供营养物质和为生命的进化提供了条件，所以说没有水就没有生命。如果把我国国土比作一个人的话，黄河、长江、珠江是人的大动脉，而那些分布在各地的小河、小溪就是人的毛细血管了。中山市是河网稠密的地方，以及还有众多的山塘、水库，如果我们能够合理保护好这些储量丰富的水资源，对中山市的经济建设是非常有利的。

中山市水资源的利用主要分为两大部分：一部分是日常生活用水；另一部分是生产所需的用水，这分为农业用水、工业用水、水利灌溉用水等。除此之外的水渗入地下层，也就是流进河流和大海进行水循环。目前中山市饮用水源地主要包括全禄水厂和马大丰水厂，如果需要还可以开发各大水库作为饮用水的源地，这就要保护水库水源不受污染。生产方面的用水可以直接使用江河、水塘的水源就可以了。

在中山市水资源利用的环境下，要做好如下工作：一是要加大饮用水安全性的保护；二是要合理布局饮用水水源和可能污染源，可能污染源包括厕所、工厂、农田、生活垃圾等；三要建立保护水资源的法规，对一些引起排污水的企业、工厂进行惩罚，科学合理保护水资源。

2.4　风能资源

风是重要的自然资源，开发利用的潜力很大，但过大的风速也容易造成灾害。

2.4.1　风

空气是时刻在运动着的，空气在水平方向上的运动叫作风。风作为物理矢量，包括风向和风速。

(1)风速的年月变化

根据 1955—2010 年的气象资料统计，中山市年平均风速为 2.0 m/s。年平均风速最大是 1956 年和 1958 年，达到 2.6 m/s，其次是 1995 年，为 2.5 m/s。最小是 1994 年和 2002 年，只有 1.4 m/s。其次是 2000 年，为 1.5 m/s。年平均风速的年变化有前大后小的趋势，1955—1988 年 34 年中，年平均风速大于或等于平均值 2.0 m/s 的有 30 年，占 88%。而 1989—2010 年 22 年中，有 15 年年平均风速小于平均值，占了 68%。月平均风速最大是 7 月，达到 2.4 m/s。其次是 6 月，为 2.3 m/s。最小是 11 月和 12 月，为 1.7 m/s。其次是 9 月和 10 月，为 1.8 m/s。

(2)盛行风向

在 1955—2010 年中，中山市累年平均风向频率以静风(C)出现最多，达到 23.6%。其次是北风(N)，频率为 10.4%。频率出现最小是西北偏西风(WNW)，仅为 1.0%，其次是西南偏西风(WSW)，频率为 1.5%。

由于中山市是属于典型的南亚热带季风气候，因此，不同的季节其盛行风向有所不同。冬半年(10 月至翌年 3 月)除静风为最多风向外，北风(N)为次多风向，是由于这个季节中山市受来自北方大陆冷气团控制，故多吹北风。夏半年(4—9 月)，4、5、8、9 月 4 个月仍以静风为最多风向，除 9 月以东北风为次多风向外，4、5 月和 8 月，则是以南风(S)为次多风向，6—7 月更是以南风为最多风向，是因为夏半年受来自南方海洋的暖湿气流影响为主，故多吹南风。如以 1 月代表冬季，7 月代表夏季，1 月的偏北风(NE—NW)出现频率为 52.5%。7 月，偏南风(SE—SW)出现频率为 52.0%。这两个数字反映了中山市季风气候的特点，也就是冬季受北方冷气团控制，夏季则转受西南湿暖气流控制。

(3)最大风速及其风向

根据中山市气象局 1980—2010 年风自记记录资料，中山地区录得的最大风速为 25.0 m/s，风向为西南偏南(SSW)，出现在 1983 年 9 月 9 日。11 月至次年 1 月，最大风速都在 10.0 m/s

或以下，而 2—10 月最大风速都超过 12.0 m/s。这与影响中山市的天气系统有关。因为 11 月至次年 1 月受北方南下的冷空气影响，属于由冷空气造成的大风，但到达中山市的冷高压或冷空气往往已经减弱，因此，大风的风速较小一些；而 2—10 月，中山市多受热带气旋和雷雨影响，这两种天气造成的大风风速一般都比较大。

(4)极大风速

热带气旋在中山或中山附近登陆时，往往会出现超过 12 级的极大风速。例如，1979 年 8 月 2 日 13—14 时，7908 号台风在深圳登陆，石岐城区平均风速为 23 m/s，相当于 9 级大风，而极大风速达到 40 m/s，相当于 13 级大风，这是中山市气象局记录到的瞬间风速的最高纪录。又如 1983 年 9 月 9 日 08—09 时，8309 号台风在珠海登陆，石岐城区测得平均风速 29 m/s(11 级)，极大风速 37 m/s，也是 13 级大风。

强对流天气也会造成超过 12 级的极大风速。例如，1995 年 4 月 19 日 16 时 30 分，市内三角、民众、黄圃、阜沙等地出现龙卷风，风力在 12 级以上。

(5)海陆风

中山市由于濒临南海的缘故，全市不仅有季节性的风，而且还有以 24 h 为周期的地方性风——海陆风。一般情况下，如果没有特殊天气系统控制，白天市境陆地受热升温比海洋快，相对而言，陆地热而海洋冷，风从海洋吹向陆地。到了晚上，陆地冷却比海洋快，变成了陆地冷而海洋暖，风从陆地吹向海洋。而风力的变化也很有规律：上午 09—10 时，风力开始加大，到下午 14—16 时最大。然后，风力逐渐减弱，到次日早上 05—08 时，风力最小。

2.4.2 风能资源的利用

所谓风能就是空气水平运动所具有的潜能。风能利用，就是将自然界中的风能经过集能转换系统转换成可利用的能量。

在自然界的能源中，风能是极其丰富的。据粗略估计，近期可以利用的风能总功率约为 10^6～10^7 MW，这个数值比全世界可以利用的水力资源大 10 倍。但是，这笔巨大的自然财富还有待人类去大力开发。

我国是利用风能最早的国家。早在 2000 多年以前，利用风力驱动的帆船已经在江河中行驶，明代开始应用风力水车灌溉农田，并且出现了用于农产品加工的风力机械。

现代利用风能的主要方式是风力发电，它的核心是风轮机。

风轮机可以分为水平轴和垂直轴两大类。

在丹麦日德兰半岛北部的奥尔堡，有一座巨大的风车。安装风车和发电设备的钢筋混凝土塔有 13 层楼高，塔顶直径 3 m，塔底直径 6 m。风车的叶片长 27 m，一个叶片就有 5 t 重。在风力推动下，巨大的风车每分钟转 40 转。风车后边的雪茄烟形状的机舱里安放着发电机，它每年可发电 400 万 kW · h。

垂直轴的风轮机，也叫中国式风轮机，它的“祖先”是立帆式风轮机，诞生在我国北方沿海一带，估计是在宋朝时出现的。这种风轮机的轴与风向大体垂直，是竖直向上的，风帆总是朝一个方向转动。

我国适合风力发电的区域非常广阔，特别是东南沿海和西北草原地区。这些区域的年平均风速分别达到 6～8 m/s 和 4～6 m/s，具有相当大的开发、利用价值。按中山市的实际情况，城区的年平均风速为 2.0 m/s，沿海、高山约为 3～5 m/s。一般来说，有效风能的地理分布是沿海地区多，内陆少，高山多，平原地区少。广东省已有不少沿海地区开发风能发电项目。如汕头市的南澳岛、阳江市的海陵岛等地。中山市由于海岸线较短，山地面积又小，风能资源开发利用价值不高，截至 2016 年，中山市内还没有开发风能发电项目。但中山的工业比较发达，在风力电机研发方面比较突出，阳明风电产业集团有限公司就是其中的一家企业。

第 3 章　灾害性天气特点及预报分析

3.1　洪涝

3.1.1　洪涝灾害的影响

洪涝灾害的形成主要是由于暴雨频繁、降水集中，引发江河水库水位暴涨，本地地势低洼，水泄不畅，从而导致城市、村庄、工厂或农田等不同程度遭受水浸的危害。洪涝造成的经济损失取决于洪涝的强度、受灾地区的地形特点、经济水平和抗灾能力等。

每年 4—10 月是中山市的汛期，根据统计，珠江流域的西、北江中上游的雨洪 66.8%流经中山市境内。西、北江雨洪给中山带来极大威胁，常因江河水位暴涨，造成洪水灾害。1955—2010 年，中山市本地暴雨或上游暴雨引发洪水发生洪涝灾害年份有 1959 年、1962 年、1966 年、1968 年、1972 年、1973 年、1976 年、1978 年、1981 年(2 次)、1985 年(2 次)、1987 年、1988 年、1992 年、1993 年、1994 年(2 次)、1997 年(2 次)、1998 年(2 次)、2000 年、2001 年、2002 年、2003 年(2 次)和 2005 年。其中，比较严重的或者典型的洪水灾害年份有 1962 年、1966 年、1968 年、1976 年、1978 年、1988 年、1994 年(2 次)、1997 年、1998 年和 2005 年。以莺哥咀水位线为代表，各年发生的洪水水位，分别为 5.34 m(1994 年 6 月 20 日)、5.31 m(2005 年 6 月 24 日)、5.15 m(1998 年 6 月 27 日)、4.98 m(1994 年 7 月 26 日)、4.69 m(1997 年 7 月 11 日)、4.63 m(1968 年 6 月 27 日)、4.39 m(1962 年 7 月 3 日)、4.39 m(1978 年 5 月 17—26 日)、4.34 m(1966 年 6 月 17—7 月 10 日)、4.34 m(1988 年 9 月 6 日)、4.22 m(1976 年 7 月 10—19 日)。其中 1994 年 6 月 20 日、2005 年 6 月 24 日、1998 年 6 月 27 日、1994 年 7 月 26 日、1997 年 7 月 11 日分列历史前二、三、四、五、六位(历史最高洪水水位为 5.40 m，发生在 1915 年 7 月 11 日)。1994 年、2005 年、1998 年发生的洪水为特大洪水。1994 年 6—7 月相邻两个月连续发生高位洪水，在历史上极为罕见。

洪水的发生对国民经济的影响很大，根据 11 次洪灾的统计表明，其中 1962 年 7 月洪灾造成中山民三、五乡、特沙等联围决堤，全县大小堤围决口 98 处，受淹禾田 2.9 万亩①，损失稻谷 1184 万斤②，塘鱼 167.4 万斤，损失房屋 8026 间。1966 年 6 月至 7 月接连出现三次洪水，莺哥咀最高水位 4.34 m，全县堤围缺口 53 处，损失稻谷 12.93 万斤。1968 年 6 月洪灾造成中山全

---

①　1 亩 $=1/15\ hm^2$，下同。

②　1 斤 $=1/2$ kg，下同。

县崩堤 24 处。1976 年 7 月洪灾造成中山全县决堤 25 处,受淹面积 1358 亩。1978 年 5 月洪灾造成全县大小堤围缺口 48 处,受淹禾田 48.9 万亩,塘鱼 2.4 万斤。1988 年 8 月洪灾造成全市直接经济损失达 1560 万元。1994 年 6 月下旬和 7 月下旬,两次洪灾造成的经济损失共达 7.53 亿元,其中 6 月下旬为 5.53 亿元。1997 年 7 月洪灾造成的经济损失达 2100 万元。1998 年 6 月洪灾造成的经济损失达 4842 万元。2005 年洪灾造成的经济损失达 6859 万元。

3.1.2　洪涝年的主要天气气候特征

(1)洪涝的发生频率

1955—2010 年 56 年间共出现 28 次各种洪涝灾害,基本上是平均 2 年出现一次,在 28 次洪灾中,大多是出现在 5—7 月。其中,4 月出现 2 次,5 月出现 6 次,6 月出现 9 次,7 月出现 5 次,8 月出现 2 次,9 月出现 3 次。如果是按典型的洪水灾害来统计,1955—2010 年共发生 11 次洪水灾害,则基本上为 5 年发生 1 次。

(2)造成洪涝灾害的降水特点

造成中山市发生洪涝的降水特征主要有三种情况:第一种情况是,西江流域出现大范围暴雨,本地同时出现连续性暴雨,1955—2010 年在中山市发生的 11 次洪涝灾害中,其中 1966 年 6 月、1978 年 5 月、1994 年 7 月洪涝、1997 年 7 月洪涝、1998 年 6 月洪涝均属于这种情况,如表 3-1-1 所示。

表 3-1-1　1955—2010 年中山市洪涝事件(西江流域出现大范围暴雨)逐日降水　单位:mm

1966 年	7 月	1 日	2 日	3 日	4 日				
降水量		19.8	82.3	50.2	0.5				
1978 年	5 月	17 日	18 日	19 日	20 日	21 日	22 日	23 日	24 日
降水量		6.0	52.8	2.9	29.9	17.8	16.8	12.4	5.2
1994 年	7 月	21 日	22 日	23 日	24 日	25 日	26 日		
降水量		37.7	86.6	92.2	19.0	1.3	0.1		
1997 年	7 月	2 日	3 日	4 日	5 日	6 日			
降水量		11.8	1.7	142.8	94.0	35.7			
1998 年	6 月	21 日	22 日	23 日	24 日	25 日	26 日	27 日	
降水量		4.2	5.3	68.0	68.6	9.4	6.0	26.2	

第二种情况是,西江上游出现大范围持续的暴雨,但本地只出现小到中雨或是只有微量降水或是晴天,在这种情况下中山也会发生洪灾。从表 3-1-2 中可以看出,1962 年 7 月、1968 年 6 月、1976 年 7 月、1988 年 8 月、9 月的洪灾和 1994 年 6 月的洪灾就是属于这种情况。其中,1962 年 7 月、1968 年 6 月、1994 年 6 月的洪灾是最典型的,难怪中山市的群众有"戴草帽防洪抢险的说法"。1994 年 6 月中旬,受当年第 3 号强热带风暴影响,西、北江流域出现大范围暴雨,中山市虽然没出现暴雨(6 月中旬降雨量见表 3-1-2),但在西、北江洪水的袭击下,中山市发生了超 200 年一遇的特大洪水,20 日中午 11 时,莺哥咀水位达到 5.34 m,超警戒水位 1.84 m,全市所有水库超防限水位,这次洪水位居历史第二。

表 3-1-2　1955—2010 年中山市洪涝事件(西江上游出现大范围持续的暴雨)逐日降水　单位:mm

1962 年	7 月	1 日	2 日	3 日	4 日	5 日	6 日				
降水量			0.2		0.5	0.7					
1968 年	6 月	24 日	25 日	26 日	27 日	28 日	29 日	30 日			
降水量			1.8	6.3		7.3		2.6			
1976 年	7 月	10 日	11 日	12 日	13 日	14 日	15 日	16 日	17 日	18 日	19 日
降水量		0.3				1.6					
1988 年	8 月	29 日	30 日	31 日							
降水量		7.1	26.3	1.7							
1988 年	9 月	1 日	2 日	3 日	4 日	5 日	6 日	7 日			
降水量			0.6		7.8			0.2			
1994 年	6 月	17 日	18 日	19 日	20 日	21 日					
降水量		4.3	13.2	37.3	11.4	2.5					

第三种情况是,中山市本地出现暴雨产生的洪涝现象,这种情况如果暴雨时间短,积水很快消退,如果暴雨历时时间长,低洼地区积水严重,这对农业生产和人民生命财产的破坏也是很大的。如表 3-1-3 所示,1972 年 5 月、1973 年 9 月 1—3 日、1981 年 6 月 29 日—7 月 1 日、1981 年 7 月 23—25 日、1987 年 4 月 5—7 日、1998 年 5 月 24 日是比较典型的。1998 年 5 月 24 日,石岐城区日雨量 286.7 mm,暴雨集中出现在凌晨 3 时至上午 10 时,其中 04 时 32 分至 05 时 32 分一小时雨量达 81.7 mm。石岐城区大部分地方水浸,亭子下、梅基街水深 1.5 m,逢源东街、中街水深 1.2～1.38 m,受浸时间最长达 15 h,受浸房屋 1 万多间。中区西林山泥倾泻,倒塌房屋围墙 2 处。城区供电中断 21 条,公共汽车共 14 条线路一度中断,直接经济损失 3450 万元。

表 3-1-3　1955—2010 年中山市洪涝事件(中山市本地出现暴雨)逐日降水　单位:mm

1972 年	5 月	6 日	7 日	8 日	9 日	10 日	11 日	12 日
降水量			147.1	102.5	14.9	57.7	61.9	1.9
1973 年	9 月	1 日	2 日	3 日	4 日			
降水量		62.8	306.3	33.3	0.1			
1981 年	6 月	28 日	29 日	30 日	7 月 1 日			
降水量		1.2	72.1	304.9				
1981 年	7 月	22 日	23 日	24 日	25 日	26 日		
降水量			157.7	175.6	90.2	6.0		
1987 年	4 月	4 日	5 日	6 日	7 日			
降水量		0.2	205.2	124.8	23.6			
1998 年	5 月	23 日	24 日	25 日				
降水量			286.7	2.2				

1981 年 6 月 29 日—7 月 1 日,全县普降暴雨至大暴雨,局部特大暴雨,石岐城区 29 日雨量 72.1 mm,30 日 304.9 mm,7 月 1 日 221.9 mm。大冲口水闸 30 日雨量 474.3 mm。全县冲崩山塘 3 宗,农田渍水 73.2 万亩,鱼塘过基 2.6 万亩,走鱼 132 万斤。早稻损失稻谷 1110 万斤,谷种 110 万斤。损失砖瓦坯 700 万块,牲畜 3.5 万头,全县合计直接经济损失 844.5 万元。

(3)洪涝的气候背景分析

根据中山市气象局的气象资料表明,如表 3-1-4 所示,1941—2010 年的 70 年内共发生洪涝灾害 34 次,其中 20 世纪 40 年代发生 4 次,50 年代发生 4 次,60 年代发生 3 次,70 年代发生 5 次,80 年代发生 5 次,90 年代发生 8 次,21 世纪 00 年代(2001—2010 年)发生 5 次,主要发生在夏季的 5—8 月,总体来说,60 年代之前发生洪涝的机会相对小一些,70 年代之后洪涝发生机会大一些,最多是 90 年代。这与降水的情况有很大关系,60 年代中山市干旱较多,70 年代之后,中山市降水量加大,因此,洪涝现象也随之增多。

表 3-1-4 中山市 1940—2010 年每 10 年洪涝发生频率表

年代	次数	年代	次数
40	4	80	5
50	4	90	8
60	3	2001—2010	5
70	5		

3.1.3 洪涝年的大气环流特征及预报着眼点

中山市的洪涝主要是由前汛期或后汛期的连续性暴雨引发,前汛期暴雨多由锋面系统引发,而后汛期则多为热带气旋引发。对 1955—2010 年中山市出现重大洪涝灾害年份的平均环流场进行分析发现有以下特征。

(1)前汛期

500 hPa 副高较稳定,副高主体位于西太平洋到南海中北部一带,较常年偏弱,位置偏南,脊线在 15°N 附近,呈东北—西南走向;东亚地区槽脊明显,有利于引导冷空气南下形成锋面;南支槽位置偏南偏东,有利于波动东移。850 hPa 存在较强的西南气流,地面一般有静止锋。这些系统的完整配合使得暴雨影响面积大,副高的长期稳定是这类暴雨持续时间长的主要原因,由于副高偏东或偏南,有利于北方冷空气南下控制影响华南地区,在西南水汽输送的配合下产生连续性降雨。直至副高加强西伸,控制华南区域,暴雨才宣告结束。

(2)后汛期

副高脊线明显北抬,稳定在 25°N 附近,但副高主体位于西太平洋,较常年仍然偏弱,且副高的位置和强度变化大;中高纬为平直西风环流。低层的降水系统主要是热带气旋。热带气旋环流的侵入及热带气旋的登陆是产生暴雨的直接原因,随着热带气旋的登陆减弱及填塞,暴雨也迅速减弱、结束。若热带气旋本身具有时间长、强度大、移动慢等特点,引发的暴雨或洪涝灾害会更严重。

3.1.4 几次洪涝天气过程分析

(1)1994 年 6 月华南连续暴雨洪涝的分析

①概况

1994 年 6 月 8—19 日,华南地区出现长达 12 d 的连续暴雨,雨区主要集中在粤西、桂北、桂中地区，暴雨区各地累计雨量普遍在400～600 mm，24 h最大雨量为8日20时—9日20时的廉江，为523.5 mm。由于暴雨持续时间长、范围广、强度大，使广东和广西地区遭受百年一遇的大洪水。这次过程，中山市虽然只出现中到大雨降水，本站6月19日最大雨量为37.3 mm，但由于受到西江、北江区暴雨和洪水的影响，中山出现了特大洪水，6月20日中午11时，莺哥咀水位为5.34 m，超警戒水位1.84 m，超过200年一遇。

这次连续暴雨和洪涝的发生，是由于受9403号热带风暴的影响和弱冷空气、西风槽和强低空急流的活动而使暴雨持续造成的。当冷空气到达沿海、低空急流消失、西风槽东移减弱和副热带高压加强北抬时，暴雨洪涝过程结束。

连续暴雨中，8日08时—11日20时是热带风暴登陆及其变性引起的暴雨，11日20时—12日20时暴雨出现间歇，只有阳山出现暴雨，其余为西风槽系统造成的暴雨。8日热带风暴登陆，使粤西南的湛江、茂名等市普降特大暴雨；9日热带气旋变性东移，在桂东和粤西引起大范围大暴雨；12日夜间和16日受西风带系统影响，在桂北、桂中、粤西北和粤中等地造成大暴雨，其中以16日大暴雨的范围最大。

这次暴雨过程是在北江和西江流域上游地区同时出现的流域性强降雨(表3-1-5)。例如，桂江12—17日连续6 d流域面雨量超过30 mm，其中3 d超过60 mm；红水河流域12—17日连续6 d面雨量超过20 mm，其中15日44 mm；柳江流域12—16日也连续5 d面雨量超过20 mm，北江流域9—17日中，只有1 d面雨量小于20 mm，而有6 d面雨量超过40 mm，17日高达107.4 mm。因此，西、北江同时出现百年一遇的大洪水。中山市处在西、北江的下游，受洪水的袭击是不可避免的。

表3-1-5　1994年6月9—17日北江和西江部分流域(河段)面雨量(mm)

日期	北江	邕江	桂江	西江	红水河	柳江
1994-06-09	51.45	4.09	22.94	60.25	3.52	5.61
1994-06-10	54.21	3.38	4.29	33.47	0.17	0.19
1994-06-11	28.20	2.58	5.98	16.17	2.24	2.25
1994-06-12	22.51	1.60	31.87	4.02	30.32	21.25
1994-06-13	18.38	7.57	67.36	6.71	21.81	28.99
1994-06-14	47.74	4.26	28.32	8.59	27.85	39.18
1994-06-15	55.35	15.19	37.98	24.94	44.04	31.49
1994-06-16	46.94	40.19	70.55	18.01	34.21	28.44
1994-06-17	107.38	23.15	68.96	49.42	20.02	8.98

②热带夏季风和强低空急流的建立及活动

5月底以来，孟加拉湾季风活跃，该地区500 hPa长期维持低压槽，低空西到西南气流流经孟加拉湾、中南半岛进入南海中、北部，850 hPa中南半岛的西南风风速维持在12 m/s以上。这期间，在90°E到西太平洋的赤道地区有一条稳定且完整的赤道缓冲带。强盛的澳大利亚高压引发的偏东风向赤道推进，经缓冲带西侧95°～115°E的通道，由南半球越过赤道进入北半球的孟加拉湾东南部和南海，引起南海季风增强。由孟加拉湾季风和南海季风合并的位于中南半岛至南海的热带夏季风，成为南北宽度达400 km左右的强西南风带。6月4日20时，850 hPa中南半岛巴蜀(48500)风速达24 m/s。

在热带风暴登陆之际，热带夏季风开始演变成位于副热带高压西北侧的副热带夏季风，低空强西南风带也由南海登上陆地。这种北上的强西南风带，在该季节的出现，在华南地区甚为少见。时间长达12 d的强低空急流不仅是热带气旋的水汽输送通道，而且也是西风带暴雨的水汽输送通道。

低空急流主要位于850～700 hPa。在6月8、9、12日和16日，低空急流在强度上出现了脉动性加强，每次加强期间，风速核都大于18 m/s，最大值达25 m/s。同时，低空急流的位置还出现了3次主要的突变：8—9日低空急流在沿海地区建立，并缓慢北移到桂中至赣南一线；12日急流一度北跳到河池至郴州一线，经历36 h回原地；17日开始，急流自桂中至赣南一线南落并东收到香港至汕头一线。20日低空急流消失。在整个过程中，低空急流在桂中至赣南一线的时间长达8 d左右。低空急流的建立、强度的脉动和位置的突变与暴雨强度增幅、范围扩大的主要过程相对应，特大暴雨和大暴雨都出现在这期间。由于低空急流在桂中、粤中到赣南一带维持时间最长，因此主要暴雨带较长时间维持在该地区的西江和北江流域。

③副热带高压的活动

5月底到6月初，副热带高压脊线位于25°N附近，较常年偏北，其南侧的偏东风和热带夏季风在南海中北部形成一条热带辐合带，热带气旋就在这条辐合带上形成和发展。热带气旋在南海北部活动期间，位于华南的块状副热带高压发展加强。7日块状高压与西太平洋副热带高压合并成带状高压，脊线位于26°N附近。8日赤道缓冲带并入，副热带高压南缘南落，成为方头状高压。9日副热带高压继续向西南方向伸展，588 dagpm廓线呈西南—东北向。自此开始到19日，副热带高压的脊线稳定在15°～20°N，并以带状形式存在于南海。20日副热带高压加强北移。

另外，10—12日和14—16日，500 hPa在东亚地区还形成与副热带高压相连的弱脊，并伴有10～40 dagpm不等的正变高中心，由此在相应的时段内，建立了较稳定的高压坝。

副热带高压的这种演变与高压坝的建立，为热带气旋的北移、华南低空急流的建立和500 hPa西风槽在华西地区持续活动提供了有利的环境场。

④热带气旋登陆和西南低压槽活动

9403号热带风暴8日上午在徐闻登陆，登陆后以约13 km/h的速度沿雷州半岛向北移动，强度维持。热带气旋登陆北移中，北方有弱冷空气入侵。9日08时对流层中下部的冷楔已完全深入热带气旋环流西半部，破坏了热带气旋的暖心结构，其较低的温度与环流东半部较高的温度之间形成明显的东北—西南向峰区。由于峰区穿越热带气旋，提供了水平力管场的斜压位能。气旋东南侧暖区空气上升，西北侧冷区空气下沉，形成了能量转换机制，位能转换成动能，使热带气旋变性加强。

弱冷空气侵入热带气旋期间，由于偏北气流来自高原，下沉增温，所以温度下降较慢，较干的偏北气流先于温度冷舌进入热带气旋西北部。8日20时500 hPa西风槽和850 hPa切变线已经移入热带气旋的北缘，对流层中、下部高原东侧的偏北气流卷入热带气旋，相应露点场的干舌也伸入热带气旋西半部。在云图上，自8日08时以后就有锋面云系零散地从西北部进入热带气旋，这表明在华南偏西地区登陆北移的热带气旋，受高原地形影响，干舌比冷舌更早反映出冷空气的侵入。

由于弱冷空气侵入，热带气旋登陆后，强度没有减弱，相反，在8日午后到夜间还一度加强为强热带风暴。在热带气旋变性为低气压后，其所具有的能量随西风槽的东移而释放，与西风带系统共同作用，造成了9日桂东和粤西大范围的大暴雨。

⑤西风槽和弱冷空气的活动

8 日热带气旋登陆北移时，500 hPa 西风槽自高原东移，槽底伸入热带气旋；9 日西风槽东移减弱；10 日开始，500 hPa 高原中部形成稳定的暖脊，河西走廊和高原东侧为低槽区。该低槽区先后在 10、13 日和 14 日共 3 次分裂和输送小槽经河套、四川盆地进入黔、湘、桂、粤地区发展加深。

由于环流形势稳定和 500 hPa 高压坝的阻挡作用，10 日和 14 日输出的西风槽东移缓慢，甚至出现停滞现象。10 日输出的西风槽经过 3 d 时间，东移 4 个经度，于 13 日到达 109°E 以西的黔桂地区；14 日输出的西风槽，在 14—16 日，一直在 106°～109°E 的黔、桂地区摆动；17—19 日该西风槽移入桂东到粤西地区活动，并于 20 日减弱消失。这条西风槽在桂粤地区先后活动达 6 d 之久，只有 13 日 08 时输出的西风槽因高压坝暂时减弱而未受阻挡，经过 12 h 于 13 日 20 时到达粤桂地区，并很快减弱。在西风槽活动期间伴有明显的负变高，最低值达－5 dagpm。

在低空急流建立时，850 hPa 北移的热带辐合带与南移的切变线西端衔接并逐渐变性，成为东北—西南向的切变线。10 日切变线北退到粤桂地区北部，一直到 16 日，切变线在 25°～29°N 摆动，相应的锋面则在 24°～28°N 逐渐摆动，其中 12 日和 16 日 2 次锋面南移期间出现大范围大暴雨，18 日到达沿海，暴雨带南移。西风槽长达 10 d(10—19 日)在同一地区持续活动的现象是很少见的。西风槽的弱冷空气的活动对热带气旋暴雨的增幅和西风带暴雨的持续起了重要的作用。

⑥南亚高压和高层散度场

暴雨前和暴雨期间，200 hPa 南亚高压中心位于中南半岛北部到高原南部，华南地区主要受南亚东半环控制。

在热带风暴登陆期间，随着热带风暴的发展，正涡度向上传送。在热带风暴登陆前后，位于热带风暴对流层上部的反气旋为具有辐合场的气旋环流所取代，抑制了热带气旋气柱的上升运动。如果没有弱冷空气的侵入和强西风带的存在，这次热带气旋暴雨不会明显。

热带气旋减弱后，华南地区 200 hPa 由于热带气旋登陆而出现的小范围气旋环流很快为高压脊取代。连续暴雨期间，强度大、范围广的西风带暴雨，前期都有明显的辐散场对应。16 日 08 时，桂北、桂中、粤西北的大暴雨和湘北、赣北的暴雨都位于 200 hPa 辐散区内。这种对流层上部的辐散起到“抽吸”作用，使中、下层的上升运动持续不断。

在西风带系统影响期间，对流层中部有小范围降温区超越西风槽传送到暴雨区，同时底层在相应的区域则有升温现象产生。这种气柱温度的变化都发生在锋前或锋际附近，这是华南地区暴雨前期温度变化空间分布的特点之一。从 24 h 变温空间剖面图可以发现，这次连续暴雨过程中，大暴雨的前期都有此特征。由于对流层低空增温，增加了对流层的位势不稳定度。这种温度变化的空间变化对未来暴雨的产生有重要意义。

华南暴雨的主要雨区出现在底层辐散转为辐合和下沉运动转为上升运动的区域。因此，在暴雨预报时，分析散度场的变化有意义。

(2)2005 年特大致洪暴雨天气特征分析

2005 年 6 月 18 日到 24 日，受高空槽、切变线和西南季风共同影响，广东、广西普降暴雨到大暴雨，局部特大暴雨，部分地方伴有强雷暴、大风等强对流天气。此次华南暴雨过程大致可分为 6 月 17—21 日广西境内的连续性暴雨到大暴雨、局部特大暴雨天气和 6 月 18—24 日广东境内暴雨到特大暴雨天气。广东省最强降水中心位于河源—龙门—新丰一带，次中心位于珠江口两侧沿海地区。18 日 08 时—25 日 08 时，惠州市龙门县录得过程累积雨量 1300.2 mm，为千年一遇的连续性特大暴雨，汕尾市海丰县、河源市、韶关市新丰县分别录得 868.4 mm、722.0 mm、600.1 mm 过程累积雨量。加上广西上游连续暴雨到大暴雨，珠江流域各江河面水位涨势迅猛，导致西江、北江遭遇百年一遇的大洪水灾害。这次强降水过程具有“范围广，时间长，雨势猛，灾害重，影响大”的特点。此期间，中山市大到暴雨，局部大暴雨，莺歌咀最高水位 5.31 m，超百年一遇(5.29 m)。

1)天气形势

①200 hPa

从 15 日的高空图可见，从长江中上游到湖南、江西有一西北—东南向的高空急流，其右侧的云桂黔三省交界是一完整的 1256 dagpm 的闭合高压环流，与之相对应的是一暖性闭合辐散场。16 日，高压环流范围扩大向东控制整个广西和粤西部分地区，其间，广西部分地区时有强降水天气出现。虽然 17 日 1256 dagpm 线退回云南境内，但 18 日后高压脊线向东扩展，控制了两广及湖南、江西南部和福建西部，并维持到 23 日，高压环流才受到破坏，广东和广西东部转吹西南风。与此相对应，从 18 日到 23 日，两广高空一直维持稳定的辐散场，有利于低层气流的辐合上升运动。

②500 hPa

与 200 hPa 相对应，15 日云桂黔三省交界表现为一西南低涡，以后虽然随着副高加强有所减弱，但始终使该区表现为低值区。18 日，两广处于副高北侧，以西风环流为主，但高原上不断有小槽东移，19 日更加明显，广西东部和广东大部都处于槽前的西南气流中。20 日，西风槽势力进入广东西部，由于槽前的西南气流中含有丰富的水汽，槽后的西北气流带来的冷空气能使其冷却凝结成水滴，二者交汇产生强降水。西风槽一直维持到 25 日，虽然期间也有西退东进的波动，但总体上可看做是西风槽一次次掠过两广境内，给当地带来了一次又一次的暴雨过程。

③850 hPa

在低层，暴雨期间表现最明显的天气系统是切变线和低空急流。

从 19 日到 23 日，一条切变线横跨广西、广东、福建、浙江上空，位置少动，切变线上有明显的偏北风和西南风辐合，低层辐合产生的垂直上升运动，为水汽抬升凝结提供了动力因子，该切变线一直维持到 24 日。到了 25 日，切变线减弱消失，失去了水汽上升动力，华南强降水随之结束。

西南低空急流的形成要早一些。17 日，华南沿海就转吹一致的西南风，风速均超过 12 m/s，西南低空急流为暴雨的形成提供了充足的水汽资源，并且低空急流中的中尺度扰动(如强风中心、风速脉动和重力波)常常是暴雨的触发机制。

地面形势：在地面，15 日开始，广西、广东西部和北部湾北部就被一个强大的地面低压所控制，16 日后有所减弱，以后两广交界处于脊后槽前，18 日后广西及北部湾附近一直有一低槽维持，低压中心有时会在云南东部出现，但总体上维持少动，广东大部分时间处在槽的东部，这种形势一直维持到 27 日低槽主体西退到高原附近才结束。地面低槽是水汽产生辐合上升运动必不可少的条件，因此低槽维持其期间降水不断。

2)物理量场分析

①200 hPa 散度场

分析 200 hPa 散度场可见，18 日在雷州半岛有一中心值为 20 s^{-1} 的辐散中心，广西中部也有一中心值为 16 s^{-1}的辐散中心。19 日两中心合并在广西西南部形成一中心值为 24 s^{-1}的散度中心，并且向东边的珠江口西侧伸出一中心值为 20 s^{-1}的散度中心。20 日两广的散度场维持，21 日在两广交界形成一中心值为 60 s^{-1}的散度场。22 日，散度中心减弱为 40 s^{-1}移入广东，但两广仍维持一广阔的散度场，并一直维持到 24 日。整个降水过程与之相符，特别是 22 日随着散度中心移入广东，降水中心也随之东移，二者配合默契。

②500 hPa 涡度场

18 日前，在两广并无明显的涡度中心与高空散度场配合，19 日才在广西东部形成一中心值为 4 s^{-1}的涡度中心，20 日涡度中心维持少动，21 日逐渐变形成一横跨两广并包括江西和福建部分地区的西南—东北向的长条形辐合场。22 日长条形辐合场维持，但辐合中心移到两广交界靠近广东的部分，以后逐渐移入广东。可见高低空的辐合、辐散场位置配合很好，有利于水汽的辐合上升运动。

③*K* 指数

K 指数是表示大气层结稳定度的一个主要指标，一般大于 35℃则表示层结稳定度非常差。

表 3-1-6　两广各站 18—24 日 *K* 指数　　单位：℃

	百色	河池	南宁	北海	桂林	梧州	阳江	清远	香港	汕头
18 日 20 时	41	41	39	36	40	40	38	38	26	36
19 日 20 时	38	36	40	35	38	34	35	38	30	32
20 日 20 时	42	36	41	39	37	36	37	38		35
21 日 20 时	36	37	42	40	40	39	41	40		35
22 日 20 时	35	29	36	37	29	37	37	35	37	38
23 日 20 时	34	34	35	42	29	38	38	36	35	40
24 日 20 时	37	36	38	31	40	40	38	34		33

从表 3-1-6 可见，18—21 日，广西各站的 *K* 指数均在 35℃以上，22 日以后则有多个站达不到 35℃，可见前期广西上空的大气层结很不稳定，22 日后则逐渐趋于稳定，广西降水逐渐减弱；广东的东部地区从 18 日到 24 日的大气层结稳定度都较低，而珠江口及粤东则 18—19 日大气层结较稳定，20 日以后转趋不稳定，基本上与强降水的时间和落区较符合。

④850 hPa 的温度露点差

温度露点差能很好地显示出水汽的饱和度，因为水汽接近饱和，相对湿度很大，只要有稍微地空气抬升运动就会产生降水。通常我们可以把 $T-T_d<4$℃的地区判断为降水区域。

表 3-1-7　两广各站 18—24 日 850 hPa 的温度露点差　　单位：℃

	百色	河池	南宁	北海	桂林	梧州	阳江	清远	香港	汕头
18 日 20 时	0	1	2	7	1	2	4	1	3	3
19 日 20 时	2	2	2	8	2	1	1	3	4	4
20 日 20 时	1	3	5	6	1	1	4	2		2
21 日 20 时	4	5	1	5	2	1	3	2		3
22 日 20 时	5	6	4	3	3	1	2	1	2	3
23 日 20 时	7	6	4	4	5	1	3	1	4	2
24 日 20 时	4	4	3	4	3	1	1	3		3

从表 3-1-7 可见，除北海外，广西各地在 20 日前低空的水汽都接近饱和，以后桂西的水汽饱和度降低，21 日后整个广西自西向东水汽饱和度逐日降低。广东地区的水汽饱和度则维持较高的水平，从 18—24 日广东各站的 850 hPa 温度露点差都小于 4℃。

3)两广降水差异分析

本次特大致洪暴雨天气是由高空槽、切变线和西南季风的共同作用产生的，这种天气形势维持到 24 日才改变，但 22 日 08 时后广西境内的降雨量就大大减弱，而广东境内的暴雨天气则一直维持到 25 日 08 时才结束。

①西南低空急流

分析 20—23 日的 850 hPa 高空图(图 3-1-8)，我们把西南低空急流区用线条圈出，可见西南低空急流是逐渐退出广西境内的。

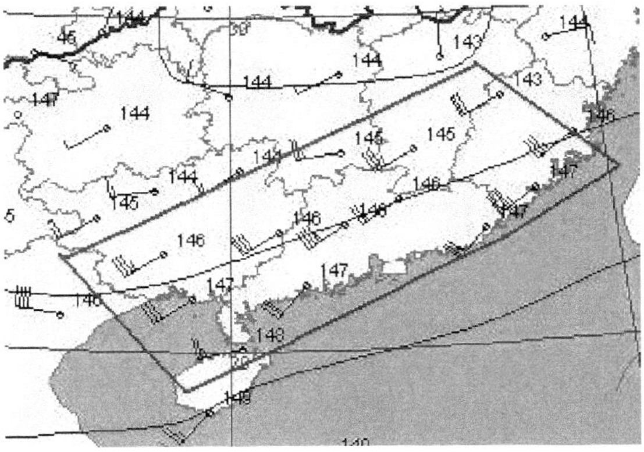

(a) 2005年6月20日08时 850 hPa图

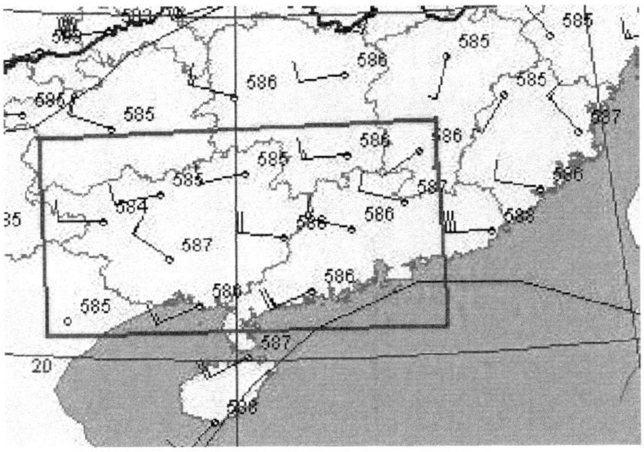

(b) 2005年6月21日08时 850 hPa图

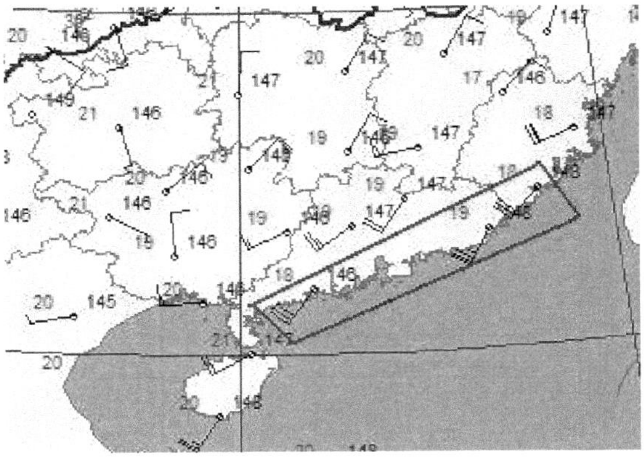

(c) 2005年6月22日08时850 hPa图

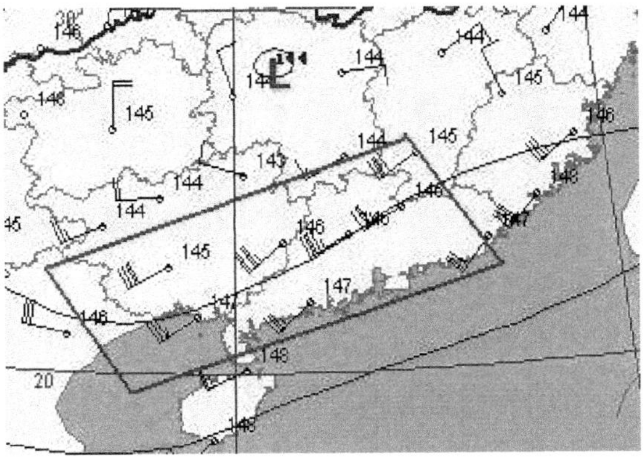

(d) 2005年6月23日20时850 hPa图

图 3-1-8　2005 年 6 月 20—23 日 08 时 850 hPa 高空流场

20—21 日，西南低空急流基本控制了整个两广地区；到 22 日 08 时急流区逐渐东退，只覆盖了广西东南部小范围地区和广东；23 日 20 时急流区完全退出广西，只控制了广东的中南部。这与强降水的时间及落区相符，西南低空急流控制区与强降水区域基本是一致的。这主要是因为西南低空急流中蕴含着丰富的水汽，可以为强降水提供源源不断的水汽资源，所以当 23 日急流区退出广西境内，广西的降水强度就大大减弱了。

②500 hPa 高空风场

强降水是低层水汽通过辐合上升运动，爬升到一定高度冷却凝结成水滴造成的，而 500 hPa 正好处于低层 850 hPa 辐合场和高层 200 hPa 辐散场之间，其风场可以很好地表示水汽上升运动的强弱，强风速区代表该地有很好的水汽上升运动，弱风速区反之。

分析 21—24 日的 500 hPa 高空图（图 3-1-9），我们用线条圈出弱风速区，可见弱风速区是从广西开始不断扩大逐渐控制两广的。

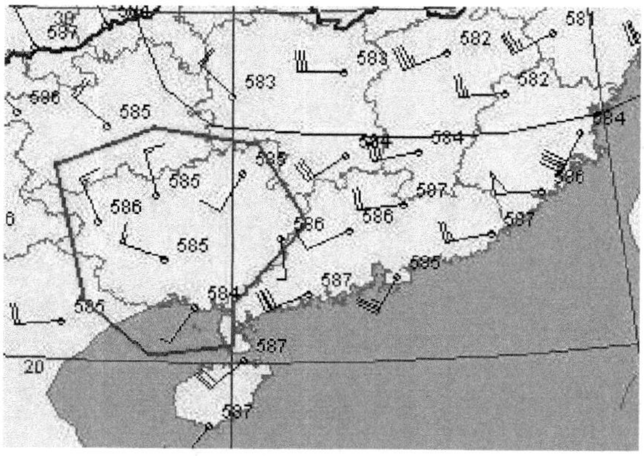

(a)2005年6月21日20时500 hPa 风场

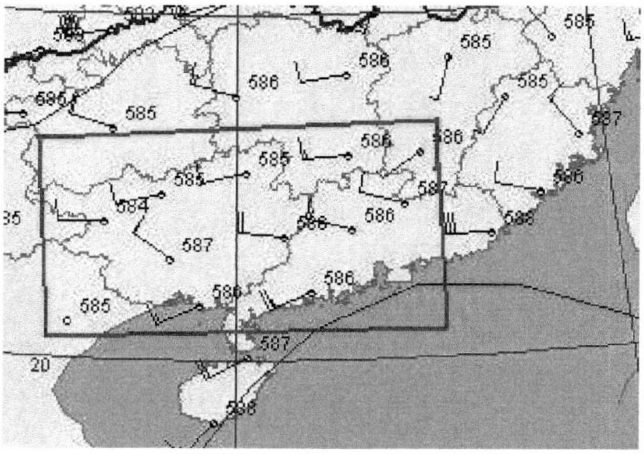

(b)2005年6月22日08时500 hPa 风场

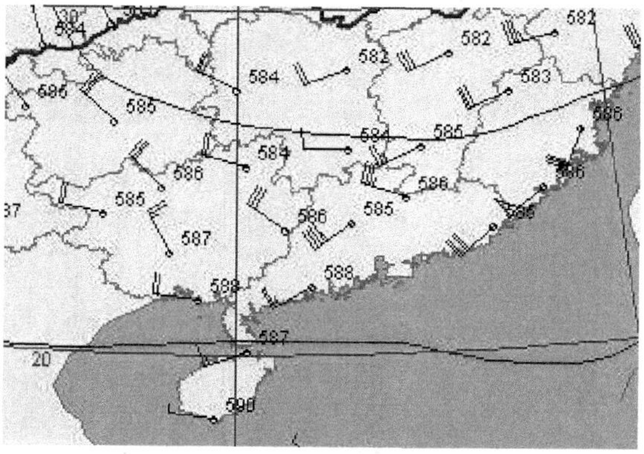

(c)2005年6月24日20时500 hPa风场

图 3-1-9　2005 年 6 月 21—22 日和 24 日 500 hPa 高空风场

21 日，强风速区完全控制两广，22 日 08 时开始广西逐渐转受弱风速区控制。随着水汽上升运动的减弱，22 日广西境内降水逐渐减弱。24 日 20 时弱风速区也基本控制了广东地区，至此广东的强降水也逐渐减弱。

由此可见，西南低空急流退出广西境内和 500 hPa 强风速区减弱是 22 日广西境内强降水比广东境内强降水提前结束的主要原因。进一步引申可以认为降雨的强度与中低层的风速有一定的正比关系。

4）小结

综上所述，可以得出以下结论：

①西风槽、切变线和西南季风是本次特大致洪暴雨的主要影响系统。

②本次过程，高空的辐散场先建立，对中低层的西风槽和切变线以及地面低槽有一定的引导作用。

③200 hPa 的散度场、500 hPa 的涡度场 850 hPa 的温度露点差以及 K 指数等物理量场是强降水的出现时间和落区很好的指标。

④西南低空急流的水汽输送和 500 hPa 高空风场的强弱对局地强降水的落区有很好的指示作用。

3.2　干旱与咸潮

3.2.1　水分盈亏

水分盈亏是指降水量减去蒸发量的差值，反映气候的干湿状况。当水分盈亏大于 0 时，表示水分有盈余，气温湿润；当水分盈亏小于 0 时，表示水分有亏缺，气候干燥。一般来说，植物是喜温好湿的。中山平均年雨量为 1811.1 mm，平均年蒸发量为 1429.8 mm，年雨量大于年蒸发量 381.3 mm，水分有盈余，地表湿润。其中 4—9 月，每月水分有盈余，特点是 5 月、6 月和 8 月，月月水分盈余过百毫米。但是，冬半年(10 月到次年 3 月)，水分月月亏损，即蒸发量大于降雨量，其中 11 月水分亏损最大，达到 69.4 mm。其次是 12 月，为 62.5 mm。如表 3-2-1 所示。

表 3-2-1　1955—2010 年中山市年平均各月水分盈亏表　单位：mm

月份	1	2	3	4	5	6	7
月雨量	34.5	58.0	70.0	173.3	254.6	319.9	246.3
月蒸发量	81.5	69.2	84.5	105.1	133.9	141.7	174.8
盈亏	−47.0	−11.2	−14.5	68.2	120.7	178.2	71.5
月份	8	9	10	11	12	年	
月雨量	274.1	227.8	80.7	41.4	28.9	1811.1	
月蒸发量	154.1	141.5	137.9	113.2	91.6	1429.8	
盈亏	120.0	86.3	−57.2	−71.8	−62.7	381.3	

3.2.2　干旱的划定标准

干旱是指在长时期内，大气水分入不敷出的一种不平衡缺水现象，干旱大致分为两种：一种是降水期处于不平衡的状态，形成干旱气候，如闻名于世的北非撒哈拉沙漠气候；另一种是在年内各季节出现降水不平衡而导致的缺水现象，即季节性干旱，在季风显著的地区都属于这一类型，中山出现的干旱也属这一种。划定干旱的标准有多种方法：一种是采用降水距平的百分率(ΔR)来确定：

$-50\% < \Delta R \leqslant -20\%$　偏旱

$-80\% < \Delta R \leqslant -50\%$　大旱

$\Delta R \leqslant -80\%$　特旱

另一种是采用两次“透雨”之间的间隔天数来表示干旱的严重程度。所谓“透雨”是指一日或连续数日累计雨量达到一定数值，在一定程度上满足了作物对水分的需求。在冬春季节，气温较低，蒸发量较少，“透雨”标准定为累计雨量≥20.0 mm。夏秋季节，气温较高，蒸发量大，“透雨”标准定为累计雨量≥40.0 mm。两次“透雨”之间的间隔越长，干旱就越严重。反之，干旱就比较轻。

3.2.3 咸潮

咸潮（又称咸潮上溯，盐水入浸）是一种天然的水文现象，当溪水河流流量不足，令海水倒灌，咸淡水混合，上游河道水体变咸，即形成咸潮。咸潮在沿海地区，尤其是河口区域最常见。它多发生在冬春旱季，上游来水量减小，水位下降，受潮汐影响，海水沿河口上溯，造成内河水体变咸。中山市也是处于沿海河口区域，冬春季节，由于河流水量偏小，出现海水倒灌，出现咸潮。例如，1998年10月至1999年4月，中山市雨量偏少，7个月的雨量只有267.4 mm，仅为同期平均值的54%，而且2月雨量为0.0 mm。此时又值西江特别干枯，2月28日梧州水位低至2.03 m，是西江上游有记录以来的第二低水位。咸潮线破纪录上移，河道供水取水点原水咸度大幅度超标。到3月，咸潮继续发展，大涌口水闸氯化物含量高达3000 mg/L。15日下午，全禄、马大丰水厂一度被迫停止供水，致使石岐城区停水。

中山市咸潮最早出现在9月下旬至10月初，到2、3月发展最为严重。进入汛期后，随着降雨量的增加和江河水位的上涨，咸潮影响将逐渐结束，个别年份（如2004年）咸潮会持续到6月初。

3.2.4 干旱、咸潮灾害的影响

根据干旱出现的季节，可以分为春旱、夏旱、秋旱、冬旱、春夏旱，秋冬旱以及冬春旱等。对中山市影响严重的干旱主要是春旱和秋旱。1955—2010年，中山市干旱比较严重的年份有：1955年、1963年、1967年、1970年、1974年、1977年、1984年、1988年、1989年、1990年、1991年、1999年、2000年、2002年、2004年等。

1955年，大旱持续120多天，30.3万亩农田受咸严重，24万亩农田受旱严重。全县出动抗旱人数24110人，抢插禾苗18.1万亩。

1963年，大旱。从1962年10月至1963年5月底，历时243 d未下过透雨，中山总雨量只有195.4 mm，仅为历年同期平均值的26%，其中1962年12月、1963年2月、4月这几个月的月雨量均在10 mm以下，4月份月雨量只有7.9 mm，这在汛期十分罕见。全县受旱面积30万亩，受咸面积14万亩，禾苗因缺水枯死而改种2万多亩。全县日最高出动抗旱人数达47744人。

1977年，大旱。从1976年11月至1977年4月，中山总雨量只有63.1 mm，其中4月（已进入汛期）雨量只有8.7 mm。旱情持续6个多月，受旱禾田31万亩。

1988 年上半年雨量偏少，中山市相当部分地区严重干旱，6 月中旬，全市受旱面积达到 31.8 亩，其中禾田 19.8 万亩、甘蔗 8 万亩，其他作物 4 万亩。1989 年 7—8 月，中山市出现夏旱、全市受旱面积达 30.1 万亩。

1990—1991 年，中山市出现秋旱连春旱，1990 年 1—8 月，全市降雨量为 1032.1 mm，比多年同期平均少 355.9 mm，其中 8 月降水量只有 81.5 mm，比多年平均月雨量减少 2.3 倍，造成秋旱，全市有 34.6 万亩农田受旱，1991 年 1—5 月全市降水量为 434.7 mm，比平均日期降水量减少 30%，继上年秋旱后又出现了春旱。部分溪流断流，鱼塘水库干涸，部分自来水无法供应。

1998 年 10 月至 1999 年 3 月，山塘水库严重缺水，甚至有的干涸，干旱造成江河水位锐减，咸潮上溯，严重影响中山市内的南镇水厂，全禄水厂，大丰水厂，造成人们的生活用水和农田灌溉困难。

2000 年春，2002 年春夏，2004 年春，由于降水偏少，导致干旱，造成江河水位偏低，咸潮上溯，都严重影响到人们的生活用水和农田灌溉困难。

3.2.5　干旱的主要天气气候特征

根据中山市 1955—2010 年的气象资料分析表明，56 年内发生干旱 15 次，平均概率大概为每四年发生一次。按年代来说，1955—1960 年出现干旱一次；1961—1970 年出现三次，为每隔 3 年出现一次；1971—1980 年出现两次干旱，为五年一遇；1981—1990 年出现四次干旱，为两年半一遇，1991—2000 年出现 3 次，为 3.3 年一遇；2001—2010 年出现两次干旱，为 5 年一遇。按历年出现的干旱来看，主要以春旱为主，其中 1989 年出现了夏旱，2002 年在出现春旱的同时，又发生了夏旱。1990—1991 年，1998 年 10 月—1999 年 3 月出现秋春连旱。

3.2.6　干旱年大气环流特征及预报着眼点

中山市的旱灾大多出现在春季或秋季，干旱维持时间较长时会出现秋、冬、春连旱，当夏季降水较常年明显偏少时，也会出现夏季干旱现象。

(1)春旱年大气环流特征及预报着眼点

根据中山市春旱的环流形势及气候成因分析，春旱发生的当年，高空环流形势明显偏离常年状态，500 hPa 上中高纬地区基本为一槽一脊或两槽一脊形势，副高较常年偏弱，有利于槽脊东移，中山长期处于槽后西北气流引导的干冷空气控制下，冬季风过于强盛而来自海洋的暖湿气流偏弱，使中山市受单一干冷气团控制，天气晴好干燥形成干旱；另一种形势是副热带高压过于强大，西伸北移较早，暖气团势力过强，导致中山市受单一夏季风控制，虽有水汽进入但并无冷暖气团交汇，中山市少雨或无雨形成干旱。

(2)秋旱年大气环流特征及预报着眼点

根据秋旱年的环流形势及气候成因分析，中山秋旱当年的环流特征是副热带高压位置偏南、偏西，中山市处于副高控制下，受下沉气流影响，出现持续多日的晴热干燥天气；另一种形势是影响广东的热带气旋少，导致中山市“台风雨”偏少而形成秋旱。

(3)夏旱年大气环流特征及预报着眼点

根据夏旱年的环流形势及气候成因分析，中山夏旱当年的环流特征是副热带高压位置偏南、偏西，中山市处于副高控制下，受下沉气流影响，出现长时间的少云晴热干燥天气；另一种形势是，夏季海面即使有热带气旋生成，但因副热带高压位置偏南、偏西致使热带气旋偏东或登陆华东地区，导致中山市出现少雨天气。

3.3　暴雨

3.3.1　暴雨的标准

暴雨是中山市主要的灾害性天气之一，往往是引发洪涝灾害的直接原因，严重的暴雨会给人们的生命财产带来重大的损失，不同量级、不同范围的暴雨，其灾害程度也不同。根据气象部门的规定，结合中山市和周围市的情况，对暴雨的强度和范围按以下标准划分：

暴雨	日雨量(20 时—20 时)50.0～99.9 mm
大暴雨	日雨量(20 时—20 时)100.0～249.9 mm
特大暴雨	日雨量(20 时—20 时)≥250.0 mm

单点局部暴雨，只有 1 个站或 2 个站以上，但无相邻 5 个站出现。大范围暴雨，全市各地普遍出现暴雨。

3.3.2　暴雨洪涝灾害的影响

中山市地处南亚热带，濒临南海，水汽来源丰富，年平均降水量大、暴雨日数多、汛期时间长是中山降水的重要天气气候特点。中山市大部分地区地势开阔平坦，河流纵横交错分布，地下水位较高，若频降暴雨，特别是连续性暴雨或是特大暴雨，短时间积水难以排泄，极易造成洪涝灾害。另外，由于市内受到五桂山山脉地形影响，城区降水强度一般要比南部的三乡镇、坦洲镇、西部的神湾、东部的横门要稍弱一些，但由于降水时空分布不均，城区也有降水强度大的暴雨降水过程。

1972 年 5 月 7—11 日，全县普降暴雨，其中石岐城区 5 d 内有 2 d 暴雨、2 d 大暴雨，连续性暴雨引发山洪暴发，大涌公社的九横梯山塘垮坝，禾田受涝面积 33.6 万亩。

1973 年 5 月 5—7 日，全县普降暴雨到大暴雨，神湾一小时雨量 126 mm。受涝面积 47.6 万亩。12—13 日又降暴雨，渍水 38 万亩。

1973 年 9 月 1—3 日，全县出现特大暴雨，石岐城区 9 月 1 日雨量 62.8 mm，2 日 306.3 mm。禾田渍水面积 60.4 万亩，鱼塘过基 8135 亩，损失塘鱼 20 多万斤。倒塌房屋 107 间，崩山塘水库 4 宗，死亡 2 人，受伤 5 人。

1980 年 5 月 7 日，暴雨，石岐城区日雨量 95.4 mm。全县渍水 36.1 万亩，其中严重渍水 17.7 万亩。

1981 年 6 月 29 日—7 月 1 日，全县普降暴雨至大暴雨，局部特大暴雨。石岐城区 29 日雨量72.1 mm,30日304.9 mm,7月1日221.9 mm。大冲口水闸30日雨量474.3 mm。全县冲崩山塘3宗,农田渍水73.2万亩,鱼塘过基2.6万亩,走鱼132万斤。早稻损失稻谷1110万斤,谷种110万斤。损失砖瓦坯700万块,牲畜3.5万头,全县合计直接经济损失844.5万元。

1981年7月23—25日,出现连续性暴雨,石岐城区3 d的雨量分别为:157.7、175.6、90.2 mm。暴雨引发山洪,冲崩水库及排洪渠道2条,决口4个,长度108 m。冲崩陂头2座,冲崩内围2处。断高压线1条,烧坏变压器、电动机各1台。全县农田渍水34.2万亩,鱼塘过基5000亩,湿谷3541.6万斤,其中出芽1240.9万斤。

1985年8月21日,出现暴雨降水过程,石岐城区过程雨量176.5 mm(其中22日雨量为139.4 mm),神湾229 mm。全市受淹面积54.87万亩,其中水稻35万亩,甘蔗15.87万亩。

1985年8月26—28日,中山市出现连续暴雨,过程雨量199 mm(其中27日雨量为91 mm),大冲口最大日雨量为159.8 mm。全市农田受淹面积39.4万亩,其中水稻25.2万亩,甘蔗10.2万亩,作物4万亩。

1987年4月5—7日,暴雨及雷雨大风袭击中山,最大风力10级(25 m/s),石岐至南朗、横门一带有冰雹。石岐5、6两日连续大暴雨,雨量分别为205.2、124.8 mm。城区部分街道、工厂、学校、民房、仓库受浸,水深达20～50 cm。石岐至拱北东、西路农田成洋泽国,五桂山山洪暴发。全市禾田渍水54万亩,鱼塘过基4284亩,冲崩渠道32处,长350 m。崩决围仔2个,塌石堤33处,长250 m。冲垮渡槽1宗,陂头7座,涵闸10座。雷暴还击死4人。全市直接经济损失达1671.97万元,其中农业1501.5万元。

1992年6月1日8时至15日8时,中山普降暴雨,过程雨量城区为349.8 mm,坦洲镇为436 mm,翠亨529 mm,暴雨使全市农田水淹8.69万亩,鱼塘过水1282.7亩,崩决山塘2宗,冲坏水库1宗,冲崩渠道39处,长达452 m,倒塌泥砖屋15间等,直接经济损失586.9万元。

1993年6月9日,中山普降大暴雨,局部特大暴雨,其中翠亨降水量177.7 mm,板芙264 mm(其中6时30分—9时降水量达到191 mm)。暴雨引发山洪暴发,全市农田受浸10.1万亩,鱼塘过水380亩,受浸房屋41间,工厂22间,商店70间,冲崩山塘1座,死亡2人,失踪1人,直接经济损失671.5万元。

1994年7月下旬,中山遭遇暴雨袭击,7月21日西河站降雨量达324 mm,两天雨量到508 mm,在此期间,又遇西江百年一遇特大洪水,受外洪顶托,城区一些街道积水成河,部分水浸长达10 d,三乡、神湾、坦洲、板芙、横门等圩镇水深近1 m,骤成泽国;广珠公路一度中断,部分通讯中断。全市受浸人口7万多,被洪水围困425人,紧急转移5365人,倒塌房屋2890间,死亡7人,直接经济损失2亿多元。

1998年5月24日03—12时,中山市城区降水量达263.8 mm,由于降水量大加上城管水闸未及时开排水(洪),大部分街区受浸,城区亭子下,梅基街水深1.5 m,逢源东街、中街水深1.2～1.38 m,受浸最长时间达15 h。有1万多间房屋受浸,7家工矿企业部分停产,21条供电线路被中断,14条公共汽车线路中断,直接经济损失3450万元。

2000年4月13日,中山中南部地区出现罕见的特大暴雨,其中坦洲的日降水量463 mm,山塘水库水位急剧上升,长坑三级水库在泄洪洞全开的情况下,水位日升幅仍达6.43 m,长江水库日升幅为0.94 m,为历年罕见。坦洲、三乡等镇水最深超1 m,一般为40～60 cm。禾田受浸8.78万亩,鱼塘漫顶6360亩,房屋受浸5144间,紧急转移980人,停产工矿企业30家,直接经济损失1500万元。

3.3.3 暴雨的主要天气气候特征

(1)暴雨的年变化

中山市基本上每年都有暴雨发生,但发生的次数各年不同。根据1955—2010年的资料统计,中山市共出现暴雨458 d,平均每年8.2 d。1981年最多,有16 d,2006年有15 d,1962年只有1 d,1956年、1958年和1990年分别有2 d。由此可看出不同年份暴雨日数是不相同的。

中山市暴雨日数的年际变化还有一个前少后多的特点。在1955—1990年,36年中市境共出现暴雨276 d,年均7.7 d。而1991—2010年,20年中共出现暴雨182 d,年均9.1 d。其中,2001—2010年,10年中共出现暴雨96 d,年均9.6 d,暴雨增加的趋势很明显。各年暴雨日发生情况数如图3-3-1和表3-3-1所示。

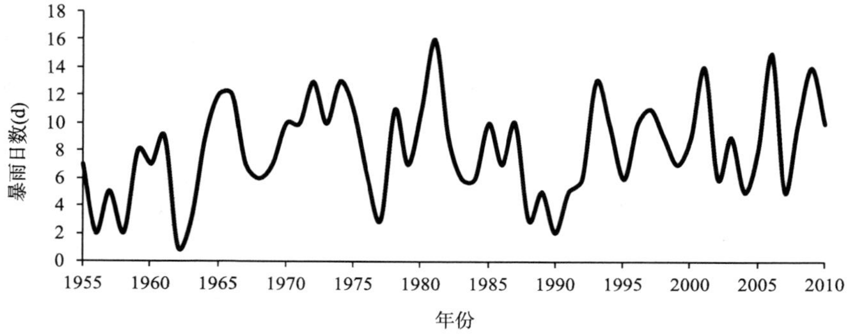

图3-3-1 1955—2010年中山市各年暴雨日数

表3-3-1 1955—2010年中山市暴雨过程一览表

年份	时间	雨量(mm)	年份	时间	雨量(mm)	年份	时间	雨量(mm)
1955	5月8日	90.9	1959	5月18日	57.2	1961	4月23日	117.4
1955	5月10日	155.04	1959	6月1日	73.3	1961	4月24日	66.6
1955	6月6日	288.3	1959	6月14日	142.8	1961	5月28日	67.4
1955	7月11日	52.2	1959	6月15日	68.3	1961	6月9日	95.1
1955	7月18日	109.7	1959	8月25日	70.3	1961	7月2日	172.5
1955	7月20日	64.7	1959	9月1日	57.8	1961	7月19日	62.8
1955	8月19日	61.6	1959	9月2日	95.1	1961	8月17日	63.6
1956	5月11日	54.0	1959	9月20日	73.3	1961	9月30日	58.1
1956	6月14日	50.4	1960	5月6日	56.9	1962	9月1日	116.9
1957	5月7日	613.0	1960	5月14日	136.2	1963	7月22日	53.0
1957	7月17日	168.1	1960	6月8日	66.7	1963	9月15日	73.4
1957	8月27日	51.1	1960	6月9日	109.7	1963	9月18日	68.3
1957	9月22日	67.5	1960	8月16日	97.8	1964	3月31日	57.7
1957	9月23日	93.6	1960	8月26日	64.5	1964	5月4日	78.3
1958	6月16日	82.4	1960	9月26日	76.5	1964	5月11日	58.3
1958	9月2日	51.8	1961	4月20日	161.4	1964	5月28日	226.0

续表

年份	时间	雨量(mm)	年份	时间	雨量(mm)	年份	时间	雨量(mm)
1964	8 月 9 日	50.5	1968	8 月 22 日	130.7	1972	8 月 19 日	95.3
1964	8 月 14 日	56.9	1968	10 月 12 日	96.6	1972	9 月 24 日	67.0
1964	9 月 5 日	83.2	1969	1 月 30 日	54.3	1973	4 月 7 日	50.0
1964	9 月 6 日	126.3	1969	1 月 31 日	63.0	1973	4 月 22 日	74.4
1964	9 月 11 日	149.9	1969	4 月 14 日	53.3	1973	4 月 30 日	52.7
1965	4 月 21 日	60.4	1969	5 月 27 日	50.0	1973	5 月 6 日	116.1
1965	4 月 24 日	94.5	1969	6 月 3 日	68.9	1973	5 月 13 日	78.4
1965	4 月 28 日	62.6	1969	6 月 6 日	53.7	1973	8 月 12 日	110.1
1965	5 月 11 日	99.4	1969	8 月 11 日	81.5	1973	8 月 13 日	69.8
1965	6 月 15 日	55.0	1970	5 月 12 日	131.5	1973	8 月 17 日	71.5
1965	6 月 16 日	62.0	1970	5 月 13 日	79.4	1973	9 月 1 日	62.8
1965	7 月 28 日	72.1	1970	5 月 27 日	80.8	1973	9 月 2 日	306.3
1965	9 月 27 日	120.4	1970	6 月 10 日	54.2	1974	4 月 1 日	79.4
1965	9 月 28 日	165.4	1970	8 月 3 日	202.7	1974	4 月 8 日	128.8
1965	9 月 29 日	90.8	1970	8 月 4 日	58.9	1974	5 月 2 日	84.0
1965	11 月 11 日	95.3	1970	8 月 22 日	75.0	1974	5 月 29 日	102.6
1965	11 月 12 日	72.3	1970	8 月 24 日	50.5	1974	6 月 25 日	61.3
1966	4 月 16 日	127.8	1970	9 月 9 日	74.3	1974	6 月 26 日	57.8
1966	4 月 21 日	788.0	1970	10 月 17 日	62.3	1974	7 月 18 日	50.1
1966	4 月 29 日	191.2	1971	5 月 12 日	70.6	1974	7 月 19 日	53.5
1966	5 月 15 日	62.8	1971	5 月 19 日	52.3	1974	7 月 22 日	58.9
1966	5 月 16 日	98.9	1971	5 月 22 日	77.1	1974	9 月 20 日	110.6
1966	6 月 4 日	66.4	1971	6 月 8 日	52.9	1974	10 月 19 日	221.0
1966	6 月 12 日	61.7	1971	6 月 18 日	139.1	1974	10 月 20 日	142.9
1966	6 月 13 日	72.5	1971	7 月 22 日	60.3	1974	12 月 2 日	55.6
1966	7 月 2 日	82.3	1971	8 月 5 日	64.3	1975	5 月 6 日	72.6
1966	7 月 3 日	502.0	1971	8 月 12 日	74.1	1975	5 月 15 日	66.8
1966	7 月 14 日	100.8	1971	8 月 17 日	76.1	1975	6 月 3 日	50.2
1966	7 月 31 日	69.8	1971	9 月 12 日	66.9	1975	6 月 12 日	50.7
1967	4 月 1 日	56.7	1972	1 月 4 日	53.2	1975	6 月 19 日	87.3
1967	5 月 27 日	50.4	1972	4 月 6 日	50.0	1975	7 月 14 日	84.9
1967	7 月 14 日	57.1	1972	5 月 7 日	147.1	1975	8 月 8 日	58.8
1967	7 月 29 日	62.7	1972	5 月 8 日	102.5	1975	8 月 30 日	53.7
1967	8 月 17 日	91.2	1972	5 月 10 日	57.7	1975	10 月 6 日	82.7
1967	8 月 21 日	51.3	1972	5 月 11 日	61.9	1975	10 月 15 日	171.9
1967	8 月 22 日	53.6	1972	5 月 20 日	89.7	1975	10 月 23 日	68.9
1968	5 月 23 日	113.5	1972	6 月 5 日	63.0	1976	4 月 18 日	96.0
1968	6 月 20 日	76.2	1972	6 月 17 日	51.5	1976	6 月 1 日	55.8
1968	7 月 3 日	70.1	1972	6 月 19 日	157.0	1976	6 月 2 日	104.4
1968	8 月 6 日	54.0	1972	7 月 25 日	59.6	1976	6 月 10 日	61.6

续表

年份	时间	雨量(mm)	年份	时间	雨量(mm)	年份	时间	雨量(mm)
1976	8月11日	77.3	1981	7月7日	51.2	1985	9月22日	81.1
1976	8月24日	220.9	1981	7月18日	87.5	1986	5月11日	89.1
1977	7月20日	59.2	1981	7月23日	157.7	1986	6月3日	73.3
1977	9月5日	72.1	1981	7月24日	175.6	1986	6月6日	52.3
1977	9月6日	124.4	1981	7月25日	90.2	1986	6月7日	53.8
1978	4月16日	73.7	1981	9月29日	51.4	1986	7月12日	152.7
1978	4月19日	60.1	1981	10月3日	82.0	1986	7月21日	96.6
1978	4月28日	62.0	1981	10月6日	91.2	1986	8月11日	185.5
1978	5月18日	52.8	1981	10月7日	169.6	1987	3月16日	50.0
1978	6月1日	70.7	1981	11月2日	72.5	1987	3月17日	75.9
1978	6月27日	64.0	1982	4月2日	52.2	1987	4月5日	205.2
1978	6月28日	89.5	1982	4月27日	65.9	1987	4月6日	124.8
1978	7月29日	58.8	1982	5月28日	67.5	1987	6月1日	57.0
1978	8月27日	123.9	1982	5月31日	68.4	1987	7月23日	59.3
1978	9月25日	58.3	1982	6月2日	64.9	1987	7月29日	105.8
1978	10月17日	56.0	1982	7月5日	54.0	1987	7月30日	50.3
1979	5月15日	60.5	1982	7月6日	50.4	1987	8月10日	108.6
1979	7月1日	117.3	1982	9月15日	58.8	1987	11月28日	68.6
1979	7月30日	58.6	1982	9月30日	50.1	1988	5月14日	87.5
1979	8月2日	59.0	1983	3月1日	59.9	1988	7月20日	118.4
1979	8月3日	68.7	1983	8月19日	50.3	1988	8月11日	67.3
1979	8月29日	70.4	1983	8月24日	69.3	1989	4月17日	64.8
1979	9月24日	125.9	1983	9月9日	82.7	1989	5月20日	118.2
1980	3月6日	79.4	1983	10月13日	68.6	1989	5月21日	135.0
1980	4月13日	51.4	1983	10月14日	508.0	1989	7月18日	56.6
1980	4月25日	577.0	1984	4月17日	51.6	1989	8月24日	60.3
1980	5月3日	50.2	1984	5月4日	65.3	1990	6月11日	95.4
1980	5月7日	95.4	1984	6月16日	60.7	1990	9月19日	92.3
1980	5月30日	59.0	1984	6月27日	63.3	1990	6月11日	95.4
1980	6月1日	79.6	1984	8月11日	51.6	1990	9月19日	92.3
1980	7月12日	71.1	1984	8月21日	93.1	1991	5月13日	176.2
1980	7月22日	56.8	1985	2月8日	108.1	1991	6月10日	90.6
1980	7月28日	81.3	1985	3月29日	52.5	1991	6月28日	50.0
1980	9月8日	52.5	1985	5月25日	51.5	1991	7月3日	58.7
1981	4月9日	65.7	1985	5月31日	505.0	1991	7月25日	56.8
1981	4月14日	96.7	1985	8月14日	65.0	1992	4月5日	51.0
1981	4月19日	51.0	1985	8月22日	139.4	1992	5月15日	55.8
1981	6月29日	72.1	1985	8月26日	58.0	1992	6月7日	594.0
1981	6月30日	304.9	1985	8月27日	91.0	1992	6月8日	78.2
1981	7月1日	221.9	1985	9月6日	130.5	1992	6月13日	63.1

续表

年份	时间	雨量(mm)	年份	时间	雨量(mm)	年份	时间	雨量(mm)
1992	9 月 6 日	93.0	1997	2 月 3 日	50.2	2001	6 月 9 日	73.3
1993	4 月 20 日	50.2	1997	5 月 20 日	96.1	2001	6 月 27 日	137.6
1993	4 月 27 日	129.6	1997	6 月 14 日	66.9	2001	7 月 6 日	77.2
1993	6 月 9 日	58.1	1997	6 月 16 日	153.3	2001	7 月 7 日	113.4
1993	6 月 18 日	113.1	1997	7 月 4 日	142.8	2001	7 月 16 日	51.2
1993	6 月 28 日	235.2	1997	7 月 5 日	94.0	2001	7 月 17 日	60.7
1993	8 月 17 日	71.9	1997	7 月 19 日	78.9	2001	7 月 27 日	68.4
1993	8 月 21 日	57.5	1997	7 月 23 日	63.3	2001	8 月 2 日	80.8
1993	9 月 17 日	81.3	1997	8 月 3 日	84.8	2001	9 月 1 日	79.0
1993	9 月 25 日	88.3	1997	8 月 8 日	69.2	2001	9 月 21 日	57.2
1993	9 月 26 日	159.8	1997	9 月 21 日	74.4	2002	3 月 24 日	64.3
1993	9 月 27 日	59.2	1998	4 月 12 日	77.5	2002	8 月 21 日	66.8
1993	11 月 4 日	92.4	1998	5 月 2 日	124.4	2002	9 月 12 日	62.7
1993	11 月 5 日	279.2	1998	5 月 24 日	286.7	2002	9 月 14 日	57.3
1994	4 月 29 日	114.4	1998	6 月 4 日	104.5	2002	9 月 15 日	72.0
1994	5 月 4 日	55.8	1998	6 月 6 日	106.6	2002	9 月 16 日	218.1
1994	7 月 4 日	83.1	1998	6 月 28 日	63.1	2003	5 月 3 日	85.2
1994	7 月 5 日	66.7	1998	6 月 23 日	68.0	2003	5 月 4 日	188.1
1994	7 月 22 日	86.6	1998	6 月 24 日	68.6	2003	5 月 5 日	71.1
1994	7 月 23 日	92.2	1998	7 月 8 日	52.2	2003	6 月 9 日	120.0
1994	8 月 6 日	60.4	1999	5 月 19 日	61.8	2003	6 月 14 日	629.0
1994	8 月 7 日	58.1	1999	6 月 8 日	63.6	2003	8 月 21 日	847.0
1994	8 月 28 日	63.5	1999	6 月 23 日	52.9	2003	9 月 3 日	91.6
1994	9 月 22 日	27.7	1999	8 月 23 日	189.6	2003	9 月 15 日	325.8
1995	6 月 5 日	54.6	1999	8 月 24 日	92.6	2003	9 月 16 日	51.3
1995	7 月 27 日	65.5	1999	9 月 16 日	314.3	2004	5 月 8 日	78.3
1995	8 月 3 日	75.5	1999	10 月 3 日	54.1	2004	7 月 4 日	51.4
1995	8 月 14 日	66.8	2000	4 月 3 日	104.3	2004	8 月 20 日	59.8
1995	9 月 1 日	75.6	2000	4 月 13 日	82.6	2004	8 月 29 日	152.7
1995	10 月 3 日	147.3	2000	4 月 14 日	116.2	2004	8 月 8 日	68.1
1996	4 月 19 日	144.8	2000	4 月 23 日	62.5	2005	5 月 9 日	83.1
1996	4 月 30 日	86.4	2000	4 月 28 日	117.8	2005	5 月 20 日	65.5
1996	5 月 29 日	63.1	2000	6 月 12 日	159.1	2005	6 月 15 日	66.3
1996	6 月 24 日	59.9	2000	7 月 17 日	136.2	2005	7 月 8 日	80.4
1996	7 月 27 日	57.9	2000	8 月 4 日	77.9	2005	7 月 30 日	59.2
1996	8 月 16 日	56.1	2000	10 月 20 日	148.5	2005	7 月 31 日	94.0
1996	8 月 25 日	62.0	2001	4 月 4 日	55.9	2005	8 月 26 日	56.7
1996	9 月 14 日	50.2	2001	5 月 18 日	60.4	2005	9 月 4 日	88.4
1996	9 月 21 日	66.4	2001	6 月 5 日	72.5	2006	5 月 3 日	54.9
1996	9 月 22 日	160.6	2001	6 月 7 日	76.8	2006	5 月 21 日	52.9

续表

年份	时间	雨量(mm)	年份	时间	雨量(mm)	年份	时间	雨量(mm)
2006	5月22日	82.3	2007	6月16日	57.1	2009	6月16日	59.6
2006	5月27日	68.8	2008	1月25日	58.6	2009	6月28日	64.0
2006	5月28日	79.9	2008	4月19日	144.1	2009	7月4日	57.4
2006	6月9日	82.3	2008	6月6日	148.9	2009	7月19日	130.3
2006	7月27日	58.4	2008	6月13日	238.0	2009	8月5日	59.4
2006	7月29日	66.9	2008	6月18日	78.6	2009	8月6日	506.0
2006	7月30日	54.5	2008	6月25日	204.8	2009	9月15日	113.0
2006	8月3日	93.5	2008	6月28日	65.5	2010	2月7日	85.1
2006	8月4日	64.3	2008	8月7日	58.4	2010	5月10日	79.3
2006	8月6日	64.0	2008	9月24日	67.8	2010	5月19日	506.0
2006	9月3日	79.5	2008	10月5日	738.0	2010	5月29日	64.6
2006	9月13日	928.0	2009	4月16日	58.4	2010	6月10日	86.3
2006	9月14日	50.4	2009	4月25日	103.6	2010	6月28日	89.3
2007	5月20日	73.7	2009	5月20日	120.8	2010	7月23日	76.5
2007	6月10日	58.0	2009	5月13日	135.7	2010	9月4日	89.7
2007	6月12日	82.8	2009	5月24日	81.7	2010	9月9日	65.7
2007	6月14日	58.9	2009	6月9日	63.1	2010	9月20日	78.4

(2)暴雨的季节变化和月变化

中山市一年四季都有暴雨出现,其中以夏季出现最多,春季次之,冬季最少。按月份来说,一年中,12个月都有可能出现暴雨,但暴雨主要集中在汛期(4—9月)。汛期共出现暴雨420 d,占暴雨总数的92%。其中,前汛期(4—6月)出现暴雨210 d,后汛期(7—9月)出现暴雨210 d,后汛期的暴雨和前汛期相当。而10月至次年3月这6个月所出现的暴雨,仅占总数的8%。其中12月至次年2月,3个月的暴雨仅占暴雨总数的1%。

暴雨以6月最多,月平均为1.6 d。其次是5月、7月和8月,月平均为1.3 d。暴雨最少是12月,52年中仅1974年12月出现过一次暴雨。其次是2月,56年中也仅出现过2次暴雨,分别出现在1985年2月和1997年2月。各月暴雨日数如图3-3-2所示。

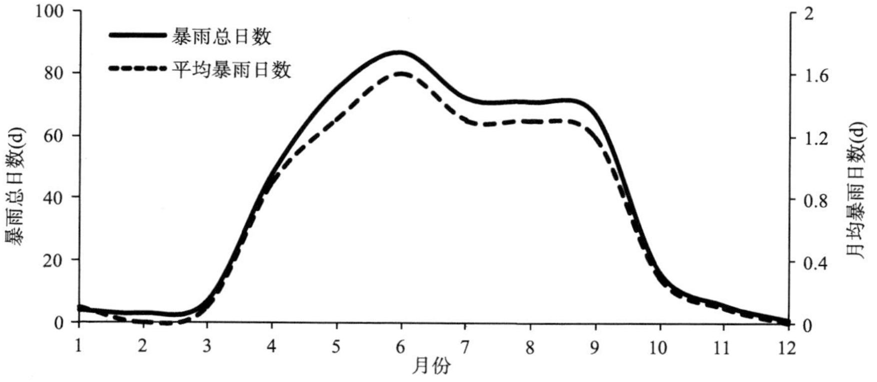

图3-3-2 1955—2010年中山市各月暴雨日数

(3)大暴雨及特大暴雨

当日雨量在 100.0～249.9 mm 称为大暴雨，如日雨量≥250.0 mm，称为特大暴雨。在 1955—2010 年中，中山市共出现大暴雨以上降雨 100 d，占暴雨总数 22%，年均 1.8 d。大暴雨年及特大暴雨以 2000 年最多，全年有 6 d。1974 年、1981 年、1993 年和 2009 年分别出现了 5 d 大暴雨。56 年中共有 14 年没有发生大暴雨，占总年份数的 25%。图 3-3-3 是 1955—2010 年中山市大暴雨以上降雨日数发布情况。

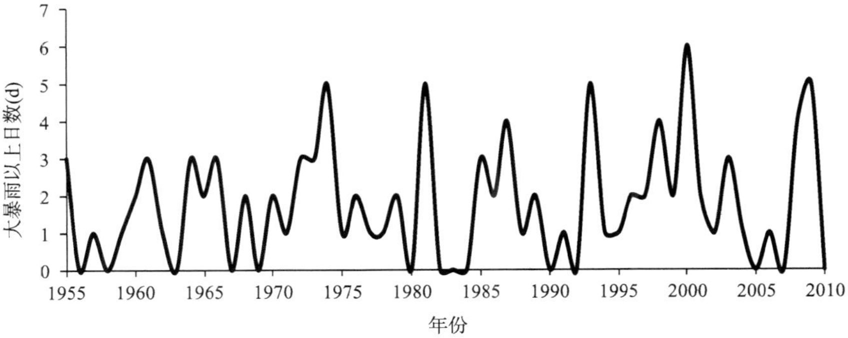

图 3-3-3　1955—2010 年中山市大暴雨以上降雨日数

在 1955—2010 年，56 年间，中山市共出现特大暴雨 7 次，其中雨量最大是 325.8 mm，出现在 2003 年 9 月 15 日。其次是 313.4 mm，出现在 1999 年 9 月 16 日。

这 7 次特大暴雨有 3 次出现在 1990 年以前，大约 12 年一次。而 1991—2010 年，共出现了 4 次，为 5 年一次。而且，特大暴雨的最高纪录和次高纪录都出现在 1998 年后，说明近来特大暴雨有加密和加剧出现的趋势。

表 3-3-2　1955—2010 年中山市特大暴雨一览表　单位：mm

日期	雨量	日期	雨量
1955 年 6 月 6 日	288.3	1998 年 5 月 24 日	286.7
1973 年 9 月 2 日	306.3	1999 年 9 月 16 日	313.4
1981 年 6 月 30 日	304.9	2003 年 9 月 15 日	325.8
1993 年 11 月 5 日	279.2		

中山市的暴雨还有一个特点，就是经常会连续出现，即连续 2 d 甚至 3 d 都下暴雨。在 1955—2010 年中，共出现连续性暴雨 56 次，每年平均为 1 次。2006 年连续性暴雨特别多，全年出现过 4 次。其次是 1965 年、1974 年、1981 年、1987 年和 1994 年，这 5 年每年都出现 3 次连续性暴雨，2009 年出现了 2 次。在 56 年中，没有出现连续性暴雨的有 21 年，占总年份数的 38%。

连续性暴雨持续时间一般是 2 d，但也有 3 d 的，在 56 年中暴雨连续 3 d 的共出现过 6 次：分别为 1965 年 9 月 27—29 日、1981 年 6 月 29 日—7 月 1 日、1981 年 7 月 23—25 日、1993 年 9 月 25—27 日、2002 年 9 月 14—16 日和 2003 年 5 月 3—5 日。

在连续性暴雨中，往往是第二天比第一天还大。在 56 场连续性暴雨中，这种情况共出现过 35 次，占总数的 63%。

3.3.4 暴雨的预报着眼点

中山市每年暴雨发生比较多，根据多年的经验，对暴雨的预报预测主要是分析暴雨天气形势和采用物理诊断方法进行分析，最后做出暴雨预报。

(1)暴雨天气环流形势

中山市暴雨的发生，主要与锋面、低槽与热带气旋等天气系统影响有关。前汛期(4—6月)的暴雨，主要影响系统是冷锋、静止锋、切变线、高空槽等，在上述天气系统影响下，如在华南沿海有西南低空急流存在，是很容易造成暴雨的。有时因处在地面锋前，或中、高空槽前，本市受暖湿的海洋气流控制时，单站出现高温、高湿天气，在这种情况下也会产生局地性的暴雨。后汛期(7—9月)的暴雨，主要是由于热带气旋、热带辐合带和东风波等天气系统影响，其中最主要的是热带气旋。

根据中山市暴雨的历年分析，同时把中山出现暴雨时500 hPa的环流形势与中低层天气系统叠加，可以把暴雨产生时的天气系统归纳为9种类型，其中4种属前汛期的主要系统，另5种为后汛期的主要天气形势。

①锋面低槽类

指锋面和低压槽的叠加，叠加形式是多样的。锋面常有冷锋和静止锋之分；低压槽可以是在850 hPa和700 hPa上的西南槽或500 hPa上的南支槽。在前汛期约有36%的暴雨产生在此类型里。

②槽前脊后

是一种极不稳定的天气形势。低压槽主要指西南槽，其次为南支槽；高压是指西太平洋副热带高压脊或东路入海的冷高压脊。前汛期暴雨约有24%产生于此型下，为第2大天气类型。在后汛期亦会出现，但所占比重不大。此类型还常有西南风低空急流相伴，在双重天气系统的影响下，降雨量比较大。

③急流类

在锋前的暖区或锋区里，850 hPa或700 hPa上有一支风向偏西南或东南，风速≥12 m/s的急流，夹带着一股暖湿的空气北上；配合珠江口流场的辐合，珠江口极易出现暴雨，中山市处于珠江口的西侧，出现暴雨的概率是很大的，此型只出现在前汛期，后汛期较少见。

④切变低涡类

切变线是指暖式或冷式的风向变化不连续带；低涡是指850 hPa以上的低值涡旋，有50%出现在6—7月的过渡期。且在7月里约有60%是出现在500 hPa上的中层气旋，暴雨发生在低涡控制范围内。

⑤副热带高压边缘类

指副热带高压中心相对稳定，西脊点伸至115°E，在周围其他系统或副高本身强度变化的影响，西段轴线常发生摆动，促使副高边缘风场产生切变或扰动，恰好位于珠江口一带。此类虽占比重很小，但在4—6月这段过渡时期影响还是很大的，是触发潮湿不稳定能量释放的动力。

⑥热带气旋类

是后汛期极为重要的天气系统，分西太平洋热带气旋和南海热带气旋2种，它们的登陆、经过或擦边，都会造成非常强烈的降水。后汛期中山市的暴雨有41%由热带气旋产生，特别是从西太平洋移入的强热带风暴，当在阳江或珠江口附近登陆时，造成的暴雨往往成灾。

⑦赤道辐合线类

由热带幅合系统北上而停留在南海18°N附近影响本区。另一类是由于热带气旋登陆后减弱而成，多为热带气旋尾槽的辐合系统，为后汛期占第2位的暴雨系统。

⑧南海低压类

产生在南海的热带低压，其中心多在西沙附近，它北边偏东气流里的倒槽，常使珠江口产生暴雨。当其中心移入珠江口或以西时，常带来暴雨。

⑨东风波动类

由西太平洋自东向西移来的深厚东风波动，或在赤道辐合线北侧气流扰动而成的波动。当移到珠江口时，常发生轴线逆转，呈西北—东南向，滞留在广东省南部地区造成暴雨。

以上9种型式，按出现频率排列如下：热带气旋类、锋面低槽类、槽前脊后类、急流类、切变低涡类、赤道辐合线类、热带低压类、副热带高压边缘和东风波动类。

(2)暴雨的物理诊断分析

暴雨的物理诊断分析，主要是根据大气的动力学或热力学方程对一系列与暴雨相关的影响因素进行计算，得出反映暴雨出现前后状态的物理参数，从而客观定量的分析与解释其物理过程。这种方法是认识和理解暴雨天气过程物理机制的一种重要途径，其结果也可为预报提供依据。

①水汽条件的诊断分析

大气中水汽的含量及其分布状况是暴雨诊断预报中的基本参数之一，诊断空气中水汽的多少及其变化，最简单的方法就是分析地面、925 hPa、850 hPa及700 hPa各层实测湿度的大小，并分析700～500 hPa的湿度变化，以了解中空湿度变化特征。由于中山本地没有高空观测，考虑到物理要素的连续性，实际预报中可以综合参考中山周边的高空站数据进行综合考虑。暴雨区内降水量的来源主要靠外界补给，也就是必须有持续不断的水汽水平输送，使降水量得以维持，降水量增大。表示水汽水平输送强度的物理量是水汽通量，水汽通量越大，表示外界对当地输送的水汽量越大，但如果仅有充沛的水汽通量，而没有水汽在当地的辐合，对降水的帮助不大。要计算某地上空的水汽收支情况，就要计算水汽通量散度。水汽通量散度表示单位时间、单位面积内辐合(负值)进来或辐散(正值)出去的水汽克数，负的数值越大，表示水汽辐合越强，对暴雨的贡献越大。

②散度、涡度和垂直速度的诊断分析

散度的诊断分析在暴雨预报中有重要作用：一方面由于低空辐合高空辐散是构成强上升运动的充分和必要条件；另一方面，水汽的汇集也主要靠低空流场的辐合。在实际业务中，一般只考虑水平散度。据华南前汛期暴雨实验总结，每次暴雨过程850 hPa以下都有明显辐合，500～300 hPa及以上多数是辐散，而无辐散层多数在700～500 hPa。

流场作气旋式旋转的天气系统往往与暴雨密切联系，而副热带高压等反气旋系统也间接地对暴雨产生影响。进行涡度场诊断，可以用定量的数值来表征这些天气系统的涡旋度的强度，这对于分析其连续变化，判断系统是增强还是减弱很有帮助。涡度场诊断还可以对天气图上不易直接确定的切变涡度做出比较准确的定量表示。高空的正涡度平流可使地面低压槽或低空切变线发展和低空急流加强，甚至可以诱发中尺度天气系统，而且涡度平流对暴雨低值系统的发展有很好的先兆。对过去的一些个例分析表明，许多情况下暴雨出现在正涡度区与负涡度区之间的等值线密集区靠正涡度区一侧，或在正涡度高值舌上。在日常业务中，一般分析涡度的垂直分量。

在暴雨预报中，历来十分重视垂直速度的诊断。在 P 坐标系中，垂直速度为负值时代表上升运动。根据国内一些诊断结果，并不是上升运动强就出现暴雨。如果水汽补给不够，强大的上升运动往往导致强对流，降水量不会很大；有时不太强的上升运动只要配合可持续供应水汽的环境条件，也能出现较大的降水。华南前汛期暴雨实验的研究报告指出，典型情况下暴雨区垂直运动的最大值出现在 500～300 hPa 附近。

③大气层结稳定度的诊断分析

除了一部分连续性的暴雨，大部分暴雨中的对流活动一般都相当强烈，暴雨区一般发生在对流不稳定区的下风方向。因此，在暴雨预报中，大气层结稳定度的诊断分析相当重要。在暴雨发生前后，大气层结不稳定度常发生较大变化。有时强不稳定度的建立只需几小时，但由于探空次数少，发现层结不稳定度增大时，暴雨也已经出现或即将出现了；另一方面，有时一些地方大气层结相当不稳定，但并不能出现强对流或暴雨，这是因为缺乏触发机制，不稳定能量不能释放。在预报不稳定区的水平扩展与增强时，主要考虑低空暖湿空气的增强及中层冷空气的出现。在考虑触发条件时，主要看是否存在锋面低槽、切变线、高空槽等天气系统或露点锋、能量锋逼近，低空急流突然加强或流场发生较大变化，副热带高压的突然减弱东退或低压槽强烈发展等。下面介绍几个与大气不稳定层结有关的物理量在暴雨预报中的应用。

(a) K 指数

K 指数的定义：$K=T_{850}-T_{500}+T_{d850}-(T-T_d)_{700}$，它既考虑了温度垂直递减率，又考虑了大气中、低层的湿度条件与饱和程度，K 值越大表示大气越不稳定和越潮湿。由于 K 指数计算比较方便，在暴雨预报中对 K 指数的使用比较普遍，一般出现暴雨前 K 值都会增大到 35℃以上，且多数出现 38℃以上的情况。

(b)沙氏指数

沙氏指数(SI)的定义是 500 hPa 环境温度与由 850 hPa 干绝热上升达到 500 hPa 的气块温度之差，SI 正值表示稳定，负值表示不稳定。用 SI 作暴雨预报多使用本地和周围地区探空站的资料，且要看其随时间的演变，当 SI 由大变小，出现陡降到 0 或以下的情况，就应注意是否有暴雨出现。

(c)高低层假相当位温 θ_{se} 之差

假相当位温随高度减小，则层结为对流性不稳定，反之为对流性稳定。在华南地区，一般使用 850 hPa 与 500 hPa 两层的假相当位温之差作为暴雨预报稳定度的依据。

(4)地形对暴雨的作用

中山市地处低纬，濒临南海，地形是以平原为主，五桂山为最高峰，海拔为 531 m，由于五桂山的屏障产生地形效应和海陆效应，全市的暴雨分布是不一样的。暴雨的分布大致为：中山市南部和西南部的三乡、坦洲、板芙、神湾暴雨量要比北部大，如北部石岐城区最大暴雨量为 325.8 mm(2003 年 9 月 15 日)，中山市南部和西南部的坦洲镇、大冲口水闸最大暴雨量为 474.3 mm(1981 年 6 月 30 日)，坦洲镇最大暴雨量为 463 mm(2000 年 4 月 13 日)，板芙镇最大暴雨量为 433 mm(2000 年 4 月 13 日)。上述坦洲、三乡、板芙、神湾正是处在五桂山南面和西南面。

五桂山是中山市主要的山脉，由十多个300～500 m高的山峰组成，最高为五桂山，五桂山山脉呈东北—西南走向。在五桂山山脉东南方的神湾镇有一座白水林山，海拔为473 m，神湾镇处在白水林山西南面，板芙处在五桂山山脉与白水林山交界的通道之中，三乡镇被五桂山山脉和白水林山包围，但北部和板芙的五桂山山脉与白水林山的通道联通，三乡镇的南面形成一个近似喇叭口地形，坦洲实际上是在五桂山山脉南部平原上。上述三个镇是中山市暴雨强度最大的地区，这与其特殊的地形是分不开的。

暴雨是在充分水汽条件和有利的天气形势下产生的，但是，地形作用对暴雨强度和落区的影响也起到至关重要的作用。根据气象专家分析，在广东省很多特大暴雨都与特定的地形有关，事实表明，许多著名的特大暴雨都是发生在气流的迎风坡。例如，广东省阳江—恩平、海丰—陆丰、清远—佛冈三大著名暴雨中心基本是处在山脉的迎风坡地区，而处于背风坡地区的降水和暴雨相对要小很多。为什么呢？气象专家分析指出，气流越过山脉时引起波动，在迎风坡上升，在背风坡下沉。如果风速小，气团稳定，地形引起的垂直运动随高度迅速减小。如果风速很大，空气潮湿不稳定，地形引起的上升运动可以达到较高的高度。这就是同样的地形，气流方向和大小相仿，但有时会出现强烈的降水，有时降水并不大，甚至没有降水的缘故。地形引起的上升运动使对流发展，从而造成降水，地形抬升作用的大小除了与山脉的高度、风速的大小有关之外，还与气流的方向与山脉的走向的交角有关，所以风向不同暴雨的强度和落区也不同。

另外，喇叭口地形、“人”字形山脉和河谷地形也能使气流产生辐合抬升作用。例如，中山市的五桂山山脉和神湾的白水林山，其实构成了喇叭口地形或是“人”字形山脉地形。在喇叭口地形或是“人”字形山脉的作用下，偏南气流往往会在这里产生辐合抬升，由于来自南海的潮湿气流，当其向某一方向形成辐合渐近线时，会造成暖湿空气的辐合上升，产生明显的降水，特别是伴有风速的辐合时，更容易形成暴雨甚至大暴雨，或特大暴雨。

3.3.5 几次特大暴雨的个例分析

(1)2007年5月一次暴雨过程分析

2007年5月19日至20日广东省大部分地区出现了暴雨至大暴雨的降水过程，其中日雨量最大出现在阳江市，达141.0 mm。中山市也出现了一次暴雨天气过程，部分地区出现了短时雷雨大风天气，通过天气形势、卫星云图、雷达回波、物理量场等分析，发现高原下滑短波槽不断带来的干冷空气与南海季风携带的暖湿空气在华南地区交汇，是形成此次降水的重要原因之一。

1)天气实况

2007年5月19日至20日广东省大部分地区出现了暴雨至大暴雨的降水过程，粤西沿海地区有8个市出现暴雨或以上的降水，其中日雨量最大出现在阳江市，达141.0 mm。中山市也出现了一次暴雨天气过程，部分地区出现了短时雷雨大风，共有10个自动站48 h累计降水超过100 mm，其中雨量最大出现在三乡镇，48 h雨量达136.9 mm，紫马岭观测站日雨量达到106.9 mm。在对紫马岭观测站录得的时雨量进行分析可知，5月19日08时至20时08时，共出现两次雨势增强过程，分别出现在19日14—16时和20日07—08时。通过天气形势、卫星雷达、物理量场等对此次过程进行分析、讨论，找出影响系统和形成机制，同时对比欧洲和日本数值预报在本次过程中的预报准确程度，为日后对类似天气的预报提供参考。

2)天气形势分析

在 200 hPa 高空图上，5 月 18 日 08 时(出现暴雨的前一天)西风带西风风速较强，华南地区受偏西风的控制，华南地区最大风速达 56 m/s，19 日 08 时贵州、湖北北部上空发展成一高空槽，随后向南摆动，华南上空处于槽前辐合上升区，有利于大范围降水的形成。

从 500 hPa 高空图上看，5 月 18 日 08 时—19 日 08 时，南岭以北地区维持一高空槽，并且移动速度缓慢，到了 19 日 20 时，高原东南侧中纬地区开始不断有短波槽下滑(图 3-3-4a)，但位置在四川附近地区，由于这些短波槽带来的冷空气在南岭北部聚集，此时，广西、广东地区西南风强盛，南海季风不断地从海上将暖湿空气往华南地区输送，此股暖湿空气与高原下滑短波槽带来的冷空气在南岭交汇，冷暖空气在华南保持势均力敌，因为槽前暖平流和正涡度平流的作用，可以使地面低槽发展，西南急流加强，增强槽前的湿度、上升运动和不稳定度，水汽输送充足，从而促使广东省出现大范围的降水过程。由此可见，高原下滑短波槽不断带来的干冷空气与南海季风携带的暖湿空气在华南地区交汇，是形成此次降水的重要原因之一。到了 20 日 08 时，短波槽移到贵州、湖南附近地区，同时前面的高空槽槽底伸入广东省东部和中南部地区(图 3-3-4b)，到了 20 日 20 时，高空槽逐渐移动到台湾海峡附近，广东省大范围降水基本结束。

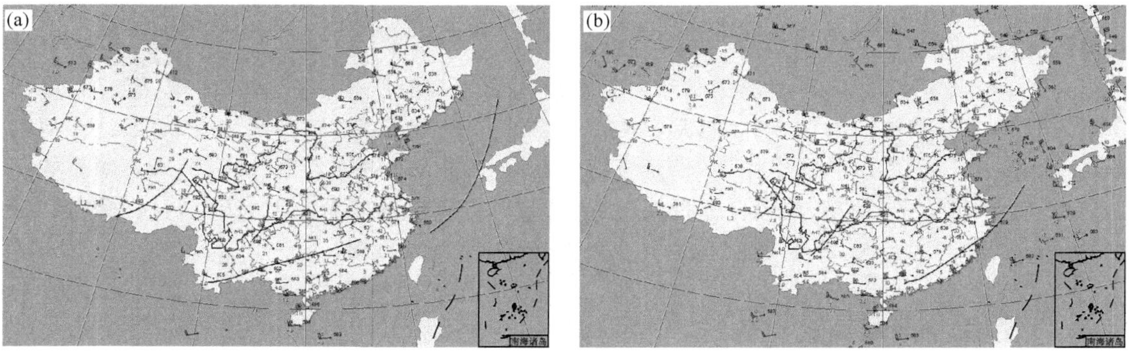

图 3-3-4　2007 年 5 月 19—20 日 500 hPa 高空图

(a)2007 年 5 月 19 日 20 时；(b)2007 年 5 月 20 日 08 时

从 850 hPa 高空图上分析，5 月 18 日 08 时粤北上空形成一切变线，随后迅速南压，到了 18 日 20 时已到达粤中附近(图 3-3-5a)，19 日 08 时，切变线到达南部沿海地区(图 3-3-5b)，19 日 20 时切变线北抬并有所减弱(图 3-3-5c)，到了 20 日 08 时再次南压(图 3-3-5d)，形成第二波降水，切变线的两次南压过程正与中山市两次降水增强相对应；20 日 20 时切变线南移减弱消失，降水过程结束。

从地面图上看，5 月 19 日 08 时，广东省受高压脊控制，高压中心位于长江中下游地区(图 3-3-6a)，地面有弱冷空气东路南下，广东省出现－2 至－3℃的 24 h 降温，中山市出现了－3℃的降温，地面维持偏北到东北风场，南海北部是一低压区，西南暖湿气流与干冷气流在广东省上空交汇，有利于大范围降水的形成和维持。19 日 20 时，高压中心基本东移出海，广东省维持东高西低的形势(图 3-3-6b)，仍然有利于降水的维持。

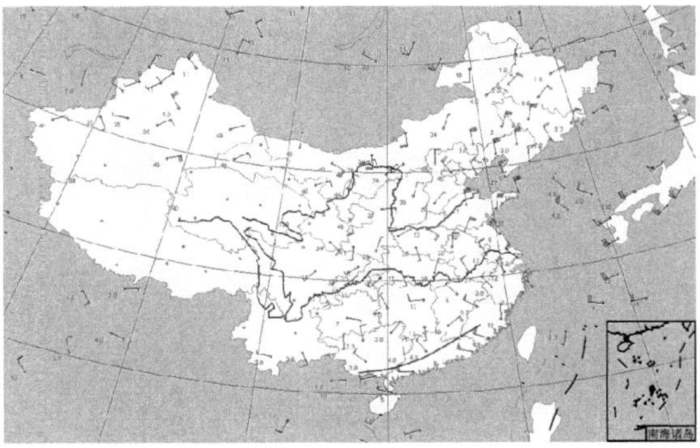

(a)2007年5月18日20时

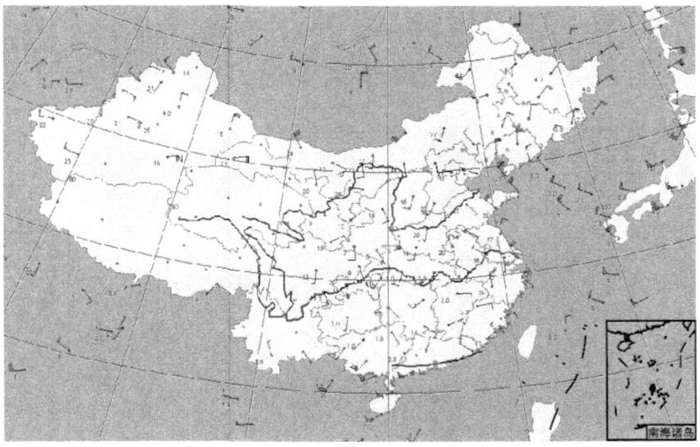

(b)2007年5月19日08时

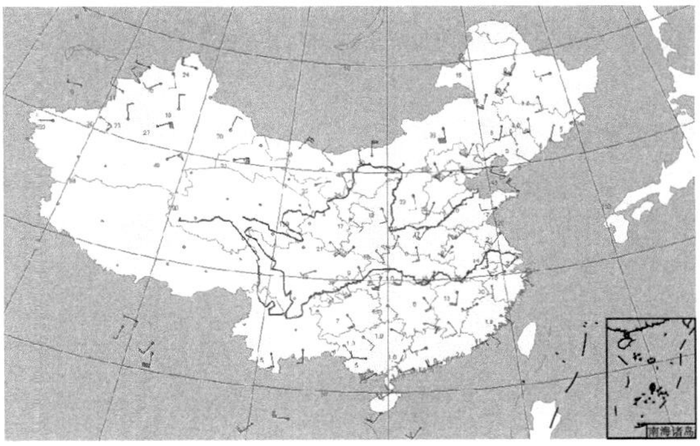

(c)2007年5月19日20时

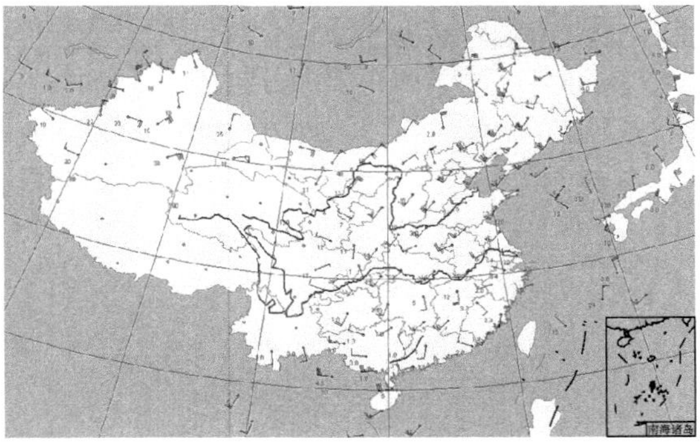

(d)2007年5月20日08时

图 3-3-5　2007 年 5 月 18—20 日 850 hPa 高空天气图(a—d)

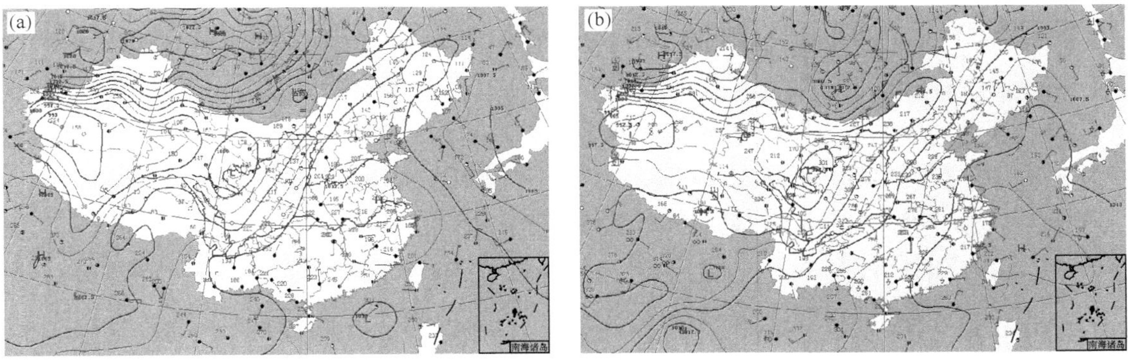

图 3-3-6　2007 年 5 月 19 日地面天气图

(a)2007 年 5 月 19 日 08 时;(b)2007 年 5 月 19 日 20 时

3)卫星云图、雷达回波图分析

①卫星云图分析

从风云 2 号卫星红外云图可看出,5 月 18 日 20 时降水云系从北部湾、海南岛附近海域形成,并且云系增强,随着高空槽前的西南或偏西气流东移到广东省(图 3-3-7a),19 日 13 时开始移到中山市上空,直接造成中山市的第一波强降水,20 时降水云团已移出中山市境内,到达粤东沿海地区(图 3-3-7b),随后在 19 日夜间,云系再次在阳江附近增强东移(图 3-3-7c),到了 20

日清晨 06 时，中山市再次出现强降水。从云系发展过程来看，它正与 850 hPa 切变线两次南压时间上是对应的，并且最强的降水区处于云系的前端。

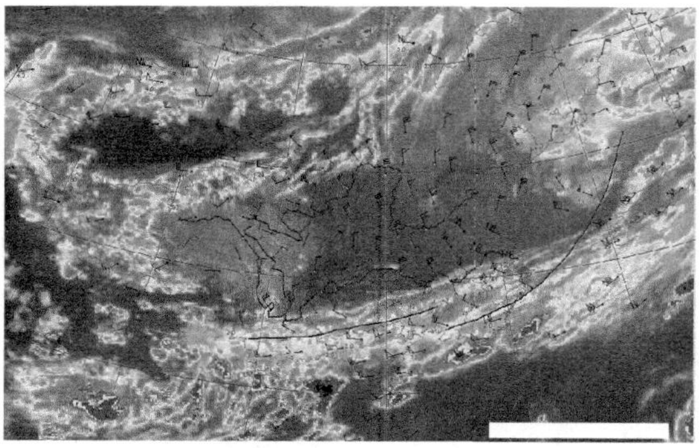

(a)2007年5月19日08时风云2号红外云图

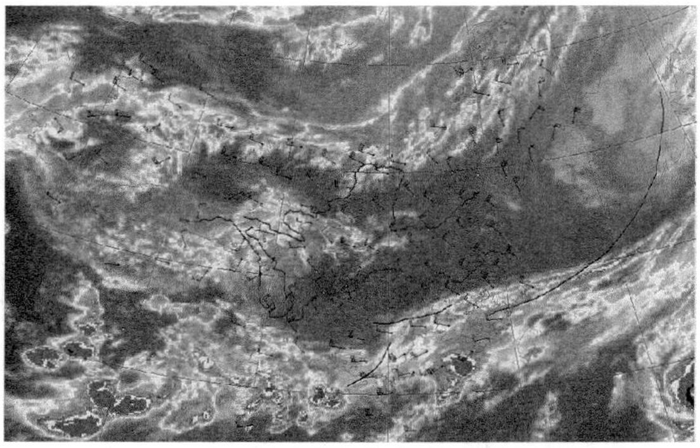

(b)2007年5月19日20时风云2号红外云图

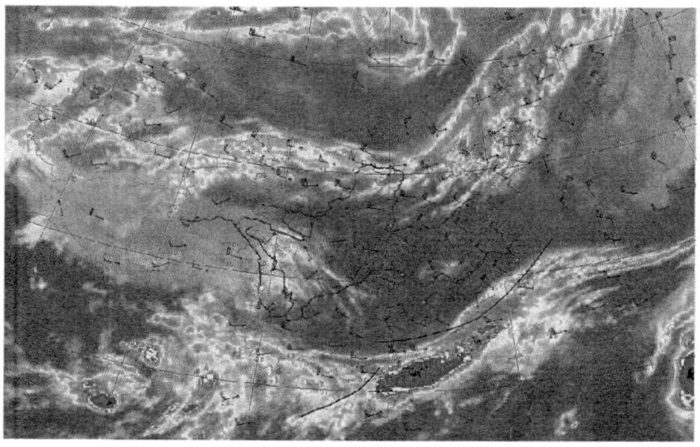

(c)2007年5月20日02时风云2号红外云图

图 3-3-7　2007 年 5 月 19—20 日卫星云图(a—c，彩图见书后)

②雷达回波分析

从雷达回波图上看，影响中山的降水回波共出现两次的增强过程：19 日 13 时，降水回波不断地在阳江附近形成并加强东移(图 3-3-8a)，15 时回波到达中山市和珠海市斗门区附近，此时降水云团发展十分旺盛，回波的强度已达 55 dBz，此时中山市出现第一次强降水；到了 19 日夜间，回波再次加强东移，到了 20 日 05—08 时，回波在中山北部和中部局地增强，形成第二次强降水(图 3-3-8b)。

4)散度场分析

从 925～850 hPa 低空辐散场看(图 3-3-9a)，18 日至 21 日有一辐合中心从西东移，中心从雷州半岛附近开始，经过阳江、珠三角，再到南海东北部海面，同时从 150～300 hPa 高空辐散场看(图 3-3-9b)，18 日至 21 日也有一辐散中心从西东移，中心从雷州半岛到粤西地区开始，经过珠三角，再到粤东地区，最后移动到南海北部。由于底层辐合、高层辐散配合明显，有利于强降水的形成和发展，结果造成广东省大范围暴雨降水过程。

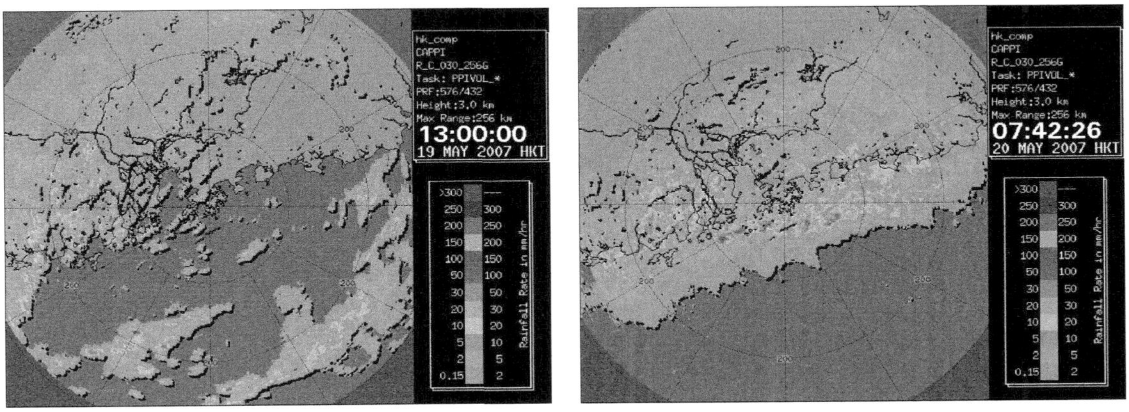

(a)2007年5月19日13时00分雷达图　　(b)2007年5月20日07时42分雷达图

图 3-3-8　2007 年 5 月 19—20 日雷达回波图(a—b,彩图见书后)

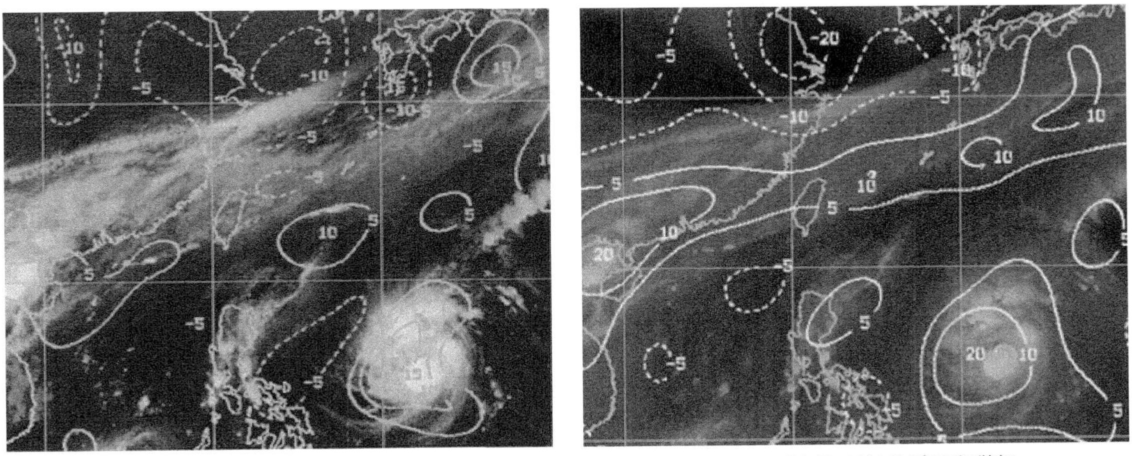

(a)2007年5月18日08时低空辐散场　　(b)2007年5月18日08时高空辐散场

图 3-3-9　2007 年 5 月 18 日低空和高空辐散场(a—b)

5)数值预报释用情况

就本次降水过程来看,欧洲中心数值预报对 500 hPa 形势场的 48 h 预报比较好,对 19 日 20 时和 20 日 20 时高空槽位置预报准确,高原下滑短波槽在 500 hPa 也有反映;850 hPa 风场,预报切变线的强度比实况要强一些。地面预报也预报得比较理想。日本数值预报对 500 hPa 与850 hPa 形势场的 48 h 预报基本准确,日本数值预报对 19 日降水落区预报得比较准确,预报的降水中心出现在粤西(图 3-3-10),与实况基本相符(最大的日降水出现在阳江市),粤西沿海地区有 8 个市出现暴雨或大暴雨的降水,量级预报也比较准确。这说明欧洲中心和日本数值预报对本次降水的预报还是十分准确的,可以为日后类似天气形势下的天气预报提供很好的参考依据。

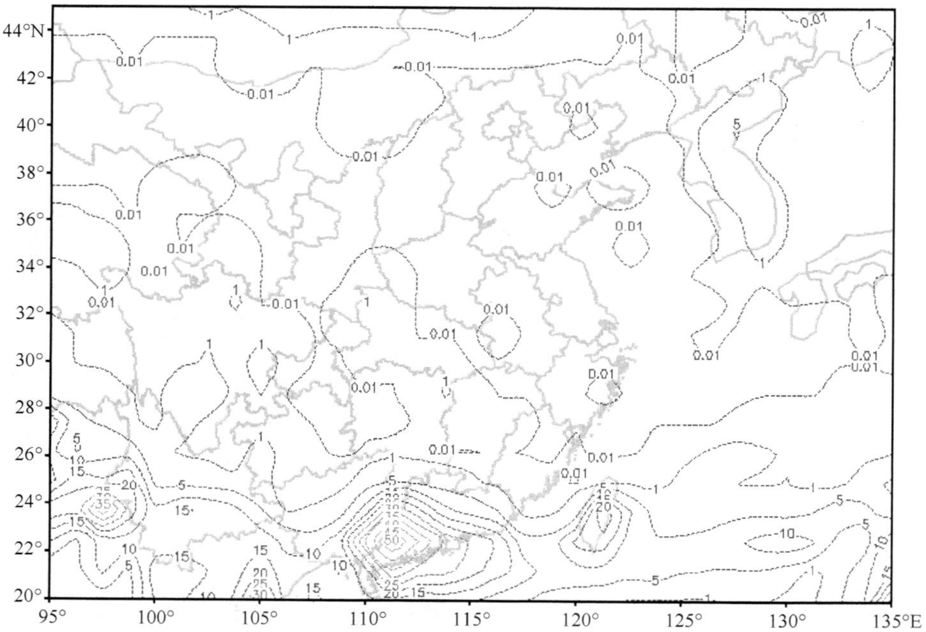

图 3-3-10　2007 年 5 月 18 日 00 时日本 48 h 降水预报

6)小结

①高原下滑短波槽不断带来的干冷空气与南海季风携带的暖湿空气在华南地区交汇，是形成此次降水的重要原因之一。

②850 hPa 切变线的两次南压过程正与中山市出现的两次降水增强过程相对应，强降水出现在槽前降水云系的前端。

③欧洲中心对本次暴雨过程预报的比较好，日本的降水预报，落区、量级预报得较好，48 h 预报可信度较高，可以为日后类似天气形势下的天气预报提供很好的参考依据，而 72 h 降水预报则偏差大。

(2)2004 年 8 月一次大暴雨过程分析

2004 年 8 月下旬，中山市出现了一次大暴雨过程，从 28 日 20 时到 29 日 20 时，中山气象台观测站测得雨量 152.7 mm，小榄、民众、东升、东凤、南头、横栏、三角和南朗等 8 个自动站也分别测得超过 100 mm 的日雨量。从时间分布图看，强降雨主要集中在三个时段(29 日 03—05 时；07—09 时；11—15 时)，其中 29 日 07—09 时段雨强最大(图 3-3-11)；从空间分布看，中山市东部镇区降雨量较大，降水中心出现在民众镇(日雨量达 316.8 mm)。

强降水首先出现在中山东南部地区，之后雨带逐渐向西北方向移动。中山市在 29 日 07 时 21 分发布了黄色暴雨信号。由于降水强度大，而且最强的时段出现在上午上班时间，对市民的生活和工作均带来不同程度的影响。通过分析天气形势、卫星云图、雷达图以及动力场、稳定度等因子，认为热带风暴"艾利"减弱成的低压槽、中低层切变线、地面辐合带是形成本次大暴雨的主要原因，并通过此次分析加深对暴雨形成的认识，为日后类似形势的暴雨预报提供参考。

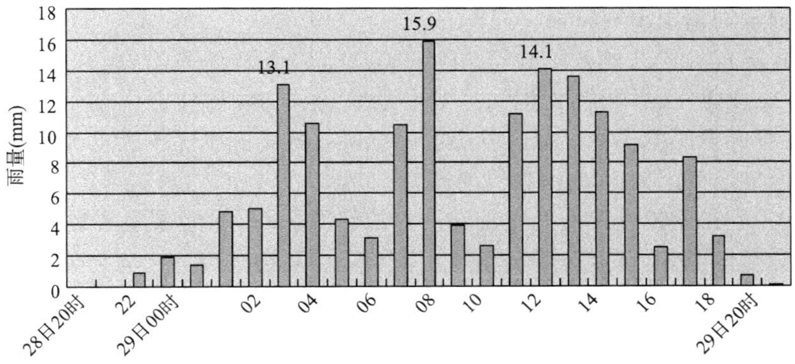

图 3-3-11　2004 年 8 月 28 日 20—29 日 20 时中山市逐时雨量分布

1)天气形势分析

①500 hPa 高空形势

8 月 26 日 08 时,高纬地区等高线平直,副热带高压已东退到东经 130°以东洋面上。0418 号热带风暴“艾利”26 日上午在福建沿海地区登陆后进入广东境内,逐渐减弱成热带低压槽,并且具有明显的暖心结构。27 日 08 时,东经 130°附近的西太平洋上另有一台风活动,并向西北偏北方向移动,副高断裂成东、西两环。热带低压槽位于西环副高南侧,在偏东气流的引导下,逐渐向西南方向移动。28 日 08 时,热带低压槽已移至雷州半岛,阳江到珠三角地区位于热带低压槽的东北侧,盛行强烈的偏南暖湿气流,水汽条件充足,有利于大暴雨的形成,珠江口附近地区正是在该时段先后出现强降水。

29 日 20 时,副热带高压加强西伸,并逐步控制华南沿海一带,低压槽逐渐减弱并西移到北部湾,大暴雨过程基本结束。

②850 hPa 高空形势

8 月 27 日 08 时,珠三角到阳江上空为气旋式环流,沿海一带存在弱的风切变。28 日 20 时,广东沿海上空切变线形成,并且走向基本与海岸线平行。从南海北部海面吹来的暖湿空气在广东沿海一带堆积并辐合上升,上干下湿的大气层结使该地区极其不稳定,辐合上升运动触发位势不稳定能量加速释放,将有效位能逐渐转化为动能,终于形成了本次大暴雨。29 日 20 时,切变线减弱消失,广东沿海逐渐转为一致的东南气流,该地区强降水随之减弱。

③地面形势

26 日上午热带风暴“艾利”在福建沿海地区登陆后并逐渐减弱。27 日 08 时,热带风暴减弱后形成的地面低压辐合中心已西移至珠三角附近,之后缓慢向西南偏西方向移动,进入北部湾,强度一直维持在 997.5 hPa 到 1000 hPa 之间。28 日 08 时到 29 日 08 时,低压辐合中心继续维持在北部湾偏东地区,但整个低压环流范围很大,覆盖了华南沿海大部分地区,珠江口处于其控制之下。另外,在珠江口西侧存在小尺度气旋性环流,有利于低层暖湿空气辐合上升,凝结潜热释放,形成降水。珠三角一带的强降水正是出现在该时段。

地面低压辐合中心在这一地区的稳定维持,有利于降水的产生和持续,为大暴雨的形成提供了辐合抬升机制。由此可以看出,低压辐合中心是这次大暴雨形成、发展和维持的主要原因。

2)卫星云图及雷达图演变特征

从此次大暴雨过程的红外云图看,26 日至 27 日,热带风暴登陆后,其减弱后形成的低压云带一直在广东、福建一带维持,此时广东、福建大部分市县都分别出现了不同程度的降水。以后,由于中高层有强盛的偏南气流存在,向华南沿海提供了源源不断的水汽,有利于低压云带在该地区的稳定维持。另外,28 日 20 时至 29 日 12 时,在珠三角到粤西沿海一带海面不断有对流云生成,并且在原地发展后向北移动。这二者共同作用,给该地区带来了明显降水。

从香港雷达回波图看,可以分析出两个主要特征:①28 日 22 时至 29 日 20 时,强烈的降水回波不断从南部海域生成并北移影响华南沿海,给该地区带来了丰富的降水。其间强降水回波覆盖珠三角的时间,正好与中山市气象观测站测得到的时雨量分布相吻合;②分析 29 日 07—12 时的雷达回波图,可见强回波呈带状分布(图 3-3-12),07—08 时,强回波在中山东部和南部地区出现,09 时回波在中山的中部地区发展,同时珠海斗门以南的强回波也发展北抬,回波带从西南方向东北方向掠过中山地区,造成中山市全市范围的大暴雨天气。

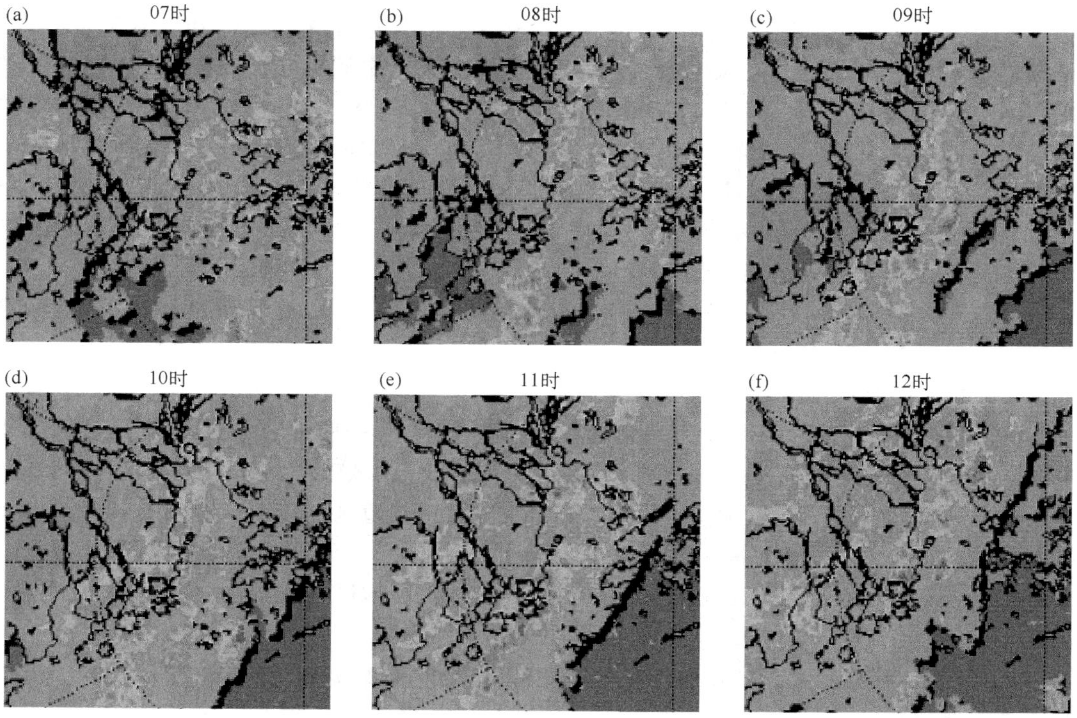

图 3-3-12　2004 年 8 月 29 日 07—12 时香港雷达逐小时回波演变图(a—f,彩图见书后)

3)暴雨成因分析

①动力场

分析 28 日 20 时的涡度场发现,从 850 hPa 到 700 hPa,在珠三角到阳江以南海面上都为涡度正值中心,特别是在 850 hPa,涡度中心值达到 $12.7\times10^{-5}\ s^{-1}$,有利于地面水汽的辐合上升运动。

分析 28 日 20 时的散度场发现,在低层 850 hPa,从珠三角西侧到雷州半岛以东方向是散度负值中心(最大负值中心达 $-11.4\ s^{-1}$);在 500 hPa,在阳江以南海面为散度正值中心(最大正值中心达 12.5 s^{-1}）。因此，这一地区就形成了典型的底层辐合高层辐散的水汽上升动力场。

②稳定度和水汽条件

分析 27 日 08 时到 29 日 08 时的 K 指数（表 3-3-3），珠三角及附近地区绝大多数都大于 35.0℃，指数最大值位于阳江，达到 40.0℃，且 27 日 20 时到 28 日 20 时，该地区的 K 指数总体上呈逐渐增大的趋势。根据统计分析，K 指数越大，大气层结越不稳定，这表明该区的不稳定能量不断堆积，加上地面辐合区内辐合上升运动与中高层水汽输送的配合，强降水出现。

分析 28 日 20 时 $\Delta\theta_{se500-850}$ 发现，27 日 20 时—28 日 08 时负值中心在广州附近地区，28 日 20 时，负值中心已移至香港地区上空（中心最大值为 −9.3℃），说明该地区大气上干下湿，存在较强的不稳定能量。但在分析 29 日 08 时的 $\Delta\theta_{se500-850}$ 时发现，之前广州地区的负值中心已变小（−1.4℃），这可能是由于暴雨形成后不稳定能量的释放，$\Delta\theta_{se500-850}$ 负值变小，或变成正值，此时 $\Delta\theta_{se500-850}$ 在判断层结稳定性的参考意义就可能降低，在实际预报暴雨时就应该参考其他一些资料进行综合分析。

分析 850 hPa 上的温度露点差，28 日 08 时—29 日 08 时，广州—香港—阳江一带温度露点差都维持在 0.0～2.0℃，说明低层水汽十分饱和，只要存在抬升凝结机制，就很容易产生降水。

表 3-3-3　2004 年 8 月 27 日 08 时—29 日 08 时广州、香港、阳江三地各项指数值　单位：℃

K 指数	27 日 08 时	27 日 20 时	28 日 08 时	28 日 20 时	29 日 08 时
广州	41.0	33.0	37.0	39.0	35.0
香港	38.0	38.0	37.0	36.0	缺
阳江	37.0	37.0	36.0	40.0	37.0
$\Delta\theta_{se500-850}$	27 日 08 时	27 日 20 时	28 日 08 时	28 日 20 时	29 日 08 时
广州	5.1	−6.7	−4.2	−1.5	−1.4
香港	−1.5	−2.9	−1.5	−9.3	缺
阳江	−2.8	−2.8	0.3	3.8	−1.5
850 hPa 温度露点差	27 日 08 时	27 日 20 时	28 日 08 时	28 日 20 时	29 日 08 时
广州	0.0	2.0	0.0	0.0	1.0
香港	1.0	3.0	1.0	2.0	缺
阳江	1.0	1.0	2.0	1.0	1.0

4）结论

通过对这次大暴雨过程的分析，可以得出以下结论：

①0418 号热带风暴“艾利”登陆后西移并减弱成热带低压槽，之后稳定在广东沿海，并且具有明显的暖心结构，引发了本次暴雨，说明这是一次典型的台风暴雨过程。

②850 hPa 切变线的形成、地面低压辐合中心的稳定维持以及地面小尺度气旋式环流，使大量的水汽不断从南海输送过来，是本次暴雨水汽的主要来源和暴雨得以维持的主要原因。

③K 指数、$\Delta\theta_{se500-850}$ 以及 850 hPa 上的温度露点差是暴雨预报的重要参考因素。

（3）两次暴雨降水过程预报失误的诊断分析

2005 年 5 月 18 日至 20 日，受地面低槽、高空西风槽及副热带高压（简称副高）影响，中山市普降大雨到暴雨，局部大暴雨，本站主要降水集中在 20 日白天（简称 5·20 暴雨）。7 月 8

日受季风槽中低压云团和副高影响，中山市普降暴雨，局部大暴雨（简称 7 · 8 暴雨）。由于预报员对形势和物理场认识不足，两次暴雨过程都出现漏报。事后对两次过程进行分析，从高、低空配置和物理场上都可以找到引起暴雨的原因，为了积累暴雨预报的经验，下面对两次过程进行诊断分析。

1）两次过程实况比较

根据 5 · 20 暴雨过程中中山市各自动站所录雨量情况分析，2005 年 5 月 18 日 20 时—20 日 20 时，有 5 个站过程雨量超过 100 mm，最大过程雨量接近 180 mm。有 3 个站 24 h 雨量超过 100 mm，10 个站次 24 h 雨量超过 50 mm，最大雨强为 64.7 mm/h，主要暴雨降水区域集中在本市南部、中部地区，北部地区雨量相对偏小。

7 · 8 暴雨过程雨量，有 16 个站次 24 h 雨量达到 50 mm 或以上，其中有一个站达到 118.2 mm（图 3-3-13），暴雨区分布比 5 · 20 过程广，除了南部和北部少数几个站未达到暴雨外，其余都出现暴雨，尤以东南部地区强度大，局部降水强度比 5 · 20 过程稍弱，最大雨强为 44 mm/h，整个强降水持续时间较 5 · 20 过程短。从以上实况可知：两次过程都属于全市性大范围暴雨降水，然而却都只预报阵雨或雷阵雨。事后分析发现，我们在预报中忽略了一些暴雨信号，导致了漏报。

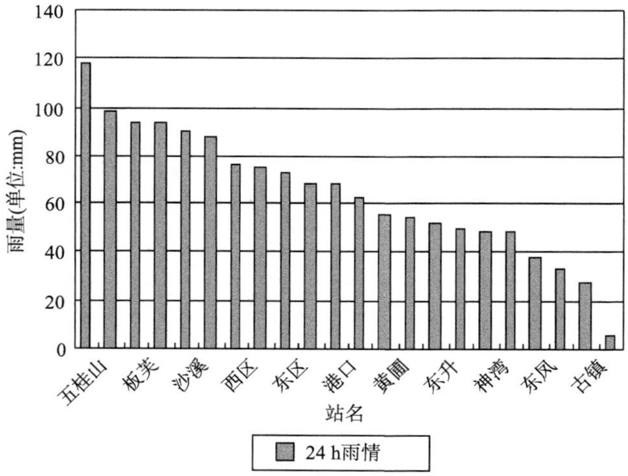

图 3-3-13 中山市 7 · 8 暴雨情况

2）两次过程的天气背景分析

5 · 20 暴雨过程属于前汛期降水，具有高空槽和锋面降水特征。5 月 18 日前，500 hPa 图上反映出南支槽发展旺盛，与中高纬的西风槽贯通成南北走向深槽向东发展。副高比较稳定维持在 25°N 以南，110°E 以东，降水集中在粤西、粤北地区。850 hPa 上珠江口以西为一致的西南气流，水汽条件充足，切变线维持在粤北一带。地面有弱冷空气南侵，广州以北至广西中部地区吹偏北风，珠江口为一致的偏南风。18 日开始，由于西风槽东移，副高的抵挡作用逐渐被削弱，500 hPa 高空槽在副高北端被分成南北两段，北段快速东移，南端即南支槽由于副高的作用维持少动，但是却不断从南支槽中分裂小波动东传，19 日 20 时 500 hPa 图上，588 线被南压，中山本地降水强度逐渐加大。因此，5 · 20 暴雨过程就其原因，是南支槽与副高，再加上切变线和弱冷空气共同作用的结果，南支槽与副高相持阶段，能量聚积在本地区西侧，一旦副高南撤，西南槽向东发展、弱冷平流南侵、加上季风和低空急流的活动，于是强降水也随之发生。此时，预报员如果还把降水性质定性为副高边缘的不稳定降水，必然会造成暴雨漏报。

7·8暴雨过程属于后汛期降水，是副高与季风槽中热带扰动的相互作用而造成的。7日20时副高位置，588线在珠江口地区有明显弯曲凹陷，那是因为南海北部近珠江口一带有热带云团扰动发展。由于中高纬地区有高空槽配合冷平流东移，削弱了副高强度，因此7日副高稍有东退，但是整个副高主体稳定。850 hPa上西南季风一直向北输送水汽，北端达到湖北—安徽—江苏一带，水汽条件非常充分。珠江口南部有一东北—西南向的气旋性切变发展并北抬，本站气压也下降明显，7日08时较6日08时气压下降达到近3 hPa，增加了本地区天气的不稳定度，为此次暴雨发生提供动力条件。8日，在副高、西南季风、热带扰动相互作用下，中山及其周边地区普降暴雨，局部大暴雨，9日随着副高西伸，本地降水减弱并结束。对这次暴雨预报失误在于：副高短暂的撤退实际上为季风槽北抬创造了条件，在水汽条件、动力条件充分的前提下，暴雨的发生是必然的。

3)雷达回波分析

雷达回波图上，两次过程的回波强度最大值都超过50 dBz，5·20过程局部地区回波强度甚至超过60 dBz，回波高度在14 km左右。从回波的发展移动情况来看，5·20过程明显反映出小波东传，小回波带不断从西北—东南方向移动，在珠江口西侧加强，并给中山地区带来强降水(图3-3-14)。7·8过程回波结构整齐，由南向北发展，反映出热带云团北抬，主要回波位于珠江口附近并在该地加强。

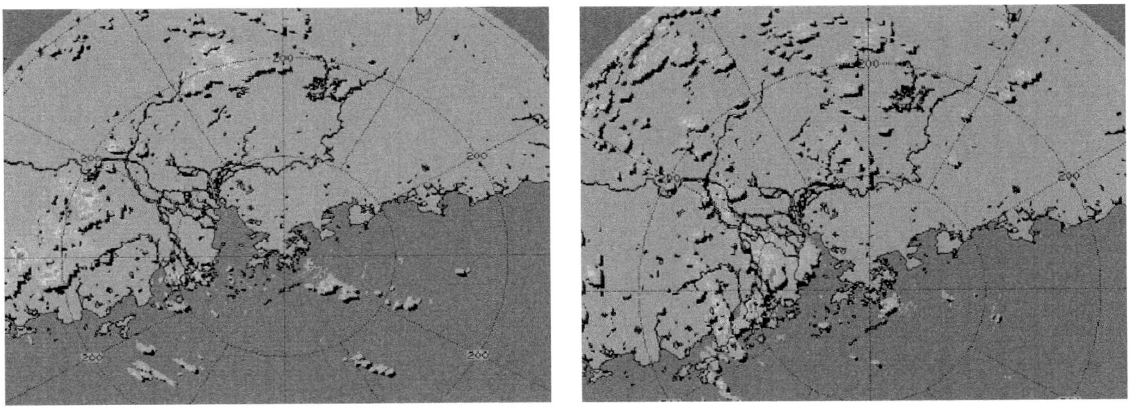

(a)5月20日6:30小波动回波带东传　　(b)5月20日12:30移至本地上空加强的回波

图3-3-14　5·20雷达回波图(彩图见书后)

4)物理量诊断分析

①水汽条件

两次过程水汽条件都很充分，从5月18日08时和7月8日08时850 hPa水汽通量图上，本地基本上处在$160\times0.1\ g\cdot(cm\cdot hPa\cdot s)^{-1}$以上的高值区中，5·20过程水汽通量梯度最大区域位于本地略偏西地区，强降水发生时，本地水汽通量散度为负值，表明处于水汽辐合区中。7·8过程中，水汽通量梯度最大区域和水汽通量散度负值中心均处于珠江口及附近地区，主要强降水也发生在这一带地区。

②K指数场分析

K指数又被称为气团指数，用以描述大气不稳定度，K值越大，表示大气越温暖、水汽越充分，越有利于强对流的产生。两次过程中 K 指数都超过 35℃，5.20 过程 K 指数最大值位于广西和广东西北部，有的站点 K 指数达到 40℃。5 月 20 日 08 时，广州、阳江 K 指数分别为 36℃、37℃，香港为 34℃，中山处于广州—阳江大值区中，有利于强对流产生。7.8 过程 K 指数同样非常大，而且从 7 月 7 日 20 时至 8 日 08 时，广州、香港的 K 值由 35、36℃增至 39、38℃，K 指数最大区域基本上在珠江三角洲一带，与珠江三角洲地区的扰动发展相一致。

③中低空和高空平均涡度场分析

涡度描述的是水平速度场的旋转特性，衡量空气质块涡旋运动的强度，其演变有一定的持续性，对天气系统的发展和天气预报都有重要意义。中低空平均正涡度有利于空气的辐合运动，高空负涡度有利于辐散机制维持。两次过程中低层辐合运动、高层辐散运动的配置非常明显，平均正涡度值都超过 $25\times10^{-6}\ s^{-1}$。5·20 过程中 700 hPa、850 hPa 上正涡度中心有两个，500 hPa 上有较明显反映，其中一个位置由西向东发展接近中山地区。7·8 过程也有同样的涡度中心从南海北部海面移向珠江口地区，中心涡度值更大，反映 7·8 过程辐合上升更强。

5)结论

①副高在两次暴雨过程起到非常关键的作用，副高处于短期的稳定和加强时，对上游的西风带系统起阻塞作用，西风槽减速或停滞，有利于副高西脊附近能量积累。一旦副高短期南落东退，西风槽东移，副高西侧容易出现暴雨降水。7·8 过程中副高短暂的撤退实际上为季风槽北抬创造了条件，在水汽条件、动力条件充分的前提下，暴雨的发生是必然的。

②西南季风对水汽的输送始终是暴雨产生的主要水汽来源。高、低空辐散、辐合运动为对流不稳定性提供了动力条件。

③强降水一般出现在水汽通量梯度最大区域及附近地区。同时 K 指数通常大于 35℃，两次过程都满足了该条件。

(4)中山市“9·16”特大暴雨分析

2002 年 9 月 14 日到 17 日，广东省出现了大范围的连续性暴雨，其中中山市 16 日普降大暴雨到特大暴雨，所属多个站点的雨量超过 250 mm，城区出现了历史上罕见的特大暴雨，以下简称“9.16”特大暴雨。这次特大暴雨降雨有几个特点：①雨强大，且强降水主要集中在城区附近。城区 3 h 雨量达到 115.0 mm，是自 1980 年以来中山市 3 h 雨量超过 100 mm 的第十二次。②日雨量大。中山市有资料统计以来日雨量超过 250 mm 仅 4 次，出现的概率非常低。③暴雨持续时间长。从 9 月 14 日到 17 日持续了三天的大雨到暴雨，总雨量非常大，三天的总雨量普遍在 200～400 mm，影响范围大，使中山市由旱转涝。从天气图上可清楚地看到，造成 9.16 特大暴雨最直接原因就是从低空到高空一致的低压环流系统的存在，因此，将从不同高度、不同尺度、不同角度来分析这一低压环流系统以及其他环流系统包括冷空气、槽线、切变线、副热带高压对这一低压环流的影响和相互作用，从而寻找这次特大暴雨发生的机制。

1)天气形势和影响系统

这期间华南沿海的低压环流发展高度非常高，从地面一直到 400 hPa 的高度上都可见到相应的低压中心和气旋性环流，而且它具有明显的暖中心结构，因而从这一点上可以说它非常类似于热带气旋，它的内部不仅具有强烈的不稳定性（K 指数大于 38℃），而且受到从低空到高空不同层次不同系统的影响。

①高空形势分析

在 500 hPa 高度场上最显著的特征是副热带高压、西风槽与低压环流的相互作用。14 日之前中高纬环流较平直，无明显槽脊，副热带高压较强，一直控制了整个华东，之后由于副热带高压明显东退，14 日 20 时开始西风槽在黄河到长江流域之间逐渐加深，而西风槽的加强和东移一方面促使高空冷平流的产生，促使了冷空气的南下，另一方面促使“黑格比”减弱后的低压环流路径发生明显变化，中心已进入广西的低压槽转而又迅速向东移动，从而在 15 日 20 时到 16 日 08 时出现了低压环流与西风槽的叠加，从流场图上能清楚地看到这时低压环流西侧北风和东侧南风都明显加大。

②低空环流形势分析

700 hPa 高度场上可看到，12—13 日切变线维持在黄河流域，呈横向，切变线的北端位于朝鲜，南端位于黄河流域；14—15 日随着冷空气的南下切变线逐渐倾斜，北端少动，南端逐渐南压；到 15 日 20 时切变线南端跨过长江；16 日 08 时切变线的北端气旋性环流加强，在朝鲜形成一个低压区，南端与广东沿海低压环流相接，形成一纵向倾斜的切变线，这种基本呈纵向的切变线特别有利于冷暖气流的相互作用，从而促使气旋性环流的进一步加强。

③地面形势分析

从地面图上可看到两个主要的环流系统，一个是占据中原的冷性高压系统，一个是直接影响中山的低压环流。

在引发中山这次特大暴雨的各个系统中，弱冷空气的南下发挥了很大作用。由于华南沿海为低压区，低压区北部本身就吹偏北风，因而增加了判别弱冷空气扩散南下的难度。锋面分析显示，冷锋从 13 日到 15 日有一个明显的南下过程，到 15 日 05 时以后它就停滞在南岭以北，但如果对各个站点的风向转变进行仔细分析，就会发现从粤北到南部沿海风向有一个逐渐转变的过程，韶关站 14 日 14 时前一直维持偏南风，14 时开始转为偏北风，但不太稳定，15 日 02 时吹偏东风，16 日 05 时吹偏西风，15 日 08 时再次转为偏北风后，紧接着广州站 15 日 17 时开始转吹偏北风并一直稳定到 16 日上午，从中山自动站的风向变化上可看到这股弱冷空气是从 15 日 20 时开始影响中山北部，23 时中山强降水就相继开始。弱冷空气加大了低压环流北侧的偏北风，而这种风速的加强是与低压环流的气旋风切变是一致的，因而我们认为弱冷空气的南下不但不会削弱低压环流，反而在这里起到了对低压环流的加强作用。

分析低压环流的演变过程发现，从 15 日到 16 日低压环流位置有一个从西向东快速移动的过程，之后（15 日 17 时后）它就一直维持在珠江口西侧以南的海面上。地面 24 h 负变压中心的变化也证实了这一点，到 16 日 08 时负变压中心已从粤西沿海快速东移到中山以南的珠海。

2）风廓线的变化特征

在特大暴雨期间，香港风廓线表现出明显的风向变化特征，不管从高空到低空（从 6184 m 到 315 m）风向从 15 日 08 时到 16 日 08 时都基本上维持一个从 200°（偏南风）左右到 100°（偏东风）左右的一个风向随时间的逆转（图 3-3-15）。随着高度的增高，风向向偏东南、偏东风转的时间越晚，基本上在下半夜后风向从低到高都转为 150°以下，从风向的这种变化可看出华南沿海低压环流和西风槽的东移对香港风向的影响是很大的，而地面的冷空气对香港风的影响较弱，且低压槽环流对香港风向的影响有个自下而上的过程。

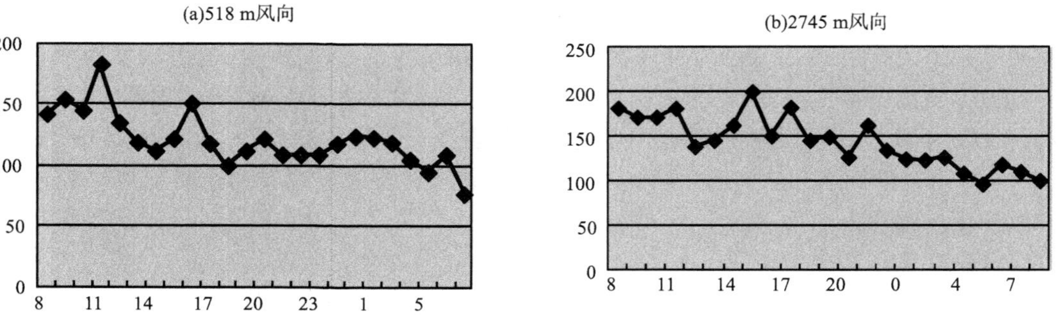

图 3-3-15　2002 年 9 月 15 日 08 时—16 日 08 时 518 m 和 2745 m 香港高空风向的变化情况(a—b)

从广州风廓线图上可见，1000 m 以上高空的风向始终在东南风与偏东风之间摆动，并没有因为冷空气的到来而使偏北分量加大，值得注意的是 900 m 高空的风在 15 日以前一直稳定维持偏东风，15 日午夜过后偏北分量突然加大，到 16 日 02 时偏北分量明显加大，自 05 时开始 900 m 高空的风向就稳定转为偏东北方向，风速明显加大到 8～12 m/s，从中可看到冷空气影响广州从 15 日午夜到 16 日 05 时有一个逐渐加强的过程，且冷空气对广州的影响主要出现在低空，高空风受低压环流的影响更大。正是在这种高低空风向风速的配合下，正是低压槽和弱冷空气的共同作用造成了中山市“9·16”特大暴雨的发生。

3)中小尺度环流分析

尽管“黑格比”登陆后这段时间广东省出现了大范围的暴雨，但 9 月 16 日影响中山的云团和强回波却不是大范围的，16 日整个低压环流内部云量和回波都显著减少，云团大量集中在它的尾羽南海海面上，而正是环流内部这小块的云团和回波酿成了中山“9·16”特大暴雨。为了来分析这小尺度的云团和回波，本节对广东省的自动站日和时的最大风的资料进行了分析，12—14 日低压环流内部的辐合和切变都较小，此时珠江三角洲风向一直维持偏东风，仅在中午前后受海陆环流影响转为东南风，大部分自动站风速小，风速基本上在 4～8 m/s 波动；15 日受冷空气影响珠三角北部的一些自动站开始渐转为东北到偏北风，风速也明显加大，15 日 20 时中山以北偏北风加大，风力大多超过 8 m/s，且有明显风速辐合，同时中山周边的风速也明显加大，中山以东的偏东风风速达到 8 m/s，中山以南的偏南风风速达到 4 m/s，且都伴随着风速辐合，到 16 日 02 时中山以西转为偏北风，进一步加大了风切变，从而使中山的风向风速辐合在这一时刻达到最大，而此时的中山短时强降水已经开始。

从对自动站资料和风廓线资料分析可知，低压槽和弱冷空气在这次特大暴雨的中尺度气旋性辐合的加强中扮演了主要的角色，低压槽自西向东、自下而上影响本地，加强了中山以东低空的偏东气流，加强了中山高空的气旋性环流；弱冷空气主要在低空(900 m 以下)自北向南从低层影响中山，加强了中山以北和中山北部低空的偏东北气流。正是低压槽和弱冷空气两者的相互作用共同促进了中山附近的中尺度气旋性辐合的发展，从而造成了中山这次特大暴雨。

4)小结

通过对“9·16”特大暴雨从高空到低空，从天气尺度到中尺度，从气压场、风场到风廓线和自动站资料等多角度的分析发现这次特大暴雨降水过程具有以下特点：①华南沿海的低压环流具有类似热带气旋的性质，发展高度高，且为暖中心结构，受副热带高压东退和西风槽的东移影响，它的路径发生了明显的转变；低压环流的东移和西风槽东移出现叠加，加强了低压环流内部的切变和不稳定性，且这一过程的发生在风向的转变上是自下而上开始的；②700 hPa 的纵向切变线有利于气旋性环流的发展；③冷空气属扩散南下，且主要出现在低层 900 m 高空以下，这种出现在低层的弱冷空气对低压环流的加强作用很明显；中尺度辐合和切变加速了中山市特大暴雨的发生。

统计资料显示这种特大暴雨在中山发生概率较小，而强降水又集中在夜间和早上之前这段时间，因此，进一步探索强降水的特征，增强强降水的预报能力，提高暴雨的中尺度监测和预测能力，将是一件非常重要的事。

3.4　热带气旋

3.4.1　热带气旋及其等级标准

热带气旋是形成在热带和副热带海洋上的强烈风暴。在全球的海洋上，热带气旋对西北太平洋、西北大西洋和孟加拉湾及其海岸地区的影响最大。其中西太平洋（包括我国的南海）是全球热带气旋形成最多的海域，平均每年大约有 28 个热带气旋生成。

传统上，在西北太平洋和南海海面形成，具有暖心结构的热带气旋，被称为台风，在东北太平洋和大西洋生成的被称为“飓风”，在印度洋、孟加拉湾生成的被称为“风暴”，在澳大利亚附近海面生成的被称为“威力威力”。

我国自 1989 年 1 月 1 日起，按世界气象组织的标准，按照热带气旋中心附近最大风力划分为四个等级：热带气旋、热带风暴、强热带风暴、台风。2006 年 6 月 15 日起又新增加了强台风和超强台风两个等级。具体划分标准如表 3-4-1 所示。

表 3-4-1　热带气旋等级划分标准

热带气旋名称	英文简写	中心附近最大风力		备注
		级	m/s	
热带低压	TD	6～7	10.8～17.1	
热带风暴	TS	8～9	17.2～24.4	1989 年以前，称为台风
强热带风暴	STS	10～11	24.5～32.6	
台风	TY	12～13	32.7～41.4	1989 年前，凡中心附近最大风力≥12 级，都称为强台风
强台风	STY	14～15	41.5～50.9	2006 年 6 月 15 日起新增加
超强台风	Super TY	≥16	≥51.0	

热带气旋是地球上常见的十大自然灾害之一，同时也是气象灾害中破坏力最大的天气系统。热带气旋主要通过其伴随的大风、暴雨和诱发的巨浪、风暴潮对人类造成影响，并具有巨大的破坏力。但它带来丰沛的降水，对解除干旱和缓解高温天气起到积极的作用。

为了区别热带气旋对中山的影响程度，中山市气象局将其分为一般影响和严重影响两种，如达不到上述标准，可看作无影响。

一般影响的标准：受热带气旋影响，平均风力≥6～7 级，或 24 h 降雨量≥40.0 mm。

严重影响的标准：受热带气旋影响，平均风力≥8 级，或平均风力≥6～7 级，24 h 降水量≥50.0 mm；或 24 h 降水量≥150.0 mm。

3.4.2　影响中山市的热带气旋气候概况

(1)热带气旋的年变化

热带气旋虽然出现很多，但中山市并不是每年都会受到热带气旋影响。1955—2010 年中，对中山市有影响的热带气旋共有 152 个，平均每年 2.7 个。最多的一年是 1961 年，全年受 8 个热带气旋影响。1964 年也较多，有 7 个热带气旋影响。全年没有受热带气旋影响的共有 4 年，仅占总年数的 7%，分别是 1956、2000、2004 和 2005 年。历史上共有 11 年受 1 个热带气旋影响。

根据分析，影响中山市的热带气旋数目总体上呈现减少的趋势。在 1955—1980 年 26 年中，影响中山的热带气旋共有 84 个，年均 3.2 个。在 1981—2010 年这 30 年，只有 68 个，年均 2.3 个。其中，2001—2010 年，影响中山的热带气旋只有 23 个，年平均也是 2.3 个。2004 年和 2005 年两年没有热带气旋影响中山市。中山市各年受热带气旋数目如图 3-4-1 和表 3-4-5 所示。

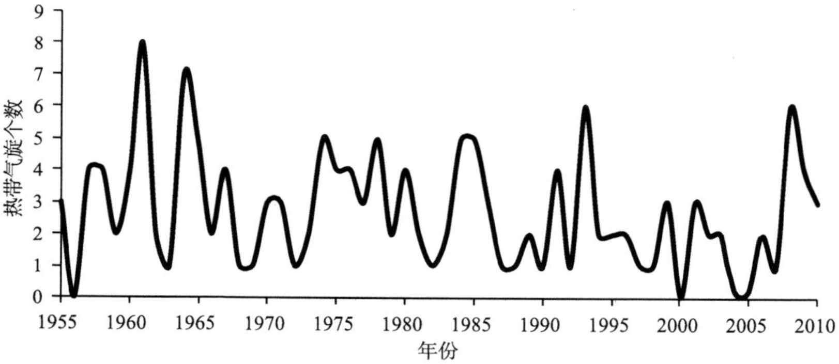

图 3-4-1　1955—2010 年影响中山市的热带气旋

(2)热带气旋的月变化

影响中山市的热带气旋最早出现在 4 月 18 日。2008 年 1 号台风 4 月 18 日 22 时 30 分在海南文昌市龙楼镇登陆，于次日下午 2 时 15 分第二次在阳江市阳东县东平镇登陆，这也打破了登陆我国初台的登陆时间。其次是 5 月 19 日，这个热带气旋编号为 6103 号台风，于 1961 年 5 月 19 日中午 13—14 时在香港登陆。影响中山的热带气旋最迟结束于 12 月 2 日，这个热带气旋于 1974 年 12 月 2 日在台山登陆，编号为 7427 号台风。

影响中山市的热带气旋，集中出现在 7、8、9 三个月。在 1955—2010 年 56 年中，这三个月出现的热带气旋共有 113 个，占总数的 74%。特别是 7、8 两个月，是热带气旋活动的鼎盛时期，出现在这 2 个月的热带气旋共 72 个，占总数的 52%，平均每月为 0.7 个。其次是 9 月，占总数的 22%，平均每月为 0.6 个，根据历史分析，对中山市破坏力最大台风主要是集中在 9 月。10 月占总数的 11%，每月平均为 0.3 个。在 56 年资料中，12 月只出现过一个热带气旋

(7427 号台风)。而 1—4 月,从来没有出现过对中山有影响的热带气旋。各月影响中山市的热带气旋数如表 3-4-2 所示。

表 3-4-2　1955—2010 年各月平均影响中山市的热带气旋

月份	1	2	3	4	5	6	7
热带气旋总数目(个)				1	5	13	39
月均(个)				0.0	0.1	0.2	0.7
占热带气旋总数的百分比(%)				1	3	9	25
月份	8	9	10	11	12	年	
热带气旋总数目(个)	40	34	15	4	1	152	
平均(个)	0.7	0.6	0.3	0.1	0.0	2.7	
占热带气旋总数的百分比(%)	26	22	10	3	1	100	

(3)热带气旋的登陆路径

影响中山市的热带气旋以登陆粤西(台山以西)最多,共有 54 个,占总数 36%。其次是登陆粤中(台山—深圳),共有 41 个,占总数 27%。登陆粤东(深圳以东)有 31 个,占总数 20%。在海南岛登陆的有 17 个,占总数 11%,剩下的 9 个(占 6%)或在南海海面消失或登陆其他地段。热带气旋登陆地段如表 3-4-3 所示。

表 3-4-3　1955—2010 年影响中山市的热带气旋登陆地段统计

登陆地段	粤中	粤东	粤西	海南	南海消失	其他	合计
热带气旋个数	41	31	54	17	5	4	152
占热带气旋总数的百分比(%)	27	20	36	11	3	3	100

中山市的海岸线比较短,南面与珠海相接,所以一般地把热带气旋在珠海登陆也算是正面登陆中山。那么从 1955—2010 年共有 14 个热带气旋正面登陆中山,占热带气旋总数的 9%,而且其中有一半出现在 9 月。正面登陆中山的热带气旋如表 3-4-4 所示。

表 3-4-4　1955—2010 年正面登陆中山市的热带气旋一览表

编号	强度	登陆时间	登陆地点	编号	强度	登陆时间	登陆地点
5821(序号)	热带风暴	9 月 2 日	珠海	7913	强热带风暴	9 月 23 日	珠海
6127(序号)	热带风暴	8 月 31 日	珠海	8309	台风	9 月 9 日	珠海
6402	台风	5 月 28 日	斗门	9108	台风	7 月 24 日	珠海
6415	台风	9 月 5 日	珠海	9206	热带风暴	7 月 18 日	珠海
6605	强热带风暴	7 月 13 日	珠海	9910	强热带风暴	9 月 16 日	先珠海后中山
7108	台风	6 月 18 日	珠海	0313	台风	9 月 2 日	先惠东,后珠海、中山
0707	热带风暴	8 月 10 日	香港、中山	0812	台风	8 月 22	先香港,后中山

(4)热带气旋天气

受热带气旋影响,中山市经常出现台前飑线、大风、暴雨和风暴潮等气象灾害。

①台前飑线

在热带气旋(台风)中心前方 600～800 km 处,常有一条对流性强降雨回波带,它具有类似飑线的特点,故称台前飑线。台前飑线经常出现在热带气旋之前,它常引发短时雷雨大风和强降雨,天气剧烈,但维持时间不长。

②大风

大风，是热带气旋天气的一个显著特点，所以中山市的群众通常称受热带气旋影响为“打风”。热带气旋天气的大风有别于一般的雷雨大风或冷空气大风，它有几个显著特点。

第一是风力很大。受热带气旋影响，特别是那些强度强、登陆地点又靠近中山的热带气旋，其带来的风力是很大的。平均风力经常有6～8级，有时甚至是10～11级，瞬间阵风超过12级。1983年9月9日08—09时，8309号台风在珠海登陆。该台风中心附近最大风力超过12级，受其影响，中山平均风力达到10～11级，石岐城区录得平均风速29 m/s(相当于11级)，极大风速37 m/s(13级)。1979年8月2日，受7908号台风影响，石岐城区曾录得40 m/s(13级)的瞬间极大风速。

第二是持续时间长。热带气旋带来的大风一般持续1～2 d，个别移动速度较慢的热带气旋，大风持续时间会更长。长时间的狂风吹袭，破坏力非常大。

第三是风向有变化。由于热带气旋是一个风向逆时针旋转的巨大的空气涡旋，它的位置变化会引起中山的风向变化。例如，热带气旋在中山东南方向时，中山吹偏北风。当热带气旋移至中山东北或西北方向时，中山的风向转为偏南，群众称这种现象为“回南撞北”。仔细观察本地大风风向的变化，有助于判断热带气旋大致方位，为防御热带气旋提供参考。

③暴雨

热带气旋往往带来强降雨。1955—2010年对中山有影响的152个热带气旋中，有104个最大日雨量在暴雨或以上级别，占总数的68%，其中日最大雨量≥100.0 mm(大暴雨)的有40个，占总数26%。而且有3次是≥250.0 mm的特大暴雨，分别出现于1955年6月6日，288.3 mm；1993年11月5日，279.2 mm和1999年9月16日，313.4 mm。

热带气旋造成的降雨不但雨量大，而且持续时间长，一般都在2～3 d，如热带气旋移动缓慢或停滞不前，其所引发的降雨维持时间会更长，故群众总结为“一日台风三日雨”。

④风暴潮

在热带气旋登陆前后，由于强风、低压以及大陆架浅海区和海岸地形的相互作用，会引发海水暴涨，这种现象称之为风暴潮。风暴潮对沿海港口、码头等有破坏作用。特别是珠江口的喇叭形口岸，受热带气旋强风直吹，会产生很强的增水作用，此时若与天文大潮相遇，增水更激烈，破坏力更大。

虽然热带气旋的狂风暴雨和暴潮破坏力巨大，但其也有有利的一面。例如，降水可以缓解旱情，增加水库蓄水；在炎热的夏季也可以降低气温，消除酷暑。当然，这些利和弊相比，热带气旋的弊远远大于利，是一种十分严重的气象灾害。表3-4-5为1955—2010年对中山市有影响的热带气旋。

表3-4-5　1955—2010年影响中山市的热带气旋

年份	编号	强度	登陆情况		受影响情况			
			时间	地点	雨量(mm)		平均风力	阵风
					最大日雨量	过程雨量		
1955	5505(序号)	台风*	6月5日	台山	288.3	317.5	7～8级	9～11级
	5508(序号)	热带低压	7月11日	台山	52.2	111.5	5～6级	8～9级
	5526(序号)	台风	9月25日	海南琼海	39.0	60.4	5～6级	8～9级

续表

年份	编号	强度	登陆情况		受影响情况			
			时间	地点	雨量(mm)		平均风力	阵风
					最大日雨量	过程雨量		
1957	5708(序号)	台风*	7 月 16 日	惠来—宝安	168.1	189.1	6～7 级	9～10 级
	5711(序号)	热带风暴	8 月 20 日	阳江	11.4	17.5	4～5 级	8～9 级
	5719(序号)	台风*	9 月 22 日	澳门	93.6	166.3	9～10 级	11～12 级
	5723(序号)	热带风暴	10 月 15 日	台山	14.8	21.1	4～6 级	8～9 级
1958	5804(序号)	热带风暴	6 月 2 日	海口—文昌	34.3	60.3	6～7 级	8～9 级
	5815(序号)	台风	8 月 8 日	阳江	37.0	57.6	6～7 级	8～10 级
	5819(序号)	热带低压	8 月 27 日	琼海—万宁	6.4	10.4		城区极大风速 17 m/s
	5821(序号)	热带风暴	9 月 2 日	珠海	58.1	72.3		城区极大风速 24 m/s
1959	5916(序号)	热带低压	9 月 3 日	湛江—海康	95.1	176.1		
	5917(序号)	强热带风暴	9 月 11 日	海丰	41.0	55.0		
1960	6001	台风*	6 月 9 日	香港	109.7	198.1	7～8 级	10～11 级
	6012	热带风暴	8 月 15 日	陆丰	97.8	128.6		
	6016	台风	8 月 25 日	汕头—澄海	64.5	116.2		
	6022	热带低压	9 月 26 日	琼海—文昌	76.5	82.6		
1961	6103	台风*	5 月 19 日	香港	47.3	62.8	6～7 级	8～10 级　城区极大风速 27 m/s
	6105	热带风暴	5 月 28 日	台湾海峡消失	67.4			
	6109	热带风暴*	7 月 2 日	汕头	172.5	180.5		
	6110	热带风暴	7 月 15 日	汕头	47.3			
	6111	热带风暴	7 月 19 日	香港	62.8	97.1	4～5 级	6～7 级
	6127(序号)	热带风暴	8 月 31 日	珠海	39.6	82.3	4～5 级	6～7 级
	6121	台风	9 月 10 日	海丰—惠东	47.1	54.9	5～6 级	7～9 级
	6125	台风	9 月 29 日	宝安	58.1		4～5 级	6～8 级
1962	6209	台风	8 月 10 日	海南文昌	16.4	27.4	5～6 级	8～9 级
	6213	台风*	9 月 1 日	香港	116.9	127.1	9～10 级	11～12 级　城区极大风速≥30 m/s
1963	6307	台风	7 月 22 日	吴川	53.0	61.3	5～6 级	
1964	6402	台风*	5 月 28 日	斗门	226.0	255.1	8～9 级	10～12 级
	6403	台风	7 月 2 日	海南琼海	33.4	61.2	6～7 级	8～10 级　城区极大风速 27 m/s
	6411	台风*	8 月 9 日	澳门	50.5	104.5	7～8 级	9～11 级
	6412	热带风暴	8 月 14 日	徐闻	56.9	67.3		8 级
	6415	台风*	9 月 5 日	珠海	126.3	211.3	8～10 级	11～12 级　城区极大风速 34 m/s
	6416	台风*	9 月 10 日	宝安	149.9	156.7	4～5 级	8～9 级
	6423	台风*	10 月 13 日	宝安	24.5	50.1	7～8 级	9～11 级

续表

年份	编号	强度	登陆情况		受影响情况			
			时间	地点	雨量(mm)		平均风力	阵风
					最大日雨量	过程雨量		
1965	6508	台风*	7月15日	海康—湛江	27.7	58.0	6～7级	8～10级
	6509	热带风暴	7月23日	阳江	47.6	65.4		
	6517	台风	9月5日	电白—吴川	18.4	44.1		
	6521	热带风暴*	9月27日	阳江—电白	165.4	376.6	6级	城区极大风速24 m/s
	6522	热带风暴	11月13日	海南文昌	95.3	202.8		
1966	6605	强热带风暴*	7月13日	珠海	100.8	140.8	6～7级	8～9级　城区极大风速20 m/s
	6608	台风	7月26日	海康—徐闻	43.0	55.3	5～6级	7～9级
1967	6710	热带风暴	8月17日	阳江	91.2	147.4	4～5级	
	6711	台风*	8月21日	斗门—台山	53.6	117.0	8～9级	10～12级
	6715	热带风暴	9月6日	海南琼海	43.0	43.4		
	6720	台风	11月8日	湛江—海康	48.9	55.1	4～5级	
1968	6808	台风*	8月21日	香港	130.7	173.1	7～8级	9～11级
1969	6903	台风*	7月28日	惠来	49.3	84.0	7～8级	9～11级
1970	7003	热带风暴	7月16日	惠东	35.7	42.9	6～7级	9～10级
	7004	热带风暴*	8月3日	宝安—惠阳	202.7	303.7	6～7级	8～9级
	7013	台风	10月17日	琼海—文昌	62.3	71.0	4～5级	
1971	7108	台风*	6月18日	珠海	139.1	142.5	7～8级	9～11级
	7114	台风*	7月22日	惠东	60.3	94.9	6～7级	8～9级
	7118	台风*	8月17日	番禺	76.1	81.7	8～9级	10～12级，城区极大风速27 m/s
1972	7220	台风*	11月8日	海南文昌，后再登陆电白	43.9	65.9	8～9级	10～12级
1973	7304	台风	7月17日	宝安	33.5	36.5	6～7级	8～10级
	7307	台风	8月12日	电白	110.1	187.2	5级	
1974	7406	台风	6月13日	海南文昌	19.0	44.6	6～7级	8～9级
	7411	台风*	7月22日	阳江	58.9	61.8	6～7级	8～9级
	7422	台风*	10月20日	南海消失	221.0	377.3	6～7级	9～10级　城区极大风速25 m/s
	7424	台风	10月31日	南海消失	41.6			
	7427	台风	12月2日	台山	55.6	57.8	6～7级	8～9级
1975	7513(序号)	热带低压	8月25日	海南文昌	45.0	50.8		
	7513	台风*	10月6日	台山	82.7	124.1	9～10级	11～12级　城区极大风速33 m/s
	7514	台风*	10月15日	上川岛附近消失	171.9	197.0	7～8级	9～10级
	7515	台风*	10月23日	吴川	68.9	73.7		7～8级

续表

年份	编号	强度	登陆情况		受影响情况			
			时间	地点	雨量(mm)		平均风力	阵风
					最大日雨量	过程雨量		
1976	7610	台风	7 月 26 日	阳江	34.1	85.2	6～7 级	8～9 级
	7614	台风	8 月 6 日	台山	36.0	85.7	6～7 级	8～9 级
	7616	强热带风暴*	8 月 24 日	海丰	220.9	300.1	7～8 级	9～10 级
	7619	台风	9 月 22 日	湛江	40.6	96.1	6～7 级	8～9 级
1977	7703	台风	7 月 20 日	海南琼海	59.2	685		
	7709	强热带风暴	9 月 6 日	北部湾消失	124.4			
	7712	热带风暴	9 月 25 日	阳江	41.5	85.6	5 级	
1978	7805(序号)	热带低压*	6 月 26 日	吴川	89.5	187.6	6～7 级	8～9 级
	7807	台风*	7 月 30 日	惠东	58.8	133.8	6～7 级	8～9 级
	7812	台风*	8 月 27 日	吴川	123.9	127.1	7～8 级	9～10 级
	7818	台风	10 月 1 日	琼海—文昌	47.1	72.5		
	7820	强热带风暴	10 月 17 日	上川岛附近消失	56.0	115.5		
1979	7908	台风*	8 月 2 日	深圳	68.7	128.6	8～10 级	11～12 级　城区极大风速 40 m/s
	7913	热带风暴*	9 月 23 日	珠海	125.9	142.9	7～8 级	9～10 级
1980	8008	热带风暴	7 月 19 日	阳江	14.7	18.7	4～6 级	
	8007	台风*	7 月 22 日	徐闻	56.8	66.9	7～8 级	9～10 级
	8009	台风*	7 月 27 日	陆丰	81.3	97.6	7～8 级	9～11 级
	8011	热带风暴	8 月 19 日	电白	34.5	68.2	5～6 级	
1981	8106	强热带风暴*	7 月 7 日	台山	51.2	75.7	7～8 级	10～11 级
	8125(序号)	热带低压*	10 月 5 日	徐闻	169.6	278.0		
1982	8217	台风	9 月 15 日	徐闻	58.8	78.1		
1983	8309	台风*	9 月 9 日	珠海	82.7	103.3	10～11 级	≥12 级　城区极大风速 37 m/s
	8314	强热带风暴*	10 月 13 日	台山	68.6	145.8	6～7 级	8～9 级
1984	8402	强热带风暴	6 月 25 日	电白—吴川	63.3	112.3	4～6 级	
	8404	强热带风暴	7 月 9 日	阳江	24.6	26.3	5～6 级	7～8 级
	8408	热带风暴*	8 月 21 日	深圳	93.1	96.4	5～6 级	7～8 级
	8409(序号)	热带低压	8 月 10 日	海南琼海	51.6	100.0		
	8411	热带风暴	8 月 31 日	惠来	42.7	48.3		
1985	8504	台风	6 月 24 日	海丰	39.5	57.9	5～6 级	7～8 级
	8513(序号)	热带低压	8 月 14 日	台山—阳江	65.0	150.7		
	8515	台风*	9 月 6 日	台山—阳江	130.5	156.0	6～7 级	8～9 级　城区极大风速 30 m/s
	8517(序号)	热带风暴	8 月 20 日	先汕头，后登陆遂溪	139.4	176.5		
	8517	强热带风暴	9 月 22 日	湛江	81.1	112.1	4 级	

续表

年份	编号	强度	登陆情况		受影响情况			
			时间	地点	雨量(mm)		平均风力	阵风
					最大日雨量	过程雨量		
1986	8607	台风*	7月11日	陆丰—海丰	152.7	199.8	7～8级	9～10级
	8609	热带风暴	7月20日	徐闻	69.6	101.6	4级	
	8613	热带风暴*	8月10日	陵水—万宁	185.8	236.4	5级	
1987	8721	台风	11月29日	南海消失	68.6	76.3	6～7级	9～11级
1988	8805	台风*	7月19日	惠来	118.4	153.1	6～7级	8～10级
1989	8903	强热带风暴*	5月20日	台山	135.0	256.2	5～6级	7～9级
	8908	台风	7月18日	阳江	56.6	62.1	5～6级	
1990	9004	强热带风暴	6月18日	海康	40.0	59.9	4级	
1991	9106	台风	7月13日	海南万宁	48.8	58.5		
	9107	台风	7月19日	汕头	46.1	59.6	5～6级	7～8级
	9108	台风*	7月24日	珠海	56.8	91.4	5～7级	8～10级
	9111	台风	8月16日	徐闻	48.3	123.3	5～6级	7～9级
1992	9206	热带风暴	7月18日	珠海	41.6	41.6	4～5级	6～8级
1993	9302	台风*	6月27日	台山—阳江	235.2	264.3	6～7级	8～10级
	9309	台风	8月21日	阳江	57.5	70.4	5～6级	7～9级
	9316	台风*	9月17日	斗门—台山	81.3	96.0	6～7级	8～10级
	9318	台风*	9月26日	台山—阳江	159.8	307.6	4～5级	6～7级
	9325(序号)	热带低压	10月13日	深圳	41.9	51.9		
	9323	台风*	11月4日	阳江	279.2	373.6	4～5级	6～7级
1994	9405	热带风暴	7月4日	电白—阳江	83.1	149.8	5级	
	9419	强热带风暴	8月27日	徐闻	63.5	118.7	4级	
1995	9509	台风	8月31日	惠东—海丰	75.6	115.3		
	9515	台风	10月3日	电白—阳西	147.3	161.8	5～6级	7～8级
1996	9607	台风	7月27日	福建晋江	57.9	62.2		
	9618	台风*	9月20日	徐闻	160.6	249.9		
1997	9710	强热带风暴	8月2日	香港	84.8	137.7	5～6级	8～9级
1998	9810	台风	10月25日	到达东沙群岛,后消失台湾海峡	0.3		4～5级	8级
1999	9903	台风	6月6日	惠东—陆丰	63.6	110.5	4～5级	7～8级
	9908	台风*	8月22日	深圳大鹏湾	189.6	313.6	5～7级	8～9级
	9910	强热带风暴*	9月16日	珠海登陆,后穿过中山	313.4	369.5	7～9级	10～12级 城区 33 m/s 坦洲 34.9 m/s
2001	0104	台风	7月6日	海丰—惠东	113.4	195.4		
	0107	台风	7月26日	电白	68.4	119.6		
	0116	台风	9月20日	惠来—潮阳	57.2	57.5		
2002	0214	强热带风暴	8月19日	吴川	66.8	103.6		
	0218	热带风暴	9月12日	阳江	62.7	151.4		

续表

年份	编号	强度	登陆情况		受影响情况			
			时间	地点	雨量(mm)		平均风力	阵风
					最大日雨量	过程雨量		
2003	0312	台风	8 月 25 日	徐闻	39.7	70.3		9 级
	0313	台风*	9 月 2 日	先登陆惠东，后登陆深圳、中山	91.6	97.7	4～8 级	7～12 级 中山港 33.2 m/s
2006	0601	台风	5 月 18 日	饶平—澄海	<10.0		4～7 级	5～9 级 东风 22.9 m/s
	0606	台风*	8 月 3 日	阳西—电白	108.3	157.8	6～7 级	8～9 级 城区 24.0 m/s
2007	0707	热带风暴	8 月 10 日	先登陆台湾，后登陆香港、中山	36.7	60.1	5～6 级	7～8 级
2008	0801	台风	4 月 19 日	阳江	144.1	144.4		8～9 级
	0806	台风	6 月 25 日	深圳	204.8	228.0		6～9 级
	0809	热带风暴	8 月 6 日	阳江	58.4	260.9		7～11 级， 小榄 30.7 m/s
	0812	台风	8 月 22 日	先登陆香港、后登陆中山	45.4	63.7		8～9 级， 小榄 29.4 m/s
	0814	台风	9 月 24 日	茂名	76.8	80.2	6～7	8～12 级， 小榄 36.1 m/s
	0817	热带风暴	10 月 4 日	先登陆文昌、后登陆吴川	73.8	85.5		
2009	0904	热带风暴	6 月 26 日	惠东	64.0	73.3		
	0906	台风	7 月 19	深圳	130.3	153.1		8～10 级， 三角 26.3 m/s
	0907	热带风暴	8 月 5 日	台山	59.4	148.4		8～1 级， 神湾 26.3 m/s
	0915	台风	9 月 15 日	台山	113.0	138.5	6～7	25 m/s
2010	1003	台风	7 月 22 日	吴川	76.5	109.9		18.3 m/s
	1006	热带风暴	9 月 2 日	福建漳浦	89.7	104.5		
	1011	超强台风	9 月 20 日	福建漳浦	78.4	161.0		20.2 m/s

注：带“*”者为严重影响。

3.4.3　热带气旋路径预报的着眼点

(1)西太平洋热带气旋移动路径特点及预报

1)西太平洋热带气旋移动路径特点

西太平洋热带气旋移动的基本路径可概括为 3 类：第一类为西移路径，热带气旋从菲律宾以东洋面一直向偏西方向运动，经过南海，在我国华南沿海和海南岛、越南沿海一带登陆，这类路径对广东影响最大;第二类为西北移路径,热带气旋自菲律宾以东洋面向偏西北方向移动,在粤东到福建沿海一带登陆或穿过琉球群岛在华东沿海登陆,这类路径是袭击和影响我国的主要路径,会对华东和华南造成严重影响;第三类为转向路径,热带气旋在菲律宾以东洋面先向西北方向移动,以后转向东北,呈抛物线状。一般来说,夏季的热带气旋路径以第二类居多,其他季节以第一类和第三类路径为多见。

除了以上三类路径以外,热带气旋的运动还存在一类特殊路径,当台风所处的环境形势变化很快时,或是海上有多个台风相互影响时,台风的移动路径会变得比较怪异,这就像陀螺在旋转时受到外力的影响,中心将作一气旋式圆弧运动。当这种运动正好和原运动的方向相反时,就会导致台风的停滞和打转,如果所受到的外力作用不平衡,便会左右摇摆,像一条运动的蛇一样。该类路径一般在环境引导气流较弱或引导气流特别复杂时出现,预报难度较大。

2)西太平洋热带气旋的路径预报

影响热带气旋运动的主要因子可分为四个:环境引导气流、热带气旋内力、内核非对称结构和下垫面。其中环境引导气流是影响热带气旋运动最大的因子,其他三个因子在引导气流较弱或引导气流不明显时作用比较明显。

①环境引导气流。根据引导气流的原理,可将台风看作一个质点,受环境气流引导而运动,台风未来移动的预测归结于环境场气流的预测。根据引导气流的理论可知,当引导气流越强时,热带气旋移速越快,反之亦然;当引导气流稳定时,热带气旋运动稳定,当引导气流快速变化或微弱时,热带气旋运动往往变得非常复杂。

热带气旋是一个深厚的涡旋,不同高度上均受到环境流场的引导,一般来说,各层引导气流往往不一致。对具体某一个热带气旋来说,若某一层上的引导气流与热带气旋移动之间存在最高的相关关系,则称之为最佳引导层,通常也可以用相邻的几层平均来确定最佳引导层。一般来说,当热带气旋越强时,引导气流的层次越高,热带气旋较弱时,引导气流的层次则较低。由于热带气旋强度的持续变化、不同高度上的大气环流往往不一致,以及实际存在的热带气旋与环流与其他系统的相互作用,最佳引导层往往不太容易确定,或者最佳引导层容易发生变化。即使在同一个热带气旋的不同发展阶段,其最佳引导层也往往有差异。在业务应用时一般通过 500 hPa 高度层的流场作为热带气旋的引导气流,对热带气旋的路径作出预报。

利用引导气流诊断台风移动具有时效性,它的有效时间与大尺度环境场的稳定程度有关。环境场系统较稳定时,大尺度流场变化相对较小,利用引导气流预报台风移动的有效时间也较长;而环境场急剧调整时期,大尺度流场变化较快,则利用引导气流预报台风移动的有效时间相应较短。通常应用引导气流预报台风移动的有效时间不超过 24 h。目前,利用数值预报模式可有效提高使用引导气流的时效性。

热带气旋的引导气流主要是由各个天气系统决定的,其中副热带高压是影响热带气旋路径最重要的天气系统,副热带高压的周期变化、形状特征都会对热带气旋的路径造成影响。当副高呈带状分布时,天气形势比较稳定,西风带环流比较平直,多数热带气旋在副高南侧的偏东气流引导下向西到西北方向移动;副高呈块状分布时,往往与比较活跃的西风带系统相伴,是一种不稳定的环流形势,热带气旋路径比较复杂,西太平洋热带气旋登陆和转向均有;当副高在减弱东退的过程中,向热带气旋南侧伸展,热带气旋有可能在未来出现转向。

②热带气旋内力。热带气旋是一个气旋性旋转和辐合气流的系统,受到一个西北方向作用的合力,这就是传统意义上的台风"内力"。热带气旋的范围越大,所受的内力越大,而且低

纬度比高纬度的内力大。热带气旋的上升运动和径向辐合产生一个向西的内力，这两种运动的速度越快，向西的内力越大；而热带气旋的气旋性切向速度产生一个向北的内力，气旋性旋转速度越大，向北的内力越大。这两个内力的作用决定了热带气旋的内力是西北向方向的，要注意的是仅当环境引导气流很弱时，热带气旋的内力才能发挥作用。

③内核非对称结构。热带气旋的移动与其内部的结构有关，由于气旋的偏心结构引起气旋的偏心运动，所以当引导气流较弱时，其常常向热带气旋风速最大的方向移动，并具有如下关系：当热带气旋东北象限风速最大时，热带气旋向偏西或西北方向移动；最大风速在西北象限时，热带气旋向西南移动或出现打转现象；西南象限风速最大时，热带气旋可能向偏南方向移动或减速；最大风速在东南象限时，热带气旋向东北方向移动；当热带气旋东部的风速最大时，热带气旋向西北方向移动；西部风速最大时，热带气旋向西南移动；北部风速最大时，热带气旋向偏西方向移动；南部风速最大时，热带气旋可能向西移动，也可能向东移动，甚至有时对热带气旋的移动无影响。

④下垫面。下垫面对热带气旋的路径影响可分为海水表面温度（以下简称海温）和地形两方面。研究发现，热带气旋有朝暖海温区移动的趋势。热带气旋的这种运动，称之为趋暖运动。当引导气流很弱时，海温对热带气旋移动的影响就更为突出。另一方面，海温与热带气旋之间存在相互影响，当较强且移速较慢的热带气旋移过海面时，会使得海水翻滚和混合，冷海水上涌，海表面水温降低，形成“冷尾流”，影响后一个热带气旋的移动路径。当引导气流较强时，趋暖运动不一定能显示出来，而当引导气流较弱时，可以利用海温分布预测热带气旋的移动路径趋势。地形对热带气旋路径的影响主要有三方面：路径折向、加速和“跳跃”。当热带气旋遇到陆地或山脉时，由于能源被切断，强度迅速减弱，内力减小，外力增大，热带气旋的路径会在引导气流的作用下产生左偏现象；当热带气旋靠近或穿越大型岛屿时，常在热带气旋中心附近的某一部位产生一个诱生低压，原来的中心消亡，诱生低压中心加强为新的热带气旋中心，使热带气旋出现“跳跃”性移动。

(2)影响热带气旋强度的主要因素及强度预报

1)影响热带气旋强度的主要因子

①海洋与热带气旋的相互作用。海洋是热带气旋水汽和潜热的主要来源，台风的能量主要来源于潜热释放加热，较高的海温会使海面水汽大量蒸腾到边界层大气，通过涡旋内的垂直运动输送到上空产生凝结潜热释放；但海温并非越高最好，当高层过分增暖时，会使暖核所在气柱变得稳定，从而抑制台风内核气柱垂直运动的发展。一般来说，当海温高于26.5℃时对热带气旋的增强是有利的。海洋影响着热带气旋的同时，热带气旋对洋面也会造成影响。当热带气旋在洋面上停滞少动时，海面冷却过程会持续，使台风减弱和衰亡；但对于移动的热带气旋，海面冷却的影响时间短暂，不足以使热带气旋减弱。热带气旋移过的海面会遗留下一条冷尾迹，不利于在该区域形成新的热带气旋，对紧随其后的热带气旋强度也会有明显的减弱作用。

②环境大气与热带气旋的相互作用。西南季风和越赤道气流是热带气旋加强的重要因素。如果在热带气旋的南到西南侧有西南季风和越赤道气流加强及向热带气旋卷入，往往会导致热带气旋强度明显增强。这两支气流携带大量水汽，通过中低层向热带气旋输送，强大的水汽输送通道能使水汽在台风环流内辐合上升，释放凝结潜热，有利于台风暖心结构的形成。

大量的观测事实及分析总结发现，高空辐散对于热带气旋的加强十分有利。高空辐散在散度分布上以正散度为主，有时有最大正散度中心位于热带气旋中心或其附近的高层。在流场上极容易发现在热带气旋中心的上空有明显的流向和流速的辐散特征。在卫星云图上，高空辐散场往往表现为在热带气旋中心的上空有向外流出的卷云羽，这种卷云羽可从中心向多个方向流出。强大的高空辐散对低层辐合的抽吸作用使得热带气旋中心附近的上升运动得以维持，有利于热带气旋的进一步发展。

③环境风垂直切变。环境风垂直切变与热带气旋强度变化之间存在着明显的线性相关，一定程度上可以通过环境风垂直切变倾向大小来识别热带气旋强度变化。大尺度环境风场的强垂直切变使热带气旋胚胎或扰动时期的暖核减弱消散而不能形成，或会使成熟热带气旋暖核遭到破坏而强度减弱，因此，不利于热带气旋的形成或加强。研究表明，在西北太平洋，当环境风垂直切变大于 9～10 m/s 时，热带气旋趋于减弱；当环境风垂直切变小于 9～10 m/s 时，热带气旋趋于加强或维持。但热带气旋的强度变化和环境风垂直切变之间有时会存在不一致的情况，这与热带气旋的实际强度和热力动力环境等因素有关。

④地形摩擦。地形对热带气旋强度的影响主要是由于地表面摩擦力加大，径向风速加大，使热带气旋强度迅速减弱。一般而言，地形越复杂，山脉越高，对热带气旋的影响越大。

2)热带气旋强度的预报

与热带气旋的路径预报相比，强度业务预报能力不尽如人意，数值模式对热带气旋的强度预报能力与以前相比虽有进步，但进展缓慢。目前并没有有效的客观预报方法可供参考，数值模式依然是最重要的参考依据。日常的热带气旋强度预报大多从有利于热带气旋发生发展的环流形势和影响热带气旋强度的因素入手，综合分析天气图、卫星云图和雷达回波图特征，根据各家客观定量预报方法，特别是数值预报模式输出的结果和产品，参考境内外气象台的预报，最终做出热带气旋的强度预报。

(3)热带气旋暴雨及其预报

1)热带气旋暴雨的成因

热带气旋暴雨的成因复杂，除必须具备充沛的水汽和强烈的上升运动和位势不稳定等物理条件外，与热带气旋的强度、路径、登陆后的维持时间和移动速度、热带气旋周围的环境场、地形等密切相关。

①热带气旋的强度的影响。强烈的上升运动是形成热带气旋降水的最重要因素之一。上升运动的强弱取决于摩擦层内辐合量的大小，根据热带气旋的强度可推算中心附近的上升速度，从而计算出热带气旋中心附近 1 h 的降水量。一般来说，热带气旋的强度越强，产生强降水的可能性越大。

②热带气旋的路径的影响。热带气旋的暴雨与路径密切相关，一般的暴雨经常出现在热带气旋经过的附近地区或略偏于路径方向的右侧。不同路径下的热带气旋暴雨的分布有明显不同，相似路径的热带气旋产生的暴雨分布也会因热带气旋的强度和其他因素的差异而不同。

③热带气旋登陆后维持的时间的影响。热带气旋登陆后维持的时间越长，与其周围天气系统的相互作用的机会越大，则降水的时间越长。

④热带气旋的移速的影响。热带气旋移入引导气流很弱的环境场中，移速缓慢甚至停滞少动，有利于热带气旋暴雨的持续。热带气旋移速越慢，造成降水的时间越长，往往一个登陆后快速移动的热带气旋，造成的降水量相对较小。

⑤热带气旋周边环境场的作用的影响。热带气旋北上与西风槽相遇，受槽后弱冷空气入

侵影响，有利于暴雨的出现；但如果冷空气太强，则反而会使降水减弱。热带气旋与热带辐合带、东风波、西南季风和热带云团的相互作用也能进一步加剧热带气旋暴雨。

⑥地形对热带气旋的作用的影响。地形对热带气旋的增幅作用主要有如下几方面：迎风坡的地形抬升作用；地形辐合区有利于中尺度雨团的产生；雨团沿低洼地带移动，使雨团频繁经过和移速减慢的地区雨量增大；山脉导致热带气旋分裂产生新的暴雨区。

2)热带气旋暴雨的综合分析与预报

一次热带气旋暴雨是多种因素综合作用的结果，必须进行综合分析和判断。首先必须考虑大尺度天气系统，特别是必须考虑热带辐合带、西南季风、副热带高压、西风带系统的特征和变化趋势。其次，热带气旋结构的分析对做好热带气旋暴雨落区和强度预报非常关键，卫星云图和雷达回波能较直观地提供热带气旋的结构特征，在分析与预报时要加多使用。再者，充分利用数值预报模式提供的各种物理量诊断分析产品，考虑地形作用，综合各种资料，得出热带气旋暴雨的时空分布和量级大小的具体预报。

(4)热带气旋的大风预报

1)影响热带气旋大风的因素

①气压梯度的作用。热带气旋大风主要是由于中心气压很低，形成很大的气压梯度引起。在日常的业务预报中，气压梯度的大小是考虑风力大小的重要因素。

②地形的影响。地形的摩擦作用会使热带气旋大风的风力减小，但大风的分布更加复杂，一般山地风力比平原小，平原地区又比海面小。

③冷空气的作用。在秋季，由于冷空气的入侵，经常会遇到北高南低的冷高压和热带气旋相配合的天气形势，往往伴随的是沿海的大风持续时间很长，而且大风的范围很广。

2)热带气旋大风的预报

热带气旋大风的业务预报包括大风的平均风力、阵风和大风范围。目前对热带气旋的大风预报仍然是一个难题，客观定量的预报方法小，预报员的经验仍然是重要的。日常大风预报常用的最简单方法是按热带气旋的强度和大风范围半径加以外推，并以地形和气压梯度的分布加以订正，考虑热带气旋内部的结构对大风预报作微调，得出具体的大风预报。

3.4.4　几次影响中山的热带气旋个例分析

(1)0904 热带风暴“浪卡”对中山市风雨影响分析

2009 年 6 月 23 日 14 时，年内第 4 号热带风暴“浪卡”在菲律宾东部洋面形成，25 日凌晨进入南海中部海面，并往西北偏北方向移动，于 26 日晚上 10 时 50 分在惠州市惠东县平海镇沿海地区登陆，登陆时中心最低气压 994 hPa，中心附近最大风力 8 级，达到 20 m/s。受“浪卡”的影响，中山市出现了大雨到暴雨局部大暴雨降水天气，大部分地区出现 5～6 级阵风，广东省的珠江口两侧及粤东地区出现 6～8 级大风，南部及珠江三角洲地区出现了暴雨到大暴雨局部特大暴雨的降水。

利用常规观测资料和 NCEP 再分析资料、GRIB 资料、卫星云图等资料对“浪卡”进行详细分析，结果发现“浪卡”具有生命史较短、移速较快、路径稳定、风小雨大、影响范围广的特点；其云系结构具有明显不对称性，风暴南侧、东侧云系发展旺盛，并且在后期与风暴中心严重脱离；其风场结构也有明显的不对称性，风暴的第一、第二象限内风力偏强，第三、第四象限内风力偏弱;西南季风涌的加强并且西移,对中山市降水起到明显的增幅作用。

1)“浪卡”对中山市的风雨影响概况及路径、强度变化特征

①“浪卡”对中山市的风雨影响概况

2009 年 6 月 26 日 22 时 50 分 0904 热带风暴“浪卡”在惠州市惠东县平海镇沿海地区登陆,“浪卡”的风雨影响情况具有风小雨大、影响范围广的特点,广东省的珠江口两侧及粤东地区出现 6～8 级大风;南部及珠江三角洲地区出现了暴雨到大暴雨局部特大暴雨的降水。26 日 08 时—29 日 08 时,全省有 844 个气象站录得 25 mm 以上的累积降水,其中,有 13 个站点录得超过 250 mm(特大暴雨)的降水;有 124 个气象站录得 100～250 mm,有 357 个气象站录得 50～100 mm。中山市受“浪卡”的影响,6 月 27 日 08 时—29 日 08 时中山市普降大雨到暴雨,局部大暴雨,紫马岭人工观测站录得 65.4 mm 降水,全市有 12 个自动站雨量超过 50 mm,最大的雨量出现在板芙站,48 h 雨量达 118.0 mm(图 3-4-2)。“浪卡”登陆期间,中山市境内没有出现很大的强风天气,大部分地区只出现 5～6 级阵风,五桂山顶出现全市最大阵风 25.9 m/s。

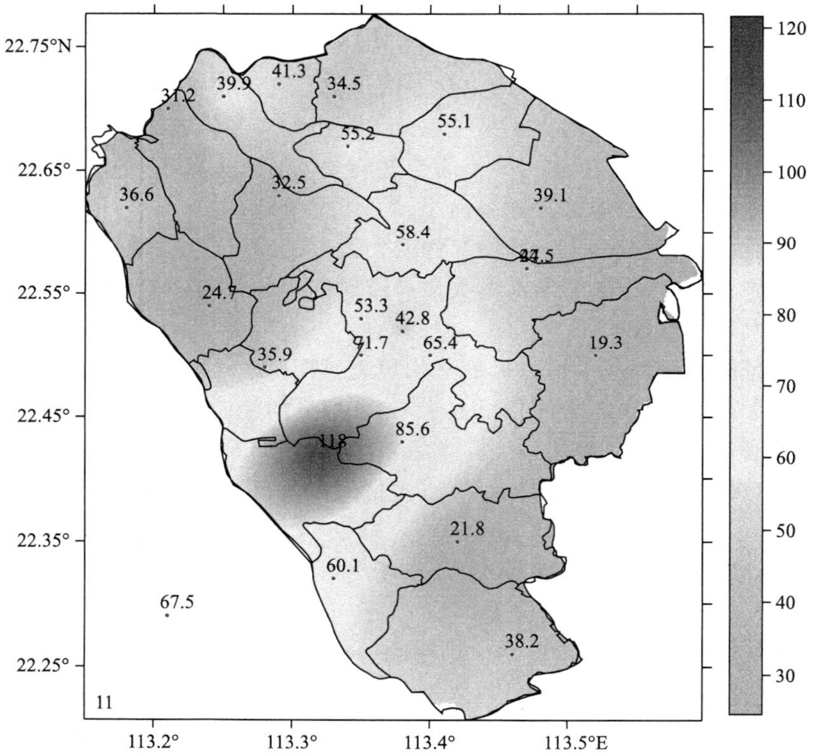

图 3-4-2　2009 年 6 月 26 日 08 时—29 日 08 时中山市累计雨量分布图(单位:mm,彩图见书后)

②“浪卡”移动路径及强度变化基本情况

2009 年 6 月 23 日 14 时,菲律宾东部洋面的热带低压加强成今年第 4 号热带风暴,命名为“浪卡”,25 日凌晨进入南海中部海面,于 26 日晚上 10 时 50 分在惠州市惠东县平海镇沿海地区登陆,登陆时中心最低气压 994 hPa,中心附近最大风力 8 级,达到 20 m/s 的风速。登陆后继续向偏西北方向移动,穿过大亚湾,27 日凌晨 01 时在大亚湾开发区澳头镇再次登陆,登陆时中心附近最大风力 8 级,达到 18 m/s 的风速,中心最低气压 994 hPa。凌晨 02 时,“浪卡”减

弱为热带低压，上午08时在博罗境内减弱为低压区。“浪卡”的形成、发展与移动路径具有生命史较短、移动速度较快、路径稳定的特点，从在菲律宾以东洋面形成热带低压到登陆后逐渐减弱消亡只经历了3 d 18 h，平均移动速度约18 km/h，移动路径先以西北偏西移动，随后以西北偏北方向移动直至在惠州市惠东县平海镇登陆(图3-4-3)。

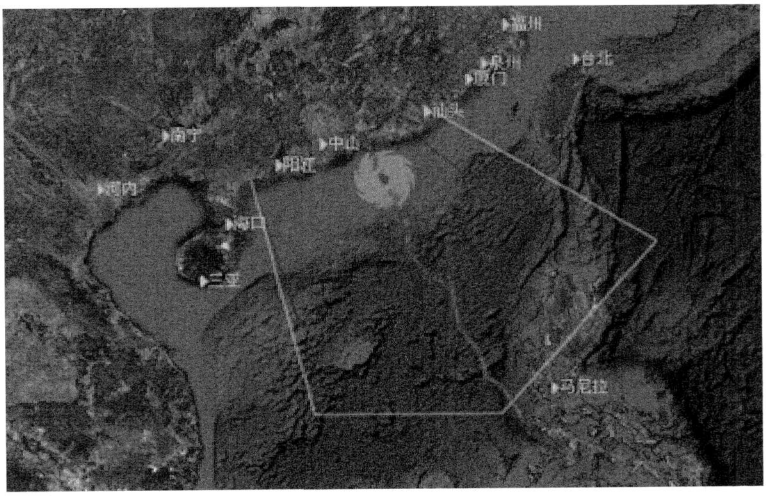

图3-4-3　0904号热带风暴“浪卡”移动路径图(彩图见书后)

③天气形势分析

在“浪卡”刚形成阶段，西太平洋副高偏弱，23日20时副高西脊点位于120°E、20°N附近，中高纬为两槽一脊型，东亚大槽槽底位于长江流域上空，孟湾维持一个低槽区，此时“浪卡”中心位于西太平洋副高西南侧，以西北偏西行为主。在发展阶段，“浪卡”进入南海中北部，强度加强，500 hPa东亚大槽逐渐减弱，槽底上滑北收，西太平洋副高加强，并呈方头形状，副高西侧的偏南气流明显，在强盛的偏南气流引导下，“浪卡”移动路径的偏北分量增加，逐渐向西北偏北方向移动，其中26日08—12时4 h内“浪卡”一直沿正北方向移动。在“浪卡”登陆减弱阶段，26日20时西太平洋副高开始减弱东退，北部湾附近西南季风槽逐渐发展，此时“浪卡”出现与北部湾附近的西南季风槽合并的趋势。到了28日08时，“浪卡”已完全减弱，500 hPa北部湾至粤西附近为弱低槽区，副高逐渐开始西伸，中山市处于副高边缘不稳定区内，850 hPa西南急流轴开始西移到珠三角附近，西南风强盛，水汽输送非常充足，同时在地面上北部湾维持一低压区，此时中山市出现大雨到暴雨，局部大暴雨降水天气。随后副高进一步加强西伸，中山市处于副高控制中，中山市的降水开始趋于结束。

2)“浪卡”的卫星云图特征

从风云卫星云图可见(图3-4-4a)，25日08时“浪卡”进入南海中部海面时，其云结构具有明显不对称性，由于西南季风的卷入，风暴中心南部云系发展旺盛，而风暴中心北部区域由于受副高西南侧挤压作用，对流发展受到抑制。到了26日05时(图3-4-4b)，“浪卡”中心开始与云系脱离，风暴中心位于云系的北侧，云系螺旋结构较为完整，同时云南、广西附近的季风槽开始发展，季风云系逐渐加强。最后在“浪卡”登陆前(图3-4-4c)，“浪卡”中心完全与主云系脱离，登陆时风暴中心只有南侧的云团发展，风暴的主云系仍停留在南海北部。在27日中午(图3-4-4d)，“浪卡”强度已减弱为热带低压区，此前停留在南海北部的主云系才逐渐卷到广东沿岸，造成强降水天气，而中山市恰好为于“浪卡”减弱后的热带低压区南侧，强降水云团从热带低压区的东侧上涌，之后逆时针旋转到粤西中部，也就是说，中山市正好处于热带低压中心附近相对较弱降水区，因此，在 27 日中山市大部分没有出现强降水，只有一个站点出现暴雨降水，紫马岭人工观测站只录得 1.3 mm 的降水。随后在 28 日凌晨(图 3-4-4e)，降水云系出现短暂的减弱期，28 日下午(图 3-4-4f)，西南急流轴西移至珠三角附近，降水云系再次增强，中山市开始出现强降雨天气，全市出现大雨到暴雨局部大暴雨降雨，紫马岭人工观测站录得 64 mm 的降水。

(a) 6月25日08时　(b) 6月26日05时　(c) 6月26日22时

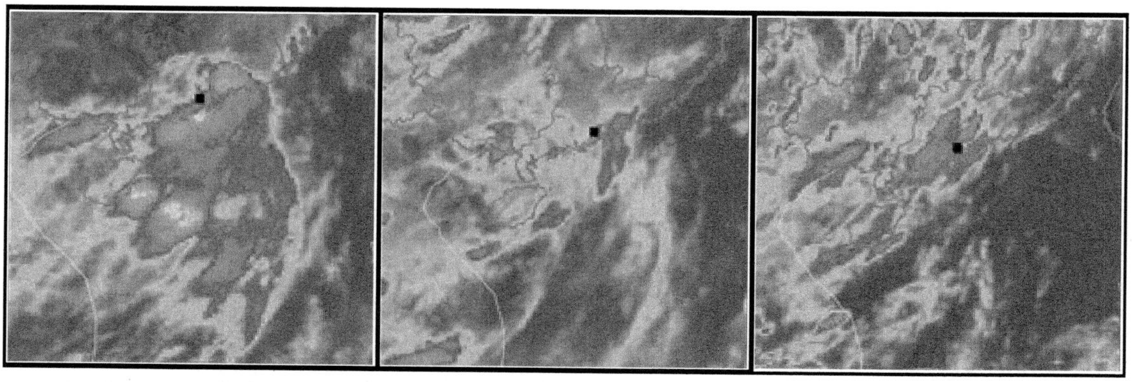

(d) 6月27日12时　(e) 6月28日04时　(f) 6月28日15时

图 3-4-4　2009 年 6 月 25—28 日卫星云图(彩图见书后)

(黑圈为“浪卡”中心位置，黑点为中山市的地理位置)

3)“浪卡”的风场结构特征

从 26 日 22 时 50 分热带风暴“浪卡”登陆时的最大风速分布图可见(图 3-4-5)，“浪卡”四周的风场结构具有明显不对称性。由于此时正有西南季风往风暴的东南侧输送，风暴第一、第二象限风速明显偏强，汕尾出现十分钟最大风速 14 m/s，而最大的阵风出现在深圳市的沱泞列岛，极大风速达 26 m/s。而在风暴第三、第四象限，风速明显偏少，中山市境内只出现 5～6 级的阵风。随后“浪卡”在凌晨 02 时减弱为热带低压，27 日上午在博罗境内减弱为低压区，风力进一步减小，对广东省的影响也随之减弱。

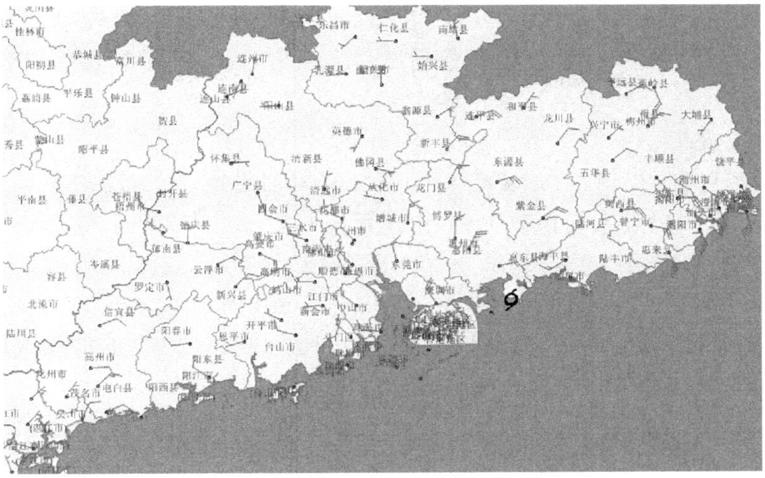

图 3-4-5　2009 年 6 月 26 日 22 时 50 分热带风暴“浪卡”登陆时的最大风场分布

4)“浪卡”降水影响因子分析

①西南季风涌对“浪卡”降水的增幅作用

“浪卡”登陆时(26 日 23 时),其风场结构很不对称,风暴中心南侧和东侧西南风强盛,但由于风暴中心与环流云系严重脱离,主要的降雨云团仍停留在南海北部,只有在“浪卡”的东侧出现强降水,中山市此时位于“浪卡”中心的西侧,风力和降水都不明显,到了 27 日 08 时 850 hPa 上热带低压东侧西南季风明显增强,粤东附近的降水逐渐增大,随后热带低压继续向偏西方向移动,西南季风急流轴随之西移,中山市降水逐渐增大,到了 28 日 14 时,西南季风急流轴中心已处于珠三角附近,中山市降水明显增大。另外,我们从 113°～114°E、22°～23°N 区域内的全风速时间变化图可见,28 日 08 时前后,从 925 hPa 至 600 hPa 上出现明显的全风速中心,说明此时中山市附近区域西南风明显增强,而沿西南风输送过来的水汽,正为该区降水提供充足的水汽。

因此,在“浪卡”登陆初期,虽然中山市离风暴中心相距不到 100 km 距离,但由于“浪卡”风场和雨带分布不均匀,同时西南季风急流轴未加强并西移,因此,没有造成严重降雨和大风天气。但在后期西南季风涌的加强并且移动至中山市附近上空,这为暴雨形成提供了充足的水汽,对中山市降水起到明显的增幅作用。

②“浪卡”降水的水汽条件分析

由 700 hPa 水汽通量与水平风场可见,在“浪卡”登陆前(26 日 20 时),风暴中心东侧是水平水汽通量正值中心,偏南风十分强盛,此时逐渐有降水云团从风暴东侧上卷,进而影响粤东等地。水汽通量正值区位于福建南部、台湾海峡和南海北部海面。随后在 28 日 14 时,珠三角到粤西附近成为水汽输送最强的区域,急流轴西移至该区域,造成珠三角两侧强降水天气,中山市大部分地区也出现了大雨到暴雨,局部大暴雨降水。最后到了 29 日 20 时,强的水汽输送中心北抬到湖南、江西附近,同时西南急流轴也开始北抬,广东省内的降水开始减弱,“浪卡”对中山市的降水影响也随之接近尾声。

③垂直速度场分析

从垂直速度场上看到,从 26 日 20 时—28 日 20 时沿 113°E 经线在 20°～30°N 附近存在明显上升运动,另外在 113°～114°E、22°～23°N 区域内(中山市附近),26 日 20 时—27 日 20 时中低层存在明显的上升运动区，到了 28 日 08 时 850 hPa 附近也维持较明显上升运动。到了 29 日 08 时前后，由于“浪卡”减弱后的低压槽已基本消失，西太平洋副高逐渐西伸加强控制中山市，因此，中低层大气开始转为下沉运动。

④大气辐散场分析

从大气辐散场可见，27 日 02 时 925 hPa 珠江三角洲南侧、海南岛南部是大气辐合中心，500 hPa 粤西阳江市附近是大气辐散中心，由此可见，在“浪卡”登陆后低层辐合、高层辐散配合较好。另外，从中山市附近区域（113°～114°E、22°～23°N）大气辐散场时间变化图显示（图 3-4-6），从 26 日 14 时—28 日 14 时（北京时），925～1000 hPa 为辐合区，而在 500 hPa 附近为辐散区，最强的辐散、辐合出现在“浪卡”登陆前后，到了 28 日 12 时，低层大气已转为辐散区，高层大气转为弱辐合区，中山市的降水趋于结束。

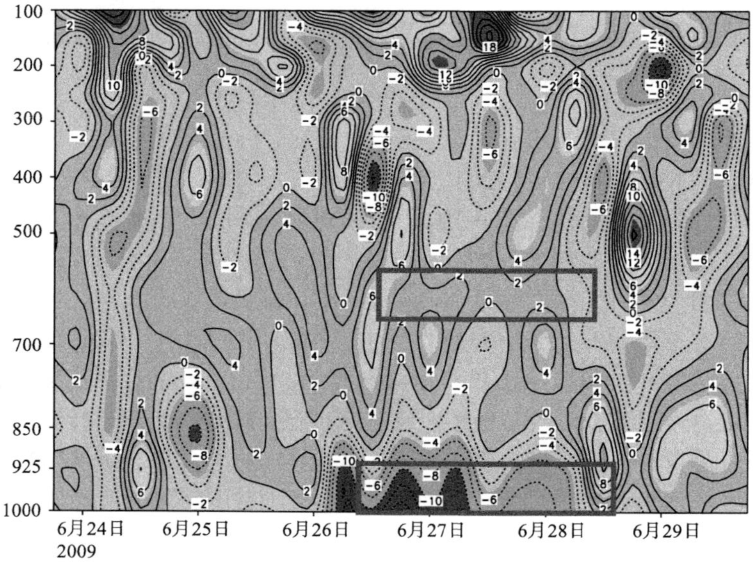

图 3-4-6　2009 年 6 月 24—29 日 112°～113°E、22°～23°N 区域内辐散场时间变化图（世界时，单位：10^{-6} m/s。彩图见书后）

(2)台风登陆点与雷暴的关系

雷暴与台风的关系，在民间中有“一雷压九台”的说法，但实际上很少有人研究这方面的内容。我们试图分析 2001 年 07 号台风发生变化的原因，探讨热带气旋登陆点与雷暴之间的关系。

2001 年 7 月下旬，0107 号台风在菲律宾东北部洋面生成，然后穿过巴士海峡，逐渐向华南沿海靠近。7 月 23—24 日，当台风刚进入南海，正以稳定的速度向西北偏西方向移动时，大多数气象台站以及日本的数值预告都倾向于预报 0107 号台风未来将在珠江口附近沿海地区登陆。随着 0107 号台风的靠近，由于受台风前缘的飑线云系影响，7 月 24 日下午 4 时 24 分开始，中山市出现了一场猛烈的雷雨天气，直至下午 7 时 12 分结束。其间，周边的广州、深圳和珠海等台站也都先后出现了雷雨天气。之后，0107 号台风偏西分量加大，最后于 7 月 26 日凌晨 1 时 30 分在电白沿海地区登陆，登陆时中心附近最大风力 33 m/s，达到 12 级，但对珠江口沿海地区影响不大。

为什么 0107 号台风不在珠江口附近沿海地区登陆呢？因为，这与台风登陆前，珠江三角洲地区出现了大范围的强雷暴天气有很大的关系。为了证实雷暴与台风登陆点的关系，我们对 0107 号台风的移动路径和影响它的环流形势以及单站要素的变化作了进一步的探讨和分析。

1)500 hPa 环流分析

台风的移动直接受大气环流的影响，特别是 500 hPa 副热带高压的变化，对台风移动起着重要的影响作用。下面分别分析 7 月 23—25 日各日 500 hPa 的大气环流的演变(图 3-4-7)与 0107 号台风的移动情况。

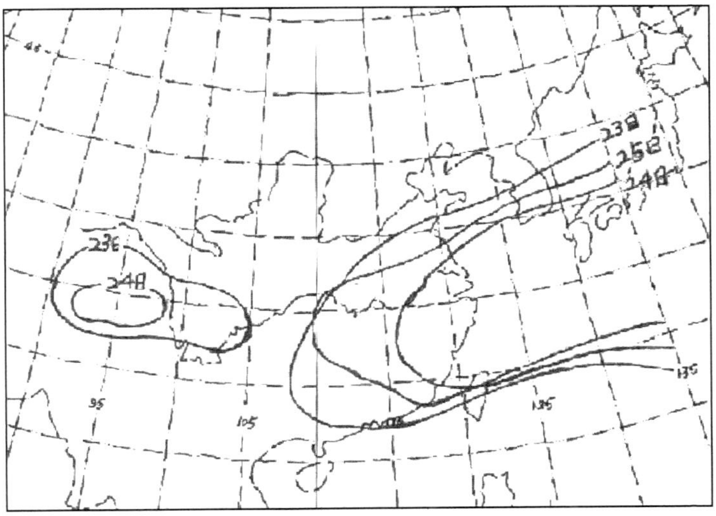

图 3-4-7　2001 年 7 月 23—25 日 08 时副热带高压变化

从 23 日 08 时的 500 hPa 图看，东亚中高纬度地区基本上为两槽一脊型。副热带高压分为两环，青藏高原上空有一个 588 hPa 的副热带高压中心，东环副热带高压主体位于西太平洋，它的西端脊伸到我国东南部地区，说明 500 hPa 副热带高压主体比较强大，我国东南部地区都在副热带高压控制之下，广东和福建沿海基本上受东北到偏东气流控制。0107 号台风位于东环副热带高压的南部，由于受副热带高压南缘的偏东气流影响，有利于其向偏西方向移动，穿过巴士海峡。

24 日 08 时，控制我国东南部地区的副热带高压明显减弱东退，同时，原来影响华南沿岸的偏东气流也减弱了。从 500 hPa 图看到，原来位于贝加尔湖西南部到我国西北部的西风槽东移加深，槽线从贝加尔湖伸展到我国西南地区，因此，东环副热带高压明显减弱东退，青藏高原上的 588 高压减弱为一个小的中心。位于华南地区的广东至海南省受东北到偏东气流控制，汕头和香港一致吹偏东风、阳江吹东北风，河源和信宜也吹偏东风，从偏东气流考虑，0107 号台风有利于向西北偏西方向移动。如果考虑副热带高压受东移的西风槽影响，未来还要减弱，则有利于台风向西北方向移动，0107 号台风在珠江口以东沿海地区登陆可能性较大，这种思路与大多数台站的分析和日本的数值预报是一致的。

25 日 08 时，副热带高压重新开始加强，广东省沿海地区基本上受 0107 号台风外围的偏东气流控制，东移的西风槽有所减弱，南段槽线消失，因此副热带高压有加强的趋势，这时广东、广西都受偏东气流影响。香港吹东风，风力加大，阳江吹东北风。这些都增大了 0107 号台风的偏西移动分量。

25 日 20 时，东移的西风槽进一步减弱变浅，西北太平洋上的副热带高压继续加强西伸并控制了我国长江中下游地区，华南受偏东气流控制，广东沿岸受台风环流影响，0107 台风已靠近粤西地区，登陆地点基本上成定局。

2)卫星云图分析

从 7 月 23 日 22 时 32 分的卫星云图看到，位于巴士海峡的 0107 号台风的螺旋云带明显，云带东部边缘清晰，云带西北部的丝柳状云带似乎不断向其前方发展，基本上伸展到了广东沿岸。

7 月 24 日 08 时 30 分，0107 号台风基本上呈蛋黄型，结构紧密，无明显的卷入云系，我国东南部及华南沿岸受副热带高压控制，基本为无云区。

从 24 日 09 时 30 分开始，在 0107 号台风的左上方(即台风云团的西北部)开始出现卷入云系，并且云团扩大，出现毛边，这时华南沿岸仍为无云区。24 日 13 时，在卷入云系的入口前方，出现了一条零散的台前飑线，位置在广东省东部。随着时间的推移，飑线单体越来越强，范围越来越大，自东向西横扫珠江三角洲，至 25 日凌晨 0 时 30 分，飑线单体才在广东省西部减弱消失。该时段，自东向西，珠江三角洲各台站先后出现了强烈的雷暴天气。

这之后，已形成完整螺旋云系，并有明显台风眼的 0107 号台风偏西分量明显加大，从 7 月 24 日 20 时至 25 日中午 11 时，0107 号台风的纬度一直停留在北纬 20.7°，几乎是笔直地向西移动。

25 日深夜 11 时 30 分，可以见到 0107 号台风的小半个台风云团已登陆广东省西部沿岸。这时台风眼已看不清楚，但台风云系的螺旋结构特征仍很明显。26 日凌晨 1 时 30 分，台风在广东省电白县沿海地区登陆。以后，台风云系逐渐松散，云团覆盖着粤西雷州半岛，海南岛和广西南部地区，对珠江三角洲已无较大影响。

3)雷达资料分析

7 月 24 日 4 时 30 分前，在香港雷达资料图上，可见在香港周围 300 km 内无明显的回波。

24 日 4 时 36 分，在香港的东南方约 200～300 km 的海面上开始出现零散回波，并呈逐渐扩大加强的趋势，但这时陆地上还没有明显降水回波，仅在香港雷达附近有一些地形回波。24 日 10 时 18 分，在广东省东北部的河源、紫金一带开始出现雷雨回波，并向南延伸至惠州。24 日 14 时，在珠江三角洲东面已形成一条东北—西南向、结构紧密的雷雨回波带以后，自东向西移动扫过珠江口。24 日 21 时左右，雷雨回波带减弱，移出粤西沿海。这与台前飑线形成，影响珠江三角洲的时间吻合，给该地区带来了强烈的雷暴天气。这时，在香港东南方 250 km 左右的海面上，已可见到直径约 50 km 的台风眼笔直地向西移动，逐渐把粤西沿海的减弱的雷雨回波带卷入台风回波主体。

25 日 8 时 18 分台风外围的降水回波开始扩大，并逐渐影响珠江三角洲。26 日凌晨 1 时 30 分 0107 号台风在电白登陆，珠江三角洲已看不见明显的降水回波。

4)日本 24～48 h 降水数值预报分析

23 日 08 时，日本降水数值预报表明，未来 24～48 h 热带气旋低值中心移到南海的东北部海面，其附近有一个 33 mm 的降雨中心。这与当时副热带高压较强盛，有利于台风偏西行，穿过巴士海峡进入南海的观点是一致的。

23日20时，日本降水数值预报表明，0107号台风未来24～48 h，中心移向珠江口东侧的汕尾附近，并有一个45 mm的降水中心。按这种思路，是考虑副热带高压未来24 h将减弱东退，台风受其环流影响，偏北分量增加，向西北方向移动，将在粤东登陆。

24日08时，日本降水数值预报表明，台风中心向珠江口东侧移动，中心点在惠东沿海地区附近。与当时500 hPa高空图对比，可见588高压明显东退，有利于台风西北行。24日下午，中山气象台及大多数台站都预测0107号台风大致是在珠江口附近地区登陆，似乎台风登陆点已成定局。

24日下午珠江三角洲地区出现强烈雷暴天气后，副热带高压趋于稳定并有加强趋势，以后几个时次的日本降水数值预报的台风降水中心逐步西移过珠江口，指向粤西。

5)台风路径和雷暴之间关系的分析

①台风路径

0107号台风7月下旬初在菲律宾东北部洋面生成，23日14时中心位于北纬19.9°，东经122.5°，加强为热带风暴，风力为8级，达到18 m/s的风速，中心最低气压996 hPa。以后向西北偏西方向移动，穿过巴士海峡。24日14时，加强为台风，风力12级，达到33 m/s风速，移到了东沙群岛的东部，以后穿过东沙群岛，向偏西方向移动。25日14时，移到北纬20.8°，东经113.3°，风力仍为12级(33 m/s)，气压为975 hPa，然后向西北偏西方向移动，于26日凌晨1时30分在电白沿海地区登陆，登陆时中心风力12级。从台风移动路径看，路径变化不大，基本是稳定地向偏西—西北方向移动，但是西风环流和副热带高压在23—24日，发生过转折性变化，按当时的环流变化背景分析，确实有利于0107号台风移至东沙群岛东部时转向，向西北方向移动，约在珠江口附近沿海地区登陆。但是24—25日，大气环流和副热带高压又重新发生调整，在台风前沿出现了强烈的雷暴天气，落区在珠江三角洲一带。由于受强雷暴天气的影响单站气压和气温发生了明显的变化，下面分析中山市单站气压和气温的变化情况与0107号台风移动路径的关系。

②单站的分析

从23日起本站气压下降，24日14时，气压为1002.1 hPa，16时气压最低为1000.9 hPa，16时24分出现强烈雷暴，18时气压明显上升，为1004.1 hPa，升了3.2 hPa，说明雷暴产生的升压作用很大，24日20时以后，气压变化幅度不大，基本维持在1003 hPa左右。我们认为，24日18时气压的大幅上升，对0107号台风移动路径有一定影响，致使其向北移动的分量减弱，向西移动的分量加大。

③单站气温变化分析

根据单站气温资料分析，从7月24日起，中山市的气温发生了明显的变化，7月21—24日15时之前，中山市的气温都较高，24日15时起气温发生了显著的变化。24日下午雷暴发生前本站气温较高，基本维持在30℃以上，最高气温出现在24日14时，达到35.0℃，但仅过了两小时，16时的气温突然降至23.7℃，降幅达11.3℃，是该台风过程的最低温度，而强雷暴天气正出现在该时次附近，以后温度偏低，18时的气温为24.7℃，20时为26.0℃。可见雷雨天气使本站气温在两小时内突然由最高降至最低。从理论上说，气温如此大幅下降的地区是不利于台风这种热带系统靠近的。

④热带气旋登陆点与雷暴关系的统计分析

由于中山市地处珠江三角洲，可以用中山市的天气实况近似代表珠江口附近的天气实况。根据中山的实际情况，把热带气旋进入 18°N 以北、110°～117°E 的南海海区定为进入中山防区。统计表明，1955—2000 年共有 312 个热带气旋进入这一海区，其中有 162 个热带气旋在广东沿海地区登陆，下面就对这些热带气旋在各地登陆前 3 d(登陆当天、登陆前 1 d、登陆前 2 d)中山市出现雷暴的情况进行统计，结果如表 3-4-6 所示。

表 3-4-6　热带气旋在各地登陆前 3 d 中山市雷暴出现的情况

登陆点	徐闻—阳江	台山—深圳	惠阳—饶平	合计
有雷暴	50	18	32	100
无雷暴	18	28	16	62
合计	68	46	48	162

从横向分析来看，这 162 个热带气旋中共有 100 个登陆前 3 d 中山市有雷暴出现，其中 50 个在粤西(徐闻—阳江)沿海地区登陆，32 个在粤东(惠阳—饶平)沿海地区登陆，仅有 18 个在珠江口附近(台山—深圳)沿海地区登陆，不到总数的两成，可见如果中山市出现雷暴天气，则热带气旋在珠江三角洲登陆的机会不大。

从纵向分析来看，在粤西登陆的 68 个热带气旋中有 50 个登陆前 3 d 中山市有雷暴出现，约占 74%；在粤东登陆的 48 个热带气旋中有 32 个登陆前 3 d 中山市有雷暴出现，约占 67%；在珠江口附近登陆的 46 个热带气旋中有 18 个登陆前 3 d 中山市有雷暴出现，约占 39%，这从另一个方面说明了在珠江三角洲登陆的热带气旋其登陆前 3 d 中山市出现雷暴的机会远小于在粤西、粤东登陆的热带气旋。从中也可以发现，在粤西登陆的热带气旋其登陆前中山市出现雷暴的概率约比在粤东登陆的热带气旋多 7 个百分点。这是因为，热带气旋是一种逆时针旋转的低值系统，由于受地转偏向力及其自身动力的作用，在广东沿海地区登陆的热带气旋多数是从东南向西北方向前进的。因此，在粤西登陆的热带气旋其登陆前 3 d 中山市多数处于热带气旋的右前方，易受到在热带气旋右前方产生的台前飑线的影响，出现雷暴这种强烈天气，而在粤东登陆的热带气旋其登陆前 3 d 中山市多数处于热带气旋左前方，离热带气旋还比较远，出现雷暴这种强烈天气的机会相对小些。

(3)2008 年影响中山的热带气旋综合分析

2008 年，中山先后经历了破纪录的低温冷害天气、登陆时间之早破纪录的台风“浣熊”、雨量和雨强破纪录的“龙舟水”天气、多个热带气旋影响的天气，这些极端天气事件的发生有着复杂的形成原因和机理，也给业务人员带来很大的挑战，下面仅对 2008 年影响中山的热带气旋活动特征作一综合分析。

1)概况

根据影响中山的台风划分标准，2008 年影响中山的热带气旋共有 6 个，分别是 0801 号台风“浣熊”、0806 号台风“风神”、0809 号强热带风暴“北冕”、0812 号台风“鹦鹉”、0814 号强台风“黑格比”、0817 号热带风暴“海高斯”，它们对中山的影响都达到了严重影响的标准，这 6 个热带气旋也给中山带来了暴雨到大暴雨降水，有的出现 12 级阵风，影响严重。其中 0812 号台风“鹦鹉”直接登陆中山。详细情况如表 3-4-7 所示。

表 3-4-7 2008 年影响中山的热带气旋统计

编号和名称	生成		登陆		登陆最大风力（级）	本地最大日雨量(mm)
	时间	地点	时间	地点		
0801“浣熊”	4 月 15 日 14 时	116.3°E,10.5°N	4 月 18 日 22:30	海南文昌	11	144.1
			19 日 14:15	广东阳江	7	
0806“风神”	6 月 19 日 8 时	131.2°E,9.9°N	6 月 25 日 5:30	广东深圳	9	204.8
0809“北冕”	8 月 5 日 8 时	117°E,19.7°N	8 月 6 日 19:45	广东阳江	10	58.4
0812“鹦鹉”	8 月 18 日 8 时	133.4°E,15.7°N	8 月 22 日 16:55	香港	12	45.4
			8 月 22 日 22:10	广东中山	10	
0814“黑格比”	9 月 19 日 20 时	132.8°E,13.9°N	9 月 24 日 6:45	广东茂名	15	76.8
0817“海高斯”	9 月 30 日 08 时	127.1°E,11.0°N	10 月 3 日 22:15	海南文昌	8	73.8
			10 月 4 日 17:10	广东吴川	7	

2)特点分析

西北太平洋和南海编号热带气旋偏少，登陆华南的热带气旋偏多，影响中山的热带气旋比例高。

2008 年西北太平洋和南海海域编号热带气旋共有 22 个，较历史同期偏少 6.14 个。共 10 个登陆我国，较历史同期偏多 3.21 个，2008 年登陆热带风暴占生成热带风暴的 45%，远高于多年平均 24.7%，有 9 个登陆华南沿海地区，其中 6 个在广东沿海地区登陆，较常年平均(3.9 个)偏多，仅次于 1952、1961、1967、1993 年(7 个)。登陆广东的 6 个热带气旋都影响了中山，多于历年平均(2.7 个)3.3 个，仅次于 1961 年(8 个)、1964 年(7 个)，与 1993 年持平。同时，2008 年 6 个登陆广东的热带气旋中没有登陆粤东的，2 个登陆珠三角，其余都登陆粤西，因此 2008 年西路台风占主导。

初台时间早，严重影响中山的热带气旋个数多，强度强。通常把第一个登陆我国的热带气旋称为“初台”。1949 年以来广东初台平均出现日期是 6 月下旬前期，其中最早的是 1999 年 5 月 2 日在惠东登陆的 02 号“利奥”台风。历年影响中山的“初台”平均在 7 月上旬到 7 月中旬，终台平均时间在 9 月下旬到 10 月上旬。据统计每年进入中山防区的热带气旋约为 7.0 个，对中山造成影响(平均风力≥6～7 级或 24 h 降水量≥40 mm)的热带气旋平均每年 2.7 个，其中严重影响(平均风力≥8 级，或平均风力≥6～7 级、24 h 降水量≥50 mm，或 24 h 降水量≥150 mm)的热带气旋年平均个数为 1 个。

0801 号台风“浣熊”4 月 18 日登陆海南，19 日再次登陆广东，改写了登陆广东省和我国的初台历史，比影响中山的热带气旋平均日期提前了 2 个多月。

6 个影响中山的热带气旋中 0812 号“鹦鹉”以台风级别登陆，0814 号“黑格比”以强台风级别登陆，其余大部分以热带风暴或强热带风暴级别登陆，这在中山有气象记录以来是少见的。

登陆广东的 6 个热带气旋都对中山造成了影响，甚至严重影响，特别是“风神”“鹦鹉”“黑格比”影响巨大。“风神”造成 18 个自动站过程雨量超过 200 mm，其中北部镇区三角和黄圃雨量超过 300 mm，分别为 349.2 mm 和 333.1 mm，城区紫马岭雨量为 220.1 mm。全市最大阵风达到 23.3 m/s，最大雨强出现在北部镇区东凤，一小时雨量达到 92.9 mm。台风“鹦鹉”以其独特的“空心台风”的特征正面袭击中山，中山局地阵风达到 12 级。强台风“黑格比”引发百年不遇风暴潮，中山普遍出现暴雨，局部大暴雨，局地阵风达到 12 级。

3)台风影响时段跨度长,后汛期影响台风多

2008 年影响中山的初台时间为 4 月 19 日,终台时间 10 月 5 日,时间长达将近 5 个月,影响中山的 6 个热带气旋中有 4 个出现在后汛期。

①特殊台风个例分析

a. 路径曲折多变的“风神”

0806 号台风“风神”6 月 19 日 08 时在西太平洋上生成,20 日 02 时加强为强热带风暴(28 m/s);20 日 08 时加强为台风,台风强度一直维持到 23 日 11 时,最强时达到 40 m/s。于 25 日 5 时 30 分在深圳葵涌镇登陆,登陆时中心附近最大风力 9 级(图 3-4-8)。从生成到登陆“风神”路径曲折,先后经过两次西行北翘,预报难度大。“风神”给中山地区带来了强降水和局部强风。从 25 日至 26 日共有 18 个自动站过程雨量超过 200 mm,其中北部镇区三角和黄圃雨量超过 300 mm,分别为 349.2 mm 和 333.1 mm,城区紫马岭雨量为 220.1 mm。全市风力最大的是小榄站,阵风达到 23.3 m/s,最大雨强出现在北部镇区东凤,一小时达到 92.9 mm。

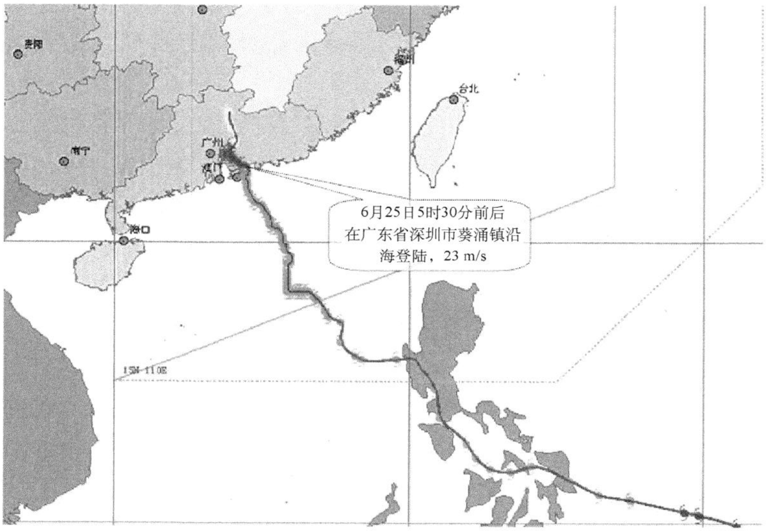

图 3-4-8　0806 号台风“风神”路径图

b. 空心台风“鹦鹉”正面袭击中山

0812 号台风“鹦鹉”8 月 18 日 08 时在西太平洋上形成,19 日 02 时加强为台风,8 月 22 日 16 时 55 分在香港登陆,22 日 22 时 10 分在中山再次登陆。“鹦鹉”由于其不对称的空心结构,导致主要降水分布在登陆地区的西侧,珠三角地区的降水相对偏少。

c. 强台风“黑格比”引发罕见风暴潮

强台风“黑格比”于 9 月 19 日 20 时在菲律宾以东洋面生成,20 日 14 时加强为强热带风暴,21 日 14 时加强为台风,22 日 14 时加强为强台风,夜间穿过巴士海峡进入南海东北部海面,于 24 日早晨 6 时 45 分在茂名市电白县陈村镇沿海地区登陆。“黑格比”具有强度强、移速快、范围广、影响大的特点。由于“黑格比”登陆时正值天文潮高潮时段,潮水借助强劲台风推波助澜,引发粤西及珠江口海域历史罕见的风暴潮。横门、灯笼山、马鞍、小隐、大涌口、三宝、南头、黄圃、苏埒等潮位站全面超警戒水位,其中横门、灯笼山水文站分别出现 2.73 m 和 2.74 m,分别打破了 2.62 m 和 2.65 m 的历史记录。强大的风暴潮使得堤围电排站出水渠道被冲塌,并

造成大堤部分受损，据有关部门统计，直接经济损失达 1762 万元。

表 3-4-8　强台风“黑格比”与中山距离

23—24 日	22 时	23 时	00 时	01 时	02 时	03 时	04 时	05 时
离中山距离(km)	200.4	190.4	180.8	174.8	176.4	184	196.9	228.9

从表 3-4-8 可知：“黑格比”由于其庞大的台风环流而影响了大范围海域，台风中心距离中山最近有 180 km 左右，却造成了几十年难遇的风暴潮，这对一线预报人员是一次深刻的教训。

d.“海高斯”登陆后的低压槽重新加强引发珠三角地区暴雨降水

0817 号热带风暴“海高斯”于 10 月 3 日 22 时 15 分在海南文昌市龙楼镇登陆后就减弱为热带低压，穿过海南东北部后进入粤西近海，于 10 月 4 日 17 时 10 分在广东吴川大山江镇再次登陆，减弱后的低压区在粤西沿海向东偏北方向移动。由于北方南下的弱冷空气和西南季风的共同影响，减弱后的低压区在珠江口附近强度重新加强，风力加大，雨强增强，导致珠江三角洲地区普遍出现了暴雨到大暴雨。这种登陆后由热带低压减弱为低压区，而后该低压区又在陆地上加强的例子在历史上比较少见。因此，预报员对于秋季的热带气旋所造成的降水，一定要格外重视弱冷空气和西南季风的影响。

3.5　雷暴

3.5.1　雷暴的定义、标准和影响

气象上把伴有雷声和闪电现象的对流性天气系统称为雷暴。它产生于强烈发展的积雨云中。这种云的厚度可达数千米，在华南地区可达上万米，有时甚至可达 2 万 m。云中的垂直上升气流速度可达 20～30 m/s，最大可达 100 m/s，可见其能量之大。我国雷暴活动具有一定的地域性和季节性。气象部门衡量雷暴的多少是采用雷暴的日数来计算的。在我国雷暴日数量呈现为南方多、北方少，山区多、平原少的特点，就全国来说，最多的是云南南部和广东、广西及海南省(区)。一般来说，雷暴为冬季少于夏季，但是南方有时隆冬季节也有雷暴出现。

雷暴是一种危险天气现象，不仅会影响飞机飞行的安全，干扰无线电通信，而且会击毁建筑物，甚至会造成人员伤亡等。

3.5.2　雷暴的天气气候概况

(1)雷暴日数的年变化

雷暴是强对流天气中的一种，中山市也是一个雷暴多发区，雷暴灾害时有发生，而且每年都会造成人员伤亡或雷击事故。1955—2010 年，中山市年平均雷暴日为 76.1 d。雷暴最多的年份是 1975 年，全年有雷暴 115 d，平均 3.2 d 就有 1 d 雷暴。1973 年雷暴也比较多，达 108 d。2003 年雷暴最少，只有 49 d，平均 7.4 d 才有 1 d 出现雷暴。

根据分析，中山市的雷暴日数呈现逐年减少的趋势。1955—1980 年 26 年年均雷暴日数为 85.2 d，而 1981—2006 年 26 年年均雷暴日数为 66.4 d，两者相差了 18.8 d。特别是 2001—2010 年，年均雷暴日数只有 68.2 d，其中 2003 全年雷暴日数 49 d，为历史最低纪录。各年雷暴日数如图 3-5-1 所示。

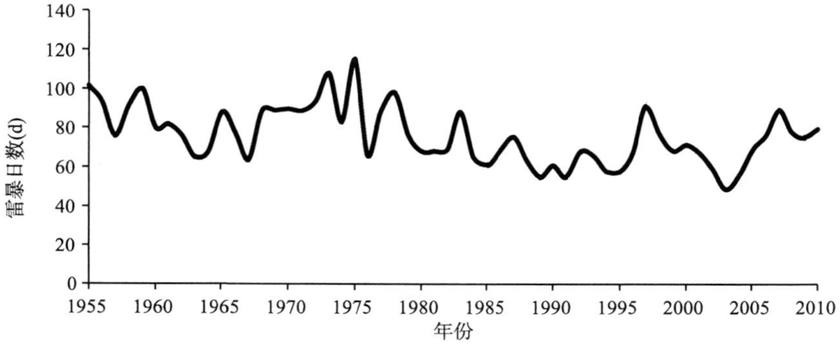

图 3-5-1　1955—2010 年中山市各年雷暴日数

(2)雷暴的季节变化和月变化

在一年当中，雷暴主要是出现夏季半年(3—10 月)，冬季半年(11 月至次年 2 月)很少；就季节来说，主要是发生在春季(3—5 月)和夏季(6—8 月)，秋季(9—11 月)和冬季(12 月至次年 2 月)较少。

中山市内每年首次出现的雷暴，称为初雷，最早出现在 1 月 3 日(1956 年)，最晚出现在 5 月 2 日(1970 年)，而大多数年份初雷都出现在 2 月中旬至 3 月下旬；终雷(指一年中最后一次出现的雷暴)最早出现在 9 月 8 日(1991 年)，最晚出现在 12 月 31 日(1963 年)，大多数年份出现在 9 月下旬至 10 月下旬；

按季节而论，中山市雷暴 92%出现在汛期，特别是 6、7、8 三个月，是雷暴活动的高峰期，这段时间出现的雷暴占总数的 57%。其中，8 月的雷暴最多，占总数的 21%，月均 15.8 d，平均 2 d 就有一次雷暴。1955 年 8 月，雷暴日数达 26 d，几乎天天都有雷暴。7 月可占总数的 18%，月均 13.8 d。11 月至次年 1 月，为雷暴的低发时期，特别是 12 月，52 年中只出现过 3 d 雷暴。1 月出现雷暴也比较少，56 年共出现过 6 d 雷暴。各月平均雷暴日数如图 3-5-2 所示。

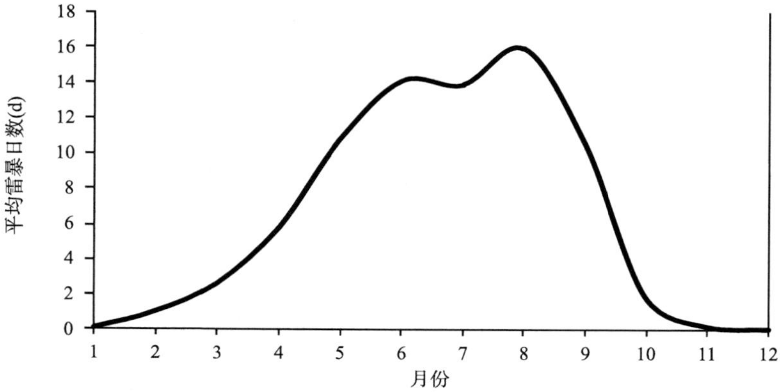

图 3-5-2　1955—2010 年中山市各月平均雷暴日数

3.5.3 雷暴天气特征

雷暴有远近、强弱之分，发生雷暴时，通常出现雷电、阵雨、阵风等天气现象以及压、温、湿等气象要素的变化，这些现象主要发生在雷暴云的成熟阶段。

(1)雷电

雷电是由积雨云中冰晶"温差起电"以及其他起电作用所造成的。一般当云顶发展到−20℃等温线高度以上时，云中便有了足够多的冰晶，因此，就会出现闪电和雷鸣。所以，第一次闻雷表明云顶已达−20℃等温线高度附近。一般来说，云中放电强度及频繁程度与雷暴云的高度、强度有关。随着云顶增高，闪电、雷鸣更加频繁。因此，雷电现象可用以判断雷暴强度。

(2)阵雨

在雷暴云中上升气流最强区附近，一般有一大水滴累积区，当累积量超过上升气流承托能力时，便开始降雨。由于累积区中的水倾盆而下，因而造成强度较大的阵雨，甚至暴雨。阵雨持续时间为几分钟到一小时不等，视雷暴云的强弱及含水量多少而定。雷暴群和雷暴带形成的降水区也呈片状或带状。由于雷暴群(带)中，每个单位体强弱不一，所以降水量分布很不均匀。而且因雷暴云常常跳跃式地传播，因此降水量也有跳跃(间隔)式分布的情况。

(3)阵风

在积云阶段，地面风一般很弱。低空有向云区的辐合，促使上升气流发展。到了雷暴云的成熟阶段，云中产生的下沉气流冲到地面附近时，向四周散开，因而造成阵风。一般来说，阵风发生前，风力较弱，风向不定，但多偏南风。阵风发生时，风向常呈气旋式旋转，然后又呈反气旋旋转。移动缓慢的雷暴，云下的流出气流几乎是径向(即向西面八方铺开)的。然而多数情况下，在雷暴移向的下风方的风速要大于上风方。

(4)压、温、湿的变化

由于下沉气流中水滴的蒸发，使下沉气流几乎保持饱和状态。所以下沉空气由上层至下层是按湿绝热增温的。上层冷空气虽然在下沉过程中会变暖些，但升温率小，到地面时，仍比四周地面空气要冷。因此在雷暴云下形成一个近乎饱和的冷空气堆，因其密度较大所以气压较高，这个高压，气象上叫"雷暴高压"。当雷暴云向前移动时，云下的雷暴高压也随之向前移动，当它移动过测站时，就使该站发生气温下降、气压涌升、相对湿度上升、露点或绝对湿度下降等气象要素的显著变化。其变化幅度取决于雷暴云的强度和测站相对于雷暴云的位置，雷暴中心经过地区变化明显，边缘地区则变化较小。

此外，雷暴天气还会造成雷电灾害，主要有直击雷和感应雷两种。直击雷是指雷电直接打到建筑物、仪器设备或人畜身上，强大的电流直接造成建筑物、仪器设备毁坏或造成人畜伤亡事故。感应雷是通过感应作用，使雷暴的强大电流间接打在仪器电器设备上，造成破坏。

3.5.4 雷暴预报的着眼点

雷暴天气是由水汽条件、不稳定层结条件和抬升力条件三方面综合作用造成的。形成雷暴的这三个条件是在一定的天气形势下，逐步发展和具备起来的。有利提供这些条件的天气形势，即为有利于产生雷暴的天气形势。根据中山市发生雷暴天气的分析，雷暴主要发生在以下几种天气形势。

(1)锋面雷暴的预报

中山市的锋面雷暴,主要是产生在春、夏和初秋有利的天气形势之下,在冷锋、暖锋、静止锋上都可以产生雷暴。其中以冷锋活动产生雷暴最多,暖锋雷暴比较少。静止锋雷暴是和切变线相联系的。

①在冷锋前暖空气活跃时,例如有正变温、湿度加大、南风较大以及暖空气不稳定等的情况下,当冷空气过境时一般有雷暴形成。

②冷锋雷暴的发生与锋面上空的形势有关,在温暖季节,当 500、700 hPa 和 850 hPa 上有明显的高空槽或切变线相配合的冷锋过境时,这种天气形势下,大多会有雷暴产生。

③如果锋面附近,高层为冷平流,低层为暖平流,而且平流较强,锋面过境时会发生雷暴。

④在后倾槽的情况下,雷暴一般发生在锋面的前后,或是发生在槽前;在前倾槽的情况下,则是发生在槽后,或是发生锋前的区域内。冷锋雷暴出现的时间取决于锋面的移动速度,冷锋雷暴一般是发生在冷锋过境前后 2～3 h。当高空为前倾槽时,雷暴出现在冷锋过境之前,当高空为后倾槽时,雷暴出现在冷锋过境之后。因此,冷锋雷暴出现时间的预报,主要考虑锋面的移动速度以及地面锋与高空槽的配合情况。而冷锋的移动速度则取决于引导气流速度的大小,锋后冷高压的强度,锋前暖高压或变性高压的阻挡和地形的影响。冷锋雷暴持续时间主要取决于冷锋的移动速度、强度以及 700 hPa 槽线配置和槽的移动速度。当冷锋移动速度较快或强度较强时,冷锋雷暴持续时间一般较短,反之则较长。

(2)高空槽、切变线雷暴的预报

高空槽、切变线也经常造成雷暴天气的发生。高空槽或切变线是否能产生雷暴关键取决于槽线和切变线前后气流的分布情况和它们的冷暖性质。槽前后气流的分布情况主要以槽线两侧的风向交角以及风速的大小来表示。如果风向交角小于 90°及槽后风速较大,槽线上的辐合运动也较强,这样的槽就有利雷暴天气的发生,高空槽温度场的结构性质也和雷暴的形成有很大的关系。

(3)副热带高压西北部雷暴的预报

在对流层低层,副热带高压西北部的空气比较暖湿,常常储存大量的不稳定能量。在外来系统入侵或没有外来系统侵入的情况下,都有发生雷暴的可能性。当天气系统很弱,等压线十分稀疏时,有时由于地形的作用会造成小范围的风场辐合,而引起孤立分散的雷暴。当副热带高压明显东退时,也可以引起不稳定能量的释放形成雷暴。如果副热带高压西北部有锋面、低压、槽、切变线等系统影响时,在副热带高压西北部会出现较广的雷暴区。

3.6 强对流

3.6.1 强对流天气的种类和影响

中山市最常见的强对流天气有雷雨大风、飑线、冰雹和龙卷风等。这种强对流天气一般历时时间短、范围小、天气剧烈、破坏力非常大,常会造成人员伤亡事故,是中山市主要的灾害性天气之一。

(1)雷雨大风

雷暴云引发的大风一般时间较短，但强度较大，阵风经常超过10级，飞沙走石，破坏力强。

(2)飑线

强雷暴云中的低温而高速的下沉气流造成了近地面层很强的雷暴高压和辐散流场。而且在雷暴高压冷空气堆与其前方的暖空气之间形成一个陡峭的分界面，因此，当强雷暴云来临的瞬间，方向突变，风力猛增，由静风突然加强到8级以上大风。与此同时，气压涌升，形成明显的雷暴鼻子，气温急降，相对湿度也大幅上升。一般具有上述气象要素激烈变化特征的、随强雷暴云来临而突然发作的强烈阵风叫作飑或飑线。例如，1993年5月2日中山市出现了明显的飑线天气，强雷暴云来临时，方向突变，风力猛增，风力达到8级大风。与此同时气压明显升高，气温急降，上午08时气温为27℃，下午14时为22.2℃，下降了近5℃，并出现一场32.4 mm的大雨天气。又如1987年4月5日，中山市出现了明显的飑线天气，强雷暴云来临时，方向突变，风力猛增，风力达到8级大风。与此同时，气压明显升高，气温下降，上午08时气温为22.7℃，下午14时为21.6℃，当天降雨量达到205.2 mm，属于大暴雨。

(3)冰雹

冰雹是极其旺盛的积雨云所产生的固体降水。通常其大小如黄豆粒，直径1～2 cm。个别情况冰雹较大，直径可达7 cm左右。

冰雹多出现在2—5月。此时，冷空气比较活跃，冷暖空气交锋激烈，锋面的抬升作用，经常产生发展极其旺盛的积雨云，积雨云在某种特定的条件下就可能引发冰雹。由于中山靠近沿海，地势又比较平坦，冰雹出现的次数十分少。1955—2010年，石岐城区仅观测到3次冰雹，一次发生在1983年3月，一次发生在1985年4月，另一次发生在2008年3月1日。

冰雹维持时间很短，通常是几分钟，但由于其天气剧烈，又常和雷雨大风、龙卷风一起出现，因而破坏力很大。冰雹往往打坏屋顶，将果木、蔬菜打得斑痕点点，有时甚至会伤及人畜。

(4)龙卷风

当雷雨云的云底伸展到达地面，形成漏斗状云柱，称作龙卷。龙卷伸到地面时会引起强烈的旋风，这种旋风称为龙卷风。龙卷风中心的风速可达到100～200 m/s，具有极大的破坏力。龙卷风的范围并不大，水平范围仅几十米到十几千米。生命史也很短，往往只有几分钟到十多分钟，个别情况可长达1 h。

龙卷引发的旋风是逆时针方向旋转的。

龙卷风大多出现在夏春两季。中山市出现龙卷风的机会不多。1955—2010年，石岐城区共观测到5次龙卷风，分别出现在1970年9月、1971年5月，1983年6月、8月、9月。其中1983年先后出现了3次龙卷风。至于乡村空旷地带，龙卷风出现的次数远多于城区所观测到的次数。

龙卷风破坏力巨大，造成严重灾害。1995年4月19日下午4时30分左右，三角、民众、黄圃、阜沙和坦背等镇区出现龙卷风，并夹有冰雹、暴雨。威力巨大的龙卷风不但吹倒房屋、树木，而且连大型集装箱卡车也被吹翻。全市受灾人口10.16万，受灾农作物3.38万亩，死亡6人，失踪2人，受伤143人，直接经济损失22559万元。

3.6.2 强对流天气的特征

(1)强对流的年变化

中山市的强对流天气一年四季都可能发生,主要是发生在 3—9 月,在秋冬季节也有发生,但概率很少,强对流天气也相对弱一些。在中山市尤其是以雷雨大风出现最多,据 1955—2010 年的气象资料统计,56 年共发生了 88 次雷雨大风天气,其中以 1957 年最多,共出现 16 次,1958 年也比较多,出现 7 次,有 17 年没有出现雷雨大风天气,各年出现次数如表 3-6-1 所示。

表 3-6-1 1955—2010 中山市雷雨大风天气统计

年	日期	风力	雨量(mm)	次数
1955	5 月 3 日	8 级以上	14.6	6
	6 月 6 日		228.3	
	6 月 19 日			
	7 月 22 日		34.8	
	7 月 27 日		4.5	
	9 月 6 日		11.7	
1956	7 月 7 日		1.3	3
	7 月 19 日		0.1	
	8 月 30 日		0.0	
1957	5 月 7 日		61.3	16
	5 月 14 日		20.5	
	5 月 23 日		20.8	
	6 月 23 日		8.2	
	6 月 27 日		4.2	
	7 月 1 日		2.0	
	7 月 5 日		16.1	
	7 月 16 日		16.3	
	7 月 17 日		168.1	
	8 月 11 日		2.1	
	8 月 15 日		3.4	
	8 月 16 日		6.6	
	8 月 17 日		6.1	
	8 月 18 日		8.1	
	8 月 27 日		5.1	
	9 月 22 日		67.5	

续表

年	日期	风力	雨量(mm)	次数
1958	3 月 28 日		16.6	7
	4 月 27 日		2.2	
	5 月 22 日			
	7 月 23 日		7.3	
	7 月 24 日		23.1	
	7 月 27 日		5.3	
	9 月 2 日		58.1	
1959	7 月 15 日		9.2	1
1961	4 月 20 日		161.4	4
	5 月 3 日		14.4	
	8 月 24 日			
	9 月 8 日		7.0	
1962	5 月 9 日		39.6	3
	6 月 28 日		4.3	
	8 月 10 日		16.4	
1964	7 月 2 日	8 级以上	23.1	2
	8 月 13 日		10.4	
1965	7 月 15 日		19.5	1
1966	4 月 29 日		191.2	2
	7 月 26 日		43.0	
1968	8 月 20 日		5.3	1
1970	7 月 15 日		0.6	1
1971	4 月 2 日		46.5	1
1972	11 月 9 日		22.0	1
1973	7 月 17 日		33.5	1
1974	5 月 2 日		84.0	4
	6 月 12 日		15.7	
	7 月 22 日		5.9	
	7 月 23 日		2.9	
1976	6 月 29 日		10.1	1
1978	6 月 27 日		64.0	2
	7 月 26 日		5.5	
1980	2 月 27 日		15.1	1
1981	2 月 13 日		8.7	1
1983	3 月 25 日		228.0	1
1985	9 月 4 日		47.0	1
1986	6 月 17 日		26.4	1
1987	5 月 22 日		19.8	2
	7 月 16 日		12.0	
1988	6 月 23 日		17.2	1

续表

年	日期	风力	雨量(mm)	次数
1991	8月14日		44.0	1
1993	6月28日		235.2	2
	8月17日		81.3	
1994	5月17日		23.1	1
1995	4月19日	民众12级以上	29.3	1
1999	4月19日		144.8	1
2001	7月7日		113.4	1
2003	6月6日		42.2	3
	7月24日		17.6	
	9月2日		6.1	
2004	8月11日		24.4	1
2005	6月2日		10.1	4
	6月20日		12.2	
	6月22日		45.6	
	7月21日		20.3	
2006	9月3日		79.5	1
2007	6月8日		32.2	1
2008	9月24日		8.0	1
2009	7月19日		103.3	1
2010	6月16日		2.6	4
	7月22日		9.3	
	8月5日		32.1	
	9月20日		78.4	

按年代来说，以20世纪50年代出现最多，1955—1960年出现了33次，2001—2010年，出现了17次，1981—1990年出现了7次，1961—1970年出现了14次，1991—2000年出现了6次，1971—1980年出现了11次。

中山市出现的强对流天气，根据不完全统计，1955—2010年共出现117次，其中雷雨大风占75%。

根据本站的气象资料，飑线的观测是从1981年才开始，1981—2010年共出现了21次，各年出现次数如表3-6-1、表3-6-3所示，按年代来说，1981—1990年出现了13次，1991—2000年出现了6次，2001—2010年出现了2次。根据本站的气象资料表明，冰雹只有1983年3月1日、1985年4月10日和2008年3月1日出现过三次，主要是出现春季，其中1983年3月1日一次飑线天气过程过境带来了有记录以来的第一次冰雹，冰雹最大直径15 mm。1955—2010年，石岐城区共观测到5次龙卷风，分别出现在1970年9月、1971年5月，1983年6月、8月、9月。1955—2010年强对流天气各月出现的情况如表3-6-2所示。

(2)强对流天气的季节变化

强对流天气主要发生在春夏季节，秋冬季节出现比较少。强对流天气各月出现的情况如表3-6-2所示。

表 3-6-2　1955—2010 年强对流天气各月出现的情况

月份	1	2	3	4	5	6	7	8	9	10	11	12	合计
雷雨大风	0	2	2	7	10	17	26	14	9	0	1	0	88
飑线			3	3	2	2	5	4	1	1			21
冰雹			2	1									3
龙卷风					1	1		1	2				5
合计	0	2	7	11	13	20	31	19	12	1	1	0	117
百分比(%)	0	2	6	9	11	17	27	16	10	1	1	0	

表 3-6-2 给出了中山市各类强对流天气逐月发生的多年累计次数。从表看出，强对流天气主要发生在春夏季节，3—9 月占全年的 97%，以 7 月发生最多，6 月次之，2 月和 1 月没有发生过。

1955—2010 年共出现雷雨大风 88 次，从风力来看，雷雨大风造成的风力级别在 8 级以上。最大是 1995 年 4 月 19 日，全市大多数地区都出现了雷雨大风，其中民众等镇风力达到 12 级以上。

从雨量看，雷雨大风天气由于历时时间短，大多数是出现小到中雨。其中小到中雨 59 次(有 3 次无雨)，出现大雨 12 次，出现暴雨 17 次，超过 200 mm 的有 2 次。1993 年 6 月 28 日，雷雨大风天气降雨量达到 235.2mm。1995 年 6 月 6 日，雷雨大风天气降水量为 228.3 mm。

(3)飑线天气特征

表 3-6-3 是 1981—2010 年中山市飑线天气出现情况。

表 3-6-3　1981—2010 年中山市飑线发生情况

年份	日期	风力	雨量(mm)	次数
1981	3 月 15 日	8 级以上	29.9	1
1982	10 月 3 日		0.6	1
1983	3 月 1 日		22.8	2
1983	9 月 4 日		0.2	
1984	8 月 15 日		43.9	1
1985	4 月 9 日		38.4	3
1985	4 月 10 日		39.7	
1985	7 月 26 日		43.4	
1986	5 月 13 日		6.0	1
1987	4 月 5 日		205.2	2
1987	8 月 29 日		12.5	
1988	7 月 19 日		34.7	1
1989	8 月 16 日		5.0	1
1993	5 月 2 日		32.4	1
1997	3 月 19 日		24.4	2
1997	6 月 10 日		24.4	
1998	7 月 3 日		40.8	2
1998	8 月 29 日		46.3	
1999	7 月 22 日		26.0	1
2001	7 月 24 日		32.5	1
2002	6 月 30 日		17.9	1

中山市是从1981年开始有飑线天气观测，30年内共出现了21次，飑线风力超过8级以上。从降雨方面看，大多会造成中雨以上降水，其中造成大雨量级的降水有12次。1987年4月5日，飑线过境出现了205.2 mm降水。

(4)强对流的突发性

强对流天气有明显的日变化，根据中山市发布的强对流天气统计分析，强对流天气主要发生在下午(12—20时)。

中山市的强对流天气具有明显的突发性特点，其发展迅猛，移动快速，天气流动强烈、破坏力大。大多数的强对流天气是由发展强烈的中小尺度对流系统所造成，这类系统强度大而生命史短，所以，由它们引发的强对流天气多数是突发性的，一般只能持续几分钟到十几分钟，个别情况可长达一小时，但强度相当大，龙卷就是如此，较常见的雷雨大风也是如此，风力普遍可达8～9级，有的可达到12级以上。

另外，中山市的强对流天气的分布具有明显的地域性，根据中山市发生的强对流天气分析大多是发生在河网密集地区，如黄圃、三角、民众、阜沙、坦洲等镇较多，其他地区相对较少。

3.6.3 强对流天气的气候特征和预报着眼点

(1)强对流天气环流特征

根据郑德娟等人的研究，可以把中山及其附近的珠三角地区出现强对流天气的500 hPa环流特征归纳为七种类型。

①槽前型：当95°～113°E，23°～30°N地区出现低压槽系统时，称之为槽前型。槽前型包括南北向槽、横槽、复合型三种类型。

②东风型：当副高脊线位于28°N以北，华南上空受脊南的东风控制；或副高东退到太平洋上，在25°N以南有明显的热带气旋、赤道辐合带或其他低值系统，珠三角上空流场以东风为主。东风型主要由东风扰动、热带气旋和赤道辐合带引起。

③脊后型：西风槽在95°E以西，30°N以北的地区活动，而副高脊线在20°N以南，西脊点位于115°E以西，广东、广西地区为脊后的西南气流或西南西气流所控制。

④高压型：副热带高压脊线位于南岭附近，珠江三角洲地区处于弱高压区内，风场凌乱且风速较小；或者伸向华南的副高脊在115°E附近发生断裂，珠江三角洲地区为西环反气旋前部的西北气流控制。

⑤槽后型：有明显的低压槽东移经过珠江三角洲，113°E以西上空为西北气流，约在此时出现强对流天气。

⑥西风型：西风槽离珠三角地区较远，华南上空全为平直西风，常出现西风急流。

⑦切变型：主要是指两个强高压间的切变线，切变线的走向为南北向或西北—东南向。

就全年而言，中山地区出现的强对流天气主要是槽前型和东风型，2—5月以槽前型为主，7—9月以东风型为主。

强对流天气出现时，常有低空急流伴随，700、850 hPa多有辐合气流或上升运动的低值系统，当上下层辐合系统配置呈前倾时，尤其当700、850 hPa的形势呈前倾配置时，极易使中山及珠三角地区产生强对流天气。但统计分析表明，珠江流域强对流天气与低空急流的相关性远不及暴雨过程那样清晰，许多强对流天气与低空的偏南大风相关联，但只有少数强对流天气发生在低空急流的左侧，而多数强对流天气发生在低空强偏南风区内或大风区的右方一侧，部分强对流天气与低空强偏南风无关。

(2)强对流天气的物理量场特征

中山市及其附近的珠三角地区强对流天气前，强对流天气区附近的大气层结大致可划分为上干下湿型和湿层深厚型。上干下湿型指在对流层中、下部空气非常潮湿，近于饱和，而中层则相对地干冷，形成明显上干下湿的位势不稳定层结；而深层深厚型主要是指湿层比较深厚，可达对流层的中、上部，对流层中部无明显的干层。过去一般认为，中层干冷是强对流天气与暴雨天气的物理条件差异，但分析结果表明，在珠三角地区中层丰富的水汽也是强对流天气发生发展的有利因子。此外，中下部逆温层的存在，有利于低层不稳定能量的积累，一旦触发机制出现，逆温层被破坏，强对流天气往往就发生在逆温层附近。

从强对流天气与冷、暖平流的统计关系可知，发生强对流天气时 850～700 hPa 层间暖平流占多数，700 hPa 层以上主要以冷平流为主，高层冷平流与低层暖平流的叠置可使大气层结变得不稳定，是珠三角地区强对流天气环境场的最基本特征之一。而由低空急流引起的水汽输送会使低层水汽增加，从而有利于位势不稳定层结的建立和维持。一旦具备适当的触发机制，就能产生对流，强对流天气多出现在低空急流中心前方的水汽能量辐合区附近。

(3)强对流天气的预报着眼点

一般的对流天气和强对流天气发生发展的环境条件及其预报着眼点：

1)基本条件：导致一般对流天气

①水汽含量和水汽来源：水汽含量可从天气图上、本部以及邻近站点的探空曲线上的气温、露点差、比湿及相对湿度中分析出来，而水汽的输送主要依靠低层的水汽辐合，这种水汽辐合区可以从低层天气图散度场的辐合区与湿度场相叠加或者从水汽通量散度的分析做出估计。

②位势不稳定层结：对层结稳定度的分析，可以直接通过 T-ln$P$ 图或 K 指数、对流有效位能 CAPE、沙氏指数 SI 等众多参数综合考虑。一般来说，当 K 指数或对流有效位能 CAPE 越大，SI 指数小于 0 或有短期内从大变小的趋势，说明大气层结越不稳定，出现对流性天气的可能性越大。

③上升运动：上升运动是对流天气的触发机制，将低层气块或气层抬升到自由对流高度后，才能使自由对流发展，释放不稳定能量，使其由位能形式转化为垂直运动动能。上升运动分为天气系统本身的抬升作用、高空气流辐散的抽吸作用、地形抬升作用以及热力抬升作用。

2)增强条件：有利于从一般对流天气向强对流天气发展

①一定的垂直风切变：环境风随高度作顺时针旋转切变时，在雷暴云前进方向的右侧低空辐合、高空辐散，其上升运动有利于新的对流云单体发展，而左方有利于老的对流云下沉气流发展，增强降水和大风天气，从而形成了对流云的向前传播。一般来说，环境风垂直切变大于 $2.5\times10^{-3}\ s^{-1}$ 时有利于对流天气的加强。

②低空逆温层结构：逆温层的作用是阻碍低空湿层向上的垂直交换，使得低空湿层在有利条件下变得更暖、更湿，从而积累了更多的位势不稳定能量，一旦抬升作用冲破了逆温层的障碍，强对流天气就会发生。

③前倾槽结构：前倾槽结构的主要作用是高空槽后有干冷平流，近地面层冷锋前有暖湿平流，增强了不稳定性，有利于对流天气的增强。

④高层辐散与低层辐合相配合：高空辐散与低层辐合相配合能增强上升运动和水汽的汇聚，是强对流发展的主要条件。

3.7 冷空气和低温冷害

3.7.1 冷空气和低温冷害的标准

中山市虽然地处低纬，气候温暖，又有南岭山脉天然屏障，但还是会受到北方冷空气的影响。影响中山市冷空气的活动情况，一般在10月上旬开始，到次年的6月结束，但由于各年环流形势的不同，冷空气开始和结束的时间也不尽相同。本节所关注的是冬季和初春的强冷空气和寒潮。同时，在冬半年中山市仍然会出现寒潮、低温、霜冻以及低温阴雨等气象灾害。

（1）寒潮

广东省气象局规定，凡是一天中日平均气温降温幅度≥8℃或两天日平均气温降温幅度≥10℃，同时过程最低温≤5℃，这种来自北方的强大冷空气被称为寒潮。

（2）强冷空气

如果受大范围冷空气侵袭，致使日平均气温在一天内下降6.0～7.9℃（或两天内下降8.0～9.9℃），同时过程最低气温≤7℃，或是受大范围冷空气的影响，日平均气温在一天内下降8℃（两天内下降≥10℃），过程最低气温＞5℃，这种来自北方的强大冷空气称之为强冷空气。

（3）中等强度冷空气

受冷空气影响，日平均气温在冷空气到达1 d内下降4.0～5.9℃，称为中等强度冷空气。

（4）弱冷空气

受冷空气想影响，日平均气温在冷空气到达后1 d内下降不足4.0℃，称为弱冷空气。

值得注意的是，上述的定义是强调以一次降温幅度为主，未考虑一些持续补充性冷空气，事实上，一些非常低的气温并非出现寒潮或强冷空气影响期间，造成中山市极端气温很低的往往是一些持续性补充的冷空气。例如1955年1月受持续不断补充性冷空气影响，气温的降幅不大，只达到中等强度冷空气的级别，但是最低气温是历史最低值，为－1.3℃，日平均气温有13 d在10℃以下，出现两天霜冻和两天结冰天气。所以，在冬季，除了做好寒潮和强冷空气过程的预报外，还要做好低温、霜冻的预报。

（5）低温

根据中山市的实际情况，中山市气象局把受北方强大冷空气侵袭下，出现日平均气温≤5℃，称为低温。

（6）霜冻

按照地面气象观测规范，当地观测得表面最低气温降至0℃或以下时，被称为霜冻。在广东省冬季，在晴好的天气日子中，在无风或微风时，水汽会在地面或接近地面的物件上凝结成白色的松脆冰晶，这种物件常被称为霜，霜出现时往往对农作物产生冻害，所以这种天气现象被称为霜冻。

（7）低温阴雨

广东省气象局将低温阴雨天气标准定为：日平均气温低于或等于12℃，持续3 d或3 d以上；或者日平均气温低于或等于15℃，每天日照时数≤2 h，持续时间大于或等于7 d。达到上述指标之一者，称为一次低温阴雨天气过程。

3.7.2 冷空气的源地和路径

(1)冷空气的源地

影响中山市的强冷空气来自较高纬度地区，具体的源地主要有如下三个：

①新地岛以西洋面。冷空气经巴伦支海、乌拉尔山以西地区进入我国，这个源地出现的冷空气次数最多，通常可以影响中山市。

②新地岛以东地区。来自这个地区的冷空气通常是经过喀拉海、泰米尔半岛和俄罗斯的亚洲地区进入我国。来自这个源地的冷空气虽然只占冷空气总次数的两成，但造成广东省及中山市强冷空气的次数比较多。

③冰岛以东洋面。冷空气经南欧或地中海和中亚进入我国。来自这个源地的冷空气约占冷空气总数的三成，但造成强冷空气的次数不多。

(2)冷空气的路径

冷空气的路径是指冷空气主体移动的线路。据统计，三个源地的冷空气有百分九十要经过西伯利亚地区，并在那里堆积加强。这个地区是冷空气活动的关键区。冷空气从这一关键区侵入到广东省和中山市一般需要 4 d，最快也要两天。侵入广东省和中山市的冷空气一般有三条路径。

①西路

冷高压中心在河套以西南下，冷空气主体从 105°E 以西，沿着青藏高原东侧南下，经湘黔边境和桂东，自西北向东南方向进入广东省影响中山市。

②中路

冷高压中心和冷空气主体从我国河套附近南下，经湖南从正北方向侵入广东省影响中山市。中路是强冷空气入侵广东省影响中山市的主要路径。从这个路径南下影响中山市的强冷空气可以占强冷空气总数的百分之六十以上。

③东路

冷空气到达华北以后，从华北地区南下，经我国东南沿海和台湾海峡侵入广东省影响中山市。一般来说，这个路径冷空气较弱，达不到强冷空气的标准，但春季比较常见，主要是给中山市带来阴雨天气。

3.7.3 冷空气、低温冷害的天气气候特征

(1)强冷空气的变化特征

影响中山市的强冷空气，在大多年份都有出现。根据统计，1955—2010 年共出现过 51 次，平均约 1 年出现一次。在这 56 年中，前 36 年(即 1955—1990 年)，强冷空气出现较多，共有 41 次，平均每年 1.1 次，按年代来说，其中以 20 世纪 80 年代(1981—1990)出现最多，共有 15 次，60 年代(1961—1970)出现 11 次，70 年代(1971—1980)出现 8 次，50 年代(1955—1960)出现 7 次，90 年代(1991—2000 年)出现 6 次，21 世纪 00 年代(2001—2010 年)出现 4 次。按年份说，1966 年出现 3 次，出现两次的年份有 1958、1960、1964、1967、1969、1979、1983、1984、

1985、1986、1989 年和 1998 年。而 1990 年后(1991—2010 年),强冷空气明显减少,20 年共出现 10 次,平均两年出现一次,反映气候明显变暖。

强冷空气主要发生在 12 月至次年 2 月,其中以 1 月最多,共有 20 次,占总数 39%。12 月出现 16 次,占总数 31%,2 月出现 9 次,占总数 18%,3 月出现了 4 次,占总数 8%,11 月出现 2 次,占总数 4%。历年强冷空气出现情况如表 3-7-1 所示。

表 3-7-1 1955—2010 年影响中山市的强冷空气造成降温情况 单位:℃

年	月日	一日降温	两日降温	过程最低温	年份	出现时间	一日降温	两日降温	过程最低温
1955	11 月 16 日	6.0	10.0	4.7	1981	2 月 27 日	7.1	11.4	6.4
1957	2 月 5 日	6.7	9.8	1.3	1982	12 月 5 日	2.5	9.2	1.9
1958	1 月 23 日	6.4	7.3	5.6	1983	1 月 10 日	3.3	6.2	5.6
1958	12 月 30 日	6.3	10.0	6.6	1982	12 月 6 日	6.7	9.2	2.5
1959	1 月 20 日	8.2	9.7	6.2	1983	12 月 29 日	6.2	7.0	1.6
1959	12 月 31 日	5.1	8.0	3.7	1984	1 月 22 日	5.2	8.1	4.8
1960	12 月 18 日	3.9	9.3	5.9	1984	12 月 19 日	5.2	8.6	2.8
1961	1 月 11 日	7.2	9.9	2.7	1985	1 月 25 日	2.4	8.2	6.6
1962	12 月 30 日	8.5	8.2	0.9	1985	12 月 11 日	7.4	6.4	3.1
1964	11 月 23 日	8.2	10.9	6.1	1986	2 月 28 日	5.5	8.1	3.4
1964	2 月 18 日	6.4	8.6	4.4	1986	12 月 18 日	4.4	8.4	6.9
1966	2 月 24 日	10.1	10.2	5.2	1987	11 月 29 日	8.5	15.9	5.3
1966	11 月 30 日	3.4	8.7	5.4	1988	2 月 29 日	5.8	9.6	7.0
1966	12 月 26 日	6.4	7.6	5.9	1989	1 月 13 日	7.4	12.8	5.2
1967	3 月 5 日	7.2	11.2	6.7	1989	11 月 28 日	4.9	9.5	7.0
1967	11 月 30 日	8.1	7.7	2.2	1990	1 月 31 日	9.8	8.8	5.2
1969	2 月 20 日	6.6	10.3	5.3	1994	1 月 19 日	5.0	9.6	6.0
1969	12 月 27 日	5.4	9.8	6.8	1997	1 月 24 日	6.0	7.0	6.6
1971	12 月 26 日	7.4	9.3	6.5	1998	1 月 16 日	6.2	7.0	6.3
1972	12 月 28 日	3.2	9.2	6.6	1998	2 月 6 日	9.3	12.1	6.0
1974	1 月 31 日	6.8	8.1	3.3	2000	1 月 26 日	6.3	9.0	5.4
1975	11 月 24 日	4.3	8.1	4.9	2002	12 月 26 日	6.1	9.8	4.5
1976	2 月 29 日	8.5	11.4	6.9	2004	2 月 5 日	7.8	8.1	6.3
1978	1 月 1 日	9.5	11.4	5.3	2005	2 月 18 日	6.5	11.8	6.6
1979	1 月 15 日	0.6	7.1	6.0	2006	1 月 7 日	6.0	7.2	5.7
1979	1 月 25 日	7.6	10.9	5.2					

(2)寒潮的变化特征

影响中山市的寒潮并不多,1955—2010 年共出现过 20 次,平均 2.8 年出现一次。在这 56 年中,前 26 年(即 1955—1980 年)寒潮出现较多,共有 12 次,平均 2.2 年一次。其中 1956、1957 年和 1969 年每年都有 2 次寒潮出现。而后 30 年(1981—2010 年)寒潮明显减少,共出现 6 次,平均 5 年出现一次,特别是 2000 年至 2010 年,只有 2010 年 1 月出现了一次寒潮,反映气候变暖明显。

寒潮主要发生在 12 月至次年 2 月，其中以 1 月最多，共有 9 次，占总数 45%；12 月出现 5 次，占总数 25%；2 月出现了 4 次，占总数 20%；11 月出现 2 次，占总数 10%，其他月份还未出现过寒潮记录。历年寒潮出现情况如表 3-7-2 所示。

表 3-7-2　1955—2010 年影响中山市的寒潮造成降温情况　　单位：℃

年份	出现时间	一日降温	两日降温	过程最低温	年份	出现时间	一日降温	两日降温	过程最低温
1955	2 月 21 日	8.6	9.9	4.4	1975	12 月 9 日	8.9	10.0	3.7
1956	1 月 3 日	8.0	10.5	0.7	1976	12 月 27 日	11.2	14.2	2.4
1956	1 月 23 日	6.7	10.2	2.2	1978	1 月 17 日	8.1	14.9	3.5
1957	1 月 17 日	6.9	10.4	4.5	1978	2 月 12 日	8.6	12.5	5.0
1958	1 月 15 日	7.3	11.9	4.1	1980	1 月 30 日	9.5	12.6	4.1
1960	1 月 24 日	8.6	12.6	3.8	1987	11 月 29 日	7.4	15.9	3.9
1965	12 月 25 日	7.0	11.6	4.3	1991	12 月 28 日	10.2	14.3	2.4
1969	11 月 17 日	7.7	10.0	4.5	1993	1 月 15 日	6.6	10.8	2.9
1969	1 月 30 日	8.5	13.9		1996	2 月 21 日	10.3	14.2	3.3
1974	2 月 25 日	8.1	13.9	4.2	2010	12 月 17		11.6	2.9

(3)低温的特征

1)低温的年变化

根据 1955—2010 年气象资料统计，中山市共出现 256 d 低温天气，每年平均低温日数为 4.6 d。根据统计，低温日最多是 1975 年，有 17 d，其次是 1963 年和 1984 年，都是 15 d；全年没有出现低温日的有 12 年，占总年数的 21%。全年只出现一天低温的有 9 年，占总年数的 16%。超过 5 d 低温日的年份有 20 年，占总数的 36%，其余年份低温日数为 2～5 d。和寒潮的年际变化一样，低温日也呈现逐渐减少的趋势。1955—1980 年 26 年共有低温日 180 d，年均 6.9 d。1981—2010 年 30 年，共有低温日 76 d，年均只有 2.5 d。后 30 年比前 26 年低温日明显减少。而且，1997—2010 年这 14 年中，有 9 d，年均低温日只有 0.6 d，其中有 8 年是没有低温日的。各年低温日数如图 3-7-1 所示。

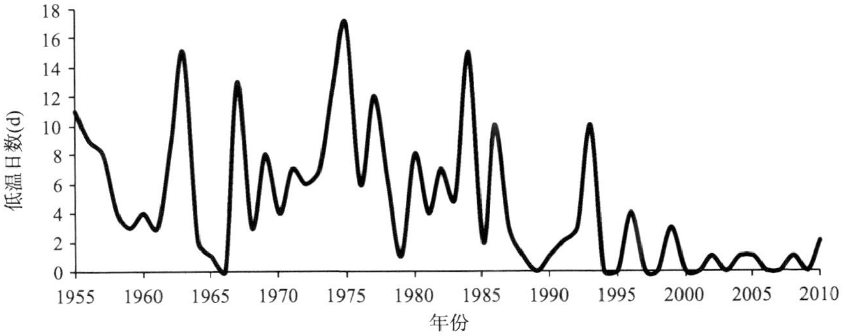

图 3-7-1　1955—2010 年中山市逐年低温日数

2)低温的月变化

低温最早出现在 11 月,56 年中仅有 3 例,仅占总数的 1%;最迟结束于 3 月,共有 13 例,占总数的 5%。一年之中绝大部分的低温都出现在 12 月至次年 2 月这 3 个月。其中以 1 月最多,占低温日总数的 48%,月均低温日 2.2 d。1963 年 1 月低温日数最多,达 15 d,平均每 2 d 一次低温。其次是 12 月,低温日数占总数的 24%,月均 1.1 d。再次是 2 月,低温日数占总数的 22%,月均 1 d。各月平均低温日数如表 3-7-3 所示。

表 3-7-3 1955—2010 年中山市各月低温日数

月份	1	2	3	4	5	6	7	8	9	10	11	12	年
低温日总数(d)	123	55	13	0	0	0	0	0	0	0	3	62	256
占总数百分比(%)	48	22	5	0	0	0	0	0	0	0	1	24	100
月均(d)	2.2	1	0.3	0	0	0	0	0	0	0	0.1	1.1	4.9

3)霜冻的特征

①霜冻的年变化

霜是地面温度达到 0℃或以下,无风或微风时,水汽在地面或近地面物体上凝结而成的白色松脆的冰晶。霜出现时对农作物会产生冻害,故称霜冻。1955—2010 年,中山市共出现霜冻 117 d,年均有霜冻日数为 2.2 d。有霜冻日数最多的年份是 1963 年和 1975 年,全年有霜冻日数为 11 d。其次是 1956 年和 1974 年,均为 8 d。而全年无霜冻的共有 23 年,占总数的 44%。

由于气候变暖的原因,霜冻日呈现逐渐减少的趋势。1955—1980 年 26 年,共有霜冻日 82 d,平均每年 3.2 d。而 1981—2010 年 30 年,共有霜冻日 35 d,平均每年 1.2 d,比前 26 年显著减少。2001—2010 年,只出现 3 d 霜冻,年均霜冻日只有 0.3 d。各年霜冻日数如表 3-7-2 所示。

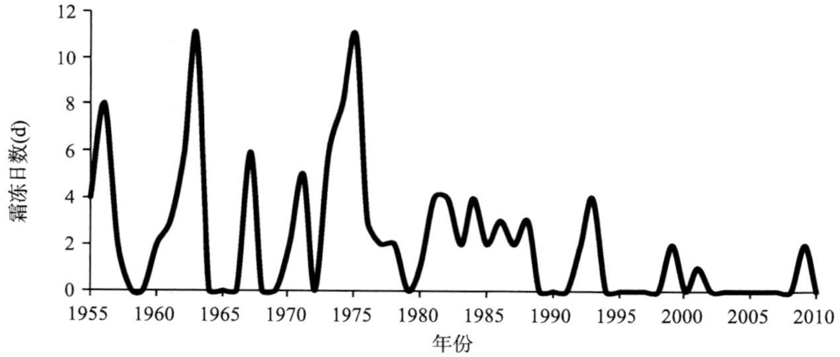

图 3-7-2 1955—2010 年中山市逐年霜冻日数

②霜冻的月变化

霜冻最早出现在 11 月,1955—2010 年共出现过 6 次,占总数的 5%,最迟结束于 2 月,共出现过 9 次,占总数的 8%。其余霜冻日出现在 1 月(63 次,占 53%)和 12 月(39 次,占 34%)。中山市记录到一个月之内霜冻日最多是 1963 年 1 月,全月共有霜冻日 11 d,平均 3 d 出现 1 次。其次是 1975 年 12 月,全月有霜冻日 10 d,也是平均 3 d 出现 1 次。各月平均霜冻日数如表 3-7-4 所示。

表 3-7-4　1995—2010 年中山市各月霜冻日数

月份	1	2	3	4	5	6	7
有霜冻日数(d)	63	9	0	0	0	0	0
占总数百分比	54	8	0	0	0	0	0
平均霜冻日(d)	1.1	0.2	0	0	0	0	0
月份	8	9	10	11	12	年	
有霜冻日数(d)	0	0	0	6	39	117	
占总数百分比	0	0	0	5	33	100	
平均霜冻日(d)	0	0	0	0.1	0.7	2.2	

③低温阴雨

每年 2—3 月，北方冷空气南下影响华南时，常与北上的暖湿气流形成对峙局面，使中山出现长时间的低温并伴有连绵阴雨、日照稀少的天气，这种天气称为低温阴雨天气，它对早稻育秧影响很大，可导致不同程度的烂秧或死苗，从而影响早稻生长，甚至推迟生长季节。

造成低温阴雨天气的主要原因是冷空气，冷空气入侵的路径不同，所产生的天气现象也不同。中山市的低温阴雨天气大致分干冷型和湿冷型两种。

1955—2010 年，全市共出现低温阴雨天气过程 79 次，平均每年 1.4 次。低温阴雨天气平均持续时间为 7.2 d，最长一次过程持续时间达 26 d，出现在 1968 年。其次是 24 d，出现在 1957 年。2008 年出现了一次持续 22 d 的低温阴雨天气过程，这是 1957 年以来出现最长时间的低温阴雨天气。1955—2010 年，过程持续 10 d 或以上的有 18 次，占总数的 23%。而 3～5 d 的短过程有 37 次，占总数的 47%。其余 24 次低温阴雨天气过程维持天数都在 6～9 d，中山市低温阴雨，将近一半属于 3～5 d 的短过程。

超过 66%的低温阴雨天气过程开始于 2 月，其余开始于 1 月和 3 月。出现在 3 月中旬或以后的低温阴雨称为“倒春寒”。1955—2010 年，共出现“倒春寒”天气 8 次，出现概率为 14%，大约 7 年出现一次。历年低温阴雨天气过程如表 3-7-5 所示。

表 3-7-5　1995—2010 年中山市低温阴雨天气过程

年份	起止日期	持续天数(d)
1955	2 月 20—22 日	3
1956	2 月 17—24 日	8
	2 月 29 日—3 月 4 日	5
1957	2 月 5—28 日	24
	3 月 14—16 日*	3
1958	2 月 1—3 日	3
1959	2 月 18—28 日	11
1960	无	
1961	2 月 15—17 日	3
1962	2 月 14—16 日	3
1963	2 月 9—12 日	4
	3 月 13—15 日*	3
1964	1 月 21 日—2 月 3 日	14
	2 月 18—27 日	10
1965	2 月 24—27 日	4
	3 月 5—7 日	3
1966	2 月 23—25 日	3
1967	1 月 30 日—2 月 4 日	6
	2 月 10—16 日	7
	3 月 5—7 日	3

续表

年份	起止日期	持续天数(d)	年份	起止日期	持续天数(d)
1968	2月1—26日	26	1989	2月6—13日	6
1969	1月30日—2月9日	11	1990	2月1—6日	6
	2月20日—3月3日	12		2月25日—3月6日	11
1970	3月3—9日	7	1991	无	
	3月14—20日*	7	1993	无	
1971	1月21日—2月7日	19	1994	2月25日—3月3日	7
1972	2月5—11日	7	1995	2月4—6日	3
	2月26日—3月3日	7		2月22—26日	5
1973	无		1996	2月18—28日	11
1974	2月1—12日	12		3月10—12日*	3
	2月24—28日	5	1997	2月6—18日	13
	3月11—17日*	7	1998	无	
1975	2月8—12日	5	1999	2月24日—3月2日	7
1976	2月24—26日	3	2000	1月31日—2月2日	3
	3月19—26日*	7		2月24日—3月1日	7
1977	1月28日—2月10日	14	2001	1月26—28日	3
1978	2月12—19日	8		2月2—4日	3
1979	1月30日—2月4日	6	2002	1月26—28日	3
	3月13—20日*	8	2003	无	
1980	1月30日—2月15日	17	2004	1月19—29日	11
1981	2月25—28日	4		2月3—9日	7
1982	2月7—16日	10	2005	2月1—3日	3
	2月25日—3月3日	7		2月18—22日	5
1983	2月3—5日	3		3月1—4日	4
	2月21—27日	7	2006	1月21—24日	3
1984	1月30日—2月15日	17	2007		无
	2月28日—3月2日	4	2008	1月24日—2月15日	22
1985	2月19—27日	9	2009	1月24—29日	6
	3月11—15日*	5	2010	2月16—20日	5
1986	2月4—7日	4		低温阴雨出现总次数	79次
	2月28日—3月4日	5		年平均	1.4次
1987	无			平均持续时间(d)	7.2 d
1988	2月8—12日	5		最长持续时间(d)	26 d(1968年)
	2月17—21日	5			
	2月29日—3月6日	7			
1992	2月6—13日	8			
	2月20—23日	4			
	3月5—9日	5			

注：带“*”表示“倒春寒”天气过程。

3.7.4 冷空气和低温冷害的天气影响

冷空气活动造成低温冷害会带来各种不同的天气影响。在春末夏初冷空气南下到中山市与暖湿空气相遇，主要会引起暴雨、强对流天气，也会造成海上强风，降温大多数不十分显著。秋季南下到中山市的冷空气除了造成一些降温外，更主要是造成海上大风。然而在冬季，强冷空气南下会带来强烈的降温和大风天气，而出现低温、霜冻，更甚者则会严重影响人们的生产、生活，使喜温作物受冻害，给农业和水产养殖业造成损失。每年 12 月到第二年 3 月，有强冷空气影响或持续性的补充冷空气影响中山市会出现低温，甚至出现霜冻天气。

低温和霜冻主要是危害越冬喜温农作物、水产养殖业、畜牧业和热带水果，如 1999 年 12 月下旬，一次低温霜冻过程，使中山市的香蕉、塘鱼等作物遭受严重损失。在每年的 2—3 月，由于南方暖湿空气已经逐渐加强，而北方较强的冷空气仍然会频繁影响中山市。

当冷空气南下与暖湿空气在广东上空交绥，锋面则会在中山市上空停滞或徘徊，这样中山市会出现连续性的低温阴雨天气。这时，正值春播季节，温度低、日照少的低温阴雨天气对春播春种等农事活动影响很大。同时低温阴雨常常伴随较差的能见度，并造成道路湿滑，直接影响春运以及其他的交通运输，容易造成交通安全事故。

3.7.5　冷空气和低温冷害天气预报着眼点

(1)寒潮和冷空气的预报着眼点

1)寒潮和冷空气的天气形势

一次寒潮或强冷空气活动，往往反映了大气环流的巨大变化，寒潮或强冷空气暴发的过程，常发生在大气环流长波调整的过程中。影响广东的寒潮和强冷空气过程，在 500 hPa 上主要有三类天气形势。

2)不稳定的小槽发展型

这类形势的特点是，最初时亚洲上空环流较平，东亚大槽比较平浅，黑海附近的暖平流使乌拉尔山阻塞高压或高压脊发展；接下来在乌拉尔山东北部出现不稳定小冷槽，这个冷槽沿高压脊前西北气流向东南移动并不断发展，到西西伯利亚西部成为一个比较深厚的冷槽，地面上先在新地岛附近出现冷高压，高压中心在 1030 hPa 以下，然后向西伯利亚地区移动；高空冷槽在东移过程中继续加深，经向度加大，最后发展成亚洲东岸的大槽。此时，槽后的冷高压在西伯利亚和蒙古国发展到极盛，中心强度在 1060 hPa 以上，有时达到 1070 hPa，高压前沿的冷锋侵入我国。此后，冷高压继续东移南下，或分裂出一个高压中心南下，使冷锋南下影响广东和中山市。有时在分裂了一股冷空气南下后，又有小槽从东亚槽后部的脊前下滑，引导新的冷空气补充南下。

3)横槽下摆型

横槽下摆类的主要特点是乌拉尔山或以东地区为东北—西南向的高压脊，经常为一阻塞高压，暖平流伸展到中西伯利亚北部，同时，鄂霍次克海也有高压脊西伸，东亚出现一条近东西向横槽，冷平流随槽后的东北气流向西南方向输送。这种形势可以维持几天及至十几天。在这种形势下，沿横槽南部的锋区不断有小波动分裂东移，冷空气在蒙古国一带不断堆积，冷高压中心越来越强。这时，冷高压中心位置较北，小股冷空气虽然到达我国江南或华南，但气温一般不太低。在横槽下摆阶段，一般先有冷槽从阻高后部侵入，其冷平流使阻高减弱崩溃，横槽转竖或南摆，使地面高压从原来的东西向转为南北向，冷空气大举南下影响广东。

4)纬向环流型

纬向环流型既不像不稳定短波槽东移发展型那样大型环流从比较平直转为比较大的经向度,也不像横槽下摆型阻高破坏,经向度减小。它是在大型环流形势稳定的情况下发生的,环流经向度始终变化不大,欧亚大陆接近纬圈环流,或者是欧洲暖脊位置偏西,亚洲大陆为纬向环流。在稳定的纬向环流下,锋区呈东西向,并随着接连不断的小波动东传而缓慢南压。最后导致冷空气暴发;或者小槽与南支槽叠加,经向度加大,使强冷空气暴发。在地面上,高压长轴近东西向,冷高压中心一般在蒙古国到贝加尔湖一带,冷锋移动缓慢,锋后气压和温度梯度非常大。在环流平直的情况下,南方暖湿气流常常较强,冷空气在我国南岭北侧停留的时间有时较长,在气压梯度或温度梯度足够大后突然越过南岭影响广东。

(2)寒潮和强冷空气过程的预报思路

1)强冷空气堆积的分析

强冷空气暴发之前,必须先有冷空气堆积。只有冷空气堆积到足够的强度,并在有利的环流形势引导下南下,冷空气到达广东后才能达到强冷空气标准。在日常天气预报中,一般是通过高空图上特定区域的冷中心或某些站点的温度、地面图上冷高压的强度等来判断强冷空气的堆积程度。要使广东地区达到强冷空气以上强度的标准,在大多数情况下,500 hPa 图上东亚地区冷中心在-48℃以下,位于西伯利亚地区的鄂木斯克到贝加尔湖附近的伊尔库茨克地区温度降到-40℃以下;850 hPa 上 25°～40°N,110°E 以东的我国地区有 5 条以上等温线(间隔 4℃)通过;地面冷高压强度是寒潮的主要标志之一,我国新疆北部到蒙古一带冷高压中心达 1050 hPa 以上。这些都说明在西伯利亚到蒙古地区已有冷空气堆积。

2)西南低压和华南增暖

要使冷空气南下以后降温幅度大,在冷空气南下之前华南必须有增暖过程,大多表现为在冷空气过程前我国西南地区有西南低压的存在。它在冷高压南面发展,预示着高空槽将加深并引导寒潮南下。部分寒潮过程前有西南低压发展和江南锋生的现象。西南低压发展和江南锋生都是华南地区回暖的结果,并阻挡了小股冷空气在强冷空气主力到达之前南下。这样一来,冷空气主力到达以后降温幅度会更大。

3)寒潮和强冷空气暴发的预报

对寒潮和强冷空气的暴发进行预报,一般使用数值模式产品。对如下数值预报产品进行分析,便可预报广东、中山市何时受到寒潮或强冷空气的影响。

①500 hPa 高空槽的位置(包括槽线所到达的经度和槽底的纬度)。

②850 hPa 的锋区强度、锋区位置、变温幅度和范围,主要分析锋区和负变温区何时接近或进入广东以及一些特征等温线所能到达的最南位置。

③地面冷高压中心强度及位置、地面冷高压前沿的梯度密集带(代表冷锋)何时到达广东。

④有时还要考虑受冷空气影响前后的天气变化。如果冷空气影响后由有太阳转为有雨,则日平均气温下降幅度大,容易达到寒潮或强冷空气标准。相反,如果冷空气到达时是晴好天气,日平均气温下降幅度就没有那么大。

对中山而言,对冷空气或寒潮过程的预报主要需要考虑的有冷空气到达的时间、冷空气的强度和路径、降温幅度和过程最低气温、冷空气过程带来的降水和大风天气等。一般来说,过程最低气温会出现在受冷空气影响后,天空放晴的早上。而对风、雨的预报,则主要是考虑低层是否有切变线伴随冷空气南压以及地面等压线的梯度等。

3.7.6　影响中山市冷空气个例分析

(1)2004 年春节转折性天气过程分析

受北方冷空气影响，2004 年春节前后中山市出现了一次明显的转折性天气过程。分析其原因是节前虽受冷空气影响，但冷空气的强度不强，且高空有低槽影响，低层有暖湿气流配合，造成春节前中山市雨水不断，天气阴冷潮湿；春节开始有新的强冷空气补充南下，强盛的冷高压脊控制了整个华南沿海，造成春节期间转晴，天气寒冷干燥。下面对这次天气过程的天气概况和天气形势做一个分析。

1)天气概况

冷空气于 1 月 15 日后半夜越过南岭，以扩散的形式自北向南影响广东。中山市 16 日中午开始受到影响，天气转阴，并伴有小雨，但气温下降缓慢，从 16 日 08 时到 17 日 08 时 24 h 降温幅度仅为 6℃。以后随着小股冷空气的补充和减弱，温度变化呈小波震荡下降趋势，且伴有一阵阵的小雨或中雨，但降幅不大，阴冷潮湿的天气给节前的春运工作带来了不少困难。

20 日，一股新的强冷空气迅速补充南下，21 日(年三十)自北向南横扫广东，一改连日的阴冷天气，给中山市带来了晴朗干燥的天气。但由于辐射降温的作用，在 21 日凌晨也出现了 5℃的低温天气。以后除了 23 日下午由于冷高压脊的短暂减弱曾出现零星小雨外，整个春节期间中山都维持干燥无雨天气，但气温一直较低，最低温度直到 30 日(年初九)才超过 10℃，31 日才明显回升到 16.1℃(表 3-7-6)。

表 3-7-6　中山市 2004 年 1 月 16—31 日温度统计表　单位：℃

日期(日)	16	17	18	19	20	21	22	23	24	25	26	27	28	29	30	31
平均温度	16.9	13.9	13.8	9.3	8.0	8.6	9.6	9.5	9.6	9.5	10.8	11.1	9.9	11.0	14.9	17.9
最低温度	15.0	11.1	11.7	8.3	7.1	5.0	5.4	7.2	6.6	5.4	8.1	9.4	8.7	8.9	11.5	16.1

2)本站资料分析

从本站的温压变化图(图 3-7-3)可以看到，气压和温度呈明显的反相变化关系。16 日当第一股冷空气到来后，本站气温开始下降，但降幅较小，此时本站气压则开始缓慢上升，但升幅同样较小，说明冷空气势力不强，冷高压脊无法控制沿海地区。到 20 日，气压呈小幅波动上升趋势，温度则呈小幅波动下降趋势。说明冷空气是以小股渗透的形式南下，无法改变当时潮湿阴冷的天气。

20 日后，气压上升明显，除 23 日由于冷高压脊的短暂减弱气压稍有下降，回落幅度并不明显，此时气温也明显下降，说明新的冷空气已大举南侵，冷高压脊的势力足以控制华南沿海，使气压不再大幅回落，至 28 日，气压均维持在 1020.0 hPa 以上。

3)天气形势

①500 hPa

早在 1 月 14 日，巴尔喀什湖以东就形成了一个－40℃的冷涡，其尾部延伸出来的西风槽不断分裂出小槽从青藏高原东移南下，同时孟加拉湾有南支小槽不断东传。16 日，南支小槽与北面的西风槽叠加影响华南地区，给中山市的阴冷天气过程带来了第一场小雨，此时乌拉尔山脉附近形成一阻塞高压，给以后的短波槽东传创造了条件。

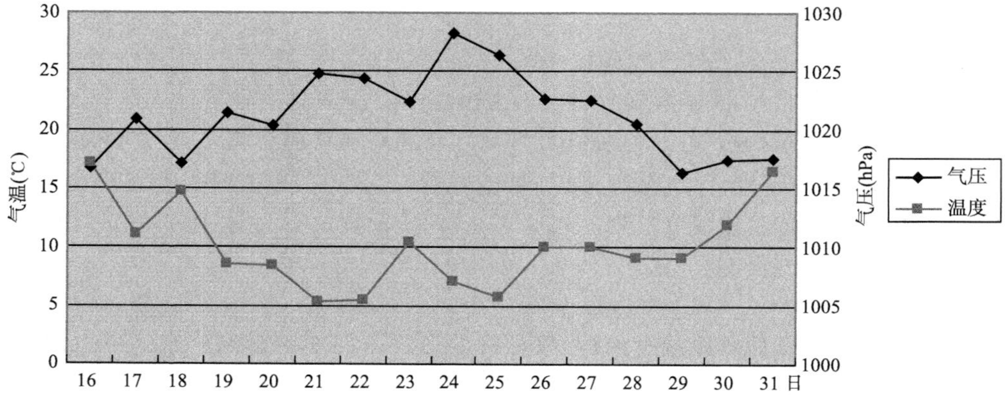

图 3-7-3　中山市 2004 年 1 月 16—31 日 08 时温压变化图

18 日，乌山阻高稳定维持，其东边的西风槽加深，在我国东北以北形成一深厚的低涡，整个中高纬成稳定的一槽一脊形势，但脊前的西北气流只给长江流域带来了冷平流，冷空气还不足以影响到华南沿海，只有小股冷空气越过南岭渗透下来。而此时，华南高空仍受偏西流场控制，但不断有高空分裂小槽东移过来，这两者共同作用给沿海地区带来了潮湿阴冷的天气。19 日，低涡移入我国东北，以后移动缓慢，到 20 日一直维持在东北地区少动，华南地区也一直维持偏西流场，整个形势没有明显变化。

20 日夜间开始，阻塞高压崩溃，东北低涡势力进一步加强南伸，在东亚大槽平均位置偏东地区建立起一深厚的西风大槽。此时，槽底已经越过了珠江口，华南沿海自西向东先后降水停止，但槽后的西北气流却把北方的冷空气源源不断地输送南下，强烈的冷平流使华南沿海气温迅速下降，在 21 日凌晨给中山市带来了本次冷空气过程的最低温度 5℃。

21 日，在巴尔喀什湖到阿勒泰地区再次形成一高压脊，但高压中心不明显，与西风槽再次形成西高东低的环流形势。此后，高压脊时强时弱，华南高空也随之时而受西北气流影响，时而被偏西流场控制，断断续续的西北气流为一股股补充南下的冷空气创造了有利的条件，但一直无明显的高空槽东移影响，因此华南沿海也一直干燥无雨。这种形势一直维持到 27 日高纬西风大槽完全东移出海，西高东低形势被破坏，整个中低纬都转为较一致的偏西流场。

②850 hPa

这次过程，850 hPa 的切变线是造成地面降水的主要条件之一。从 MICAPS 图上可以看到，14 日，长江流域就已形成了一条弱切变线，但此时冷高中心偏北，在巴尔喀什湖附近，不利于切变线南压。16 日，冷中心强度加强，范围扩大，前锋已伸入我国内蒙古地区，温度锋区在长江附近，切变线南压到广东境内，为中山市的降水提供了层结不稳定的条件。

17 日，虽然切变线减弱，但华南沿海转吹一致的西南风，为不稳定的大气层结提供了充足的水汽。18 日，冷高中心继续南压，前锋到达长江上游，形成西北高东南低的形势，有利于高纬冷空气南压，而密集的温度锋区也已越过长江，在 20°N 到 30°N 之间就有 5 条 4℃间隔的等温线，此时，南岭附近再次有切变线形成，并一直维持到 20 日。在此期间，虽然温度锋区是一个缓慢南压的过程，但到达南岭后就停了下来，始终没有超越切变线，同时 0℃线也一直没有进入广东。这就使冷空气在南岭以北大量堆积,为以后强冷空气一鼓作气翻越南岭,横扫华南做好了准备。

20日,冷高中心进入湖南、江西境内,21日进入广东并逐渐控制了华南沿海。切变线则是在20日夜间减弱消失的,原来的西南流场逐渐被一致的强烈偏北气流代替,中山市正是从此时开始转晴的。同一时间,温度锋区一鼓作气南压到沿海,0℃线也跟随侵入广东,并一直维持到26日才北退回南岭以北。

③地面形势

南方出现强降温天气的必要条件是前期北方必须有冷空气的大量堆积。从地面图可以看到,早在14日,在阿勒泰地区就形成了一个冷高压中心,中心强度为1050 hPa,温度仅为-32.5℃。此时华南沿海地区维持弱脊控制,处于均压场形式,无明显冷空气影响广东。

16日08时,冷高压中心逐渐加强,势力范围向东明显扩展,中心强度达到1065 hPa,中心最低温度也下降到-39.5℃。同时向东扩展的高压脊从东路向南伸出一个脊角,顶点在长江中游附近。此时,郴州站4.3℃、韶关站8.6℃、广州站17.9℃,温度梯度非常明显,可见冷空气主体还没有南下。

17日,南伸的高压脊减弱北退,但18日冷高压脊再次加强南伸,1030 hPa等压线的南脊点再次到达长江中游,一直到20日,虽然冷高压脊的强度时强时弱,但南脊点基本维持在长江中游附近,脊前的偏北气流明显,为冷空气从东路南下在南岭以北大量堆积创造了条件。从18日08时地面图看到,郴州站4.0℃、韶关站7.6℃、广州站13.6℃,与16日相比仅广州站温度下降较明显,南岭南北两侧的韶关、郴州站温度变化都不大,说明冷空气主体仍然在南岭以北,仅是少量的冷空气渗透南下造成广州站的降温。19、20日各站气温逐日缓慢下降,没有明显的突变。

21日08时,阿泰勒地区的冷高压中心仍然保持强盛,其东面分裂出两个小的高压中心,一个偏北,在海拉尔以北,中心强度为1047.5 hPa;一个偏南,在内蒙古北部,中心强度为1045 hPa,正是南侧高压东面的偏北气流向南方输送了大量的冷空气。此时1030 hPa等压线已南压到广东北部,整个华南地区完全被反气旋环流控制,各站气温明显下降,郴州站0℃、韶关站1.4℃、广州站4.5℃,南岭两侧的温度梯度已不明显,说明冷空气主体已越过南岭侵入广东。同时我们可以看到华南沿海等压线密集,说明气压梯度很明显,强烈的偏北风为北方冷空气源源不断补充南下创造了条件。

(2)中山市一次强冷空气过程分析

2002年12月26—30日,受北方强冷空气影响,中山市出现了一次强降温天气过程。25日,中山站的平均气温和最低气温分别为15.5℃和14.2℃,到26日,急剧下降到9.4℃和6.2℃,平均气温下降了6.1℃,最低气温下降了8.0℃,随着强冷空气不断补充南下,27日,中山的气温继续下降,平均气温下降到5.7℃,最低气温为4.5℃,比25日平均气温下降了9.8℃,最低气温下降了9.7℃,达到强冷空气标准,以后几天,气温一直很低,直到29日,日平均气温才回升到10℃以上,31日,日最低气温回升到10℃以上(表3-7-7)。

表 3-7-7　中山站 12 月 25—31 日气温、雨量表

时间	25 日	26 日	27 日	28 日	29 日	30 日	31 日
最低温度(℃)	14.2	6.2	4.5	6.0	8.8	9.4	10.1
平均温度(℃)	15.5	9.4	5.7	8.3	10.5	11.8	12.0
雨量(mm)		7.5	13.0	0.2			0.0

本次强冷空气过程持续时间长，降温幅度大，最低气温降至 4.5℃，是该站自 1999 年以来的最低气温，并且出现了降雨天气，在 26、27 日和 28 日分别出现了 7.5、13.0 mm 和 0.2 mm 的降雨，属于典型的湿冷天气。

1)形势的建立

众所周知，南方的强降温天气必须前期有北方强冷空气的大量堆积，南侵后才能够形成。从地面图可以看到，早在 21 日，在贝加尔湖以西就形成了一个冷高压中心，冷高压的温度低至－40℃。从 22 日到 24 日，不断有小股冷空气从河套南下影响华南地区，使华南地面始终维持着弱的高压脊。到 25 日，高纬的冷高压中心分裂，从贝加尔湖至 90°E 呈东西向排列着三个冷高压中心，强度在 1060～1070 hPa，冷中心在贝加尔湖西南，温度为－39.1℃。在内蒙古至甘肃一带则形成一个东西长、南北窄的带状冷高压中心，中心强度达到 1057.5 hPa，其冷高压中心位于呼和浩特附近，温度为－28.6℃，造成了冷空气在我国北方的大量堆积，但强冷空气的前锋迅速南移，逼近华南。25 日 14 时，1030 hPa 等压线到达南岭以北，南岭以北湖南、江西境内的观测站 24 h 正变压普遍在 8～10 hPa，24 h 负变温在 5～8℃，南岭南北两侧的温差明显，湖南衡阳站与广东韶关站之间的气温相差高达 9.8℃。至此，冷空气已大量堆积在南岭以北，华南沿海的强降温天气一触即发。

深厚的地面高压，在 850 hPa 上表现为一宽广的冷高中心，覆盖了从伊尔库茨克、蒙古到我国黄河流域的广大地区，低温中心偏北，中心最低温度仅为－32℃。在青藏高原南部到我国西南部，则有暖性的低压系统稳定发展。而早在 21 日就有一条弱切变线在南岭北侧附近摆动，并一直到 25 日，基本维持少动，其北面长江北侧为广阔的冷高中心，但河套以南到南岭以北为密集的温度锋区，从 25 日 20 时的 850 hPa 图可以看到，零温度线正处于南岭附近，与切变线基本重合，切变线两侧的温差高达 14℃，但华南仍为偏东气流控制，暂时还不利于切变线南压。

在 500 hPa，21 日在乌拉尔山脉西部有一深厚的冷槽，不断分裂出小槽东移，引导小股冷空气南下，巴尔喀什湖及以东地区为高压脊控制，蒙古西部为低槽区。在低纬，与 850 hPa 的暖性低压相对应，则是在高原以南到孟加拉湾地区开始有南支槽生成。22 日，在贝尔加湖南部形成一切断低涡，在略为加强后快速东移并入其前面的西风槽中，同时西伯利亚平原上空高压脊发展。23 日 20 时，东亚高纬的东北低涡分裂出－40℃的冷中心向西南移动，至 24 日 08 时，冷中心并入蒙古冷槽，合并使西风槽明显加深，其槽底一直向西南伸至我国华北地区，在蒙古到华北之间表现为一段横槽，槽后冷平流明显加强。25 日，西风槽底的偏西气流和南支槽前的偏西气流在长江下游汇合，影响我国的锋区加强，其位置仍停留在长江流域附近，但横槽的发展和槽后强烈的冷平流为引导低层强冷空气南下准备了充足的能量。另外，亚洲中高纬呈现明显的一槽一脊形势，整个流场西北高、东南低，为强冷空气的南侵创造了有利的条件。

2)强冷空气南侵

在地面上，本次强冷空气的南侵与冷高压的加强南移是一致的。25 日 20 时，冷高压中心的主体仍位于贝加尔湖西南、阿尔泰山脉以东地区，强度为 1070 hPa，但冷中心低至 −41.7℃，其南面有一 1057.5 hPa 的高压中心，位于阴山一线。26 日，冷高压继续加强，最强时加强到 1077.5 hPa，并且继续分裂出几个冷高压，前推到内蒙古北部，造成强冷空气在华北大量堆积，但其前锋已迅速越过南岭。26 日 08 时，韶关站的气压为 1031.6 hPa，1030 hPa 等压线越过南岭。此时，广州站气温为 8.1℃，韶关站气温为 4.6℃，湖南郴州 −1.4℃，温度梯度非常明显，可见强冷空气仍然会源源不断地翻过南岭影响广东。再看本站气压、温度的变化情况，25 日 08 时到 26 日 08 时，气压上升了 2.1 hPa，而气温则下降了 4.6℃，温压变化明显。27 日，分裂出来的冷高压中心继续南移，到达河套附近，其周围的反气旋环流则控制了长江以北的广大地区，华南地区则出现密集的等压线，沿海气压梯度非常明显，使该地区偏北风加大，引导强冷空气源源不断补充南下，本站气温进一步下降，出现了过程最低气温 4.5℃。

地面天气系统在 850 hPa 上的反映非常明显，可以看到，地面冷高压中心在 850 hPa 反映为一强大的南北向的闭合冷性反气流，从蒙古国以北一直伸到我国河套一带，低温中心偏北，温度很低，达到 −32℃，但密集的温度锋区，已越过河套，一直覆盖到华南沿海，锋区强大，在 20°～30°N 有 6 条 4℃间隔的等温线，但南岭附近的弱切变不明显。26 日 08 时，冷中心和高压中心进入河套地区，南岭附近出现弱切变，切变线后的东北风明显加大，0℃线也移到广东北部。此时，越南北部到云南一带维持着一暖性低涡，在低纬，底层流场东北高、西南低，中山市正好位于脊后槽前潮湿的东南偏东气流中，充足的水汽输送为本次湿冷天气的降水提供了必要的条件(图 3-7-4)。26 日 20 时，切变线南压出海，华南沿海转为一致的偏北风，引导冷空气南下。27 日 08 时，冷中心仍然很强，为 −32℃，高压中心虽有所减弱，但主体已移过河套，到达长江以北，华南仍维持密集的温度锋区，直到 28 日，温度锋区才逐渐减弱，切变线也回推至南岭以北，广东省沿海也逐渐转为西南风场。

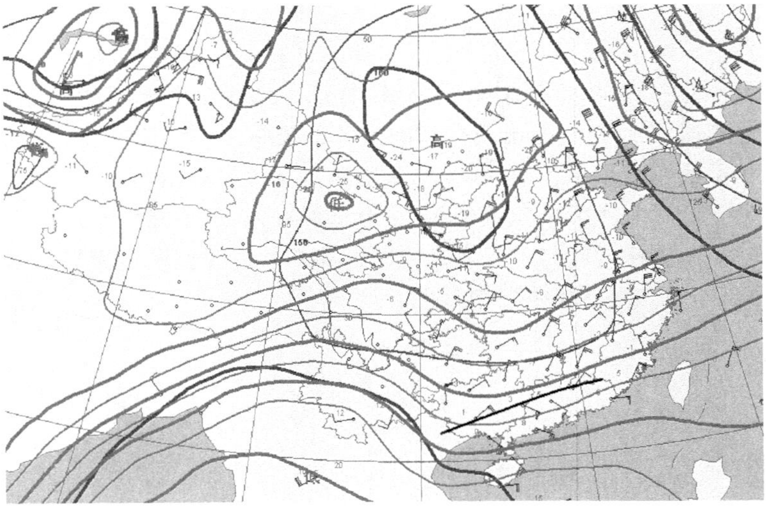

图 3-7-4　2002 年 12 月 26 日 08 时 850 hPa 天气形势图

在高层，本次强冷空气始于西风槽的加强南伸。从 25 日 20 时 500 hPa 图(图 3-7-5)可见到，亚洲中高纬的形势开始发生变化，西风槽比东亚大槽的平均位置稍稍偏西，在 135°E 附近，槽底逐渐由横槽转竖，向西南伸呈东北—西南走向，一直伸到长江中游，温度槽位于其北面，使槽后形成冷平流，易于槽底加深。长波脊呈东北偏北—西南偏南走向，脊点位于100°E、70°N附近。在低纬有一南支槽，位于90°E附近，槽底是一冷中心，位于孟加拉国附近，在槽前形成冷平流，这样就与中高纬西风槽后的冷平流在长江一带叠加，形成一条寒冷的西风带。26日08时，南支槽逐渐东移并入西风槽槽底，使槽底寒冷的西风带加强南压，26日20时，加强的西风槽在库页岛南端形成一个496 hPa的低值环流中心，而在蒙古的乌兰巴托附近则出现一个闭合的552 hPa高压环流中心，另有一个556 hPa高压环流在阿尔泰山脉以北，槽脊的加强使西高东低的经向环流更加明显，有利于高压脊前的偏北气流引导冷空气长驱南下。而此时南面的副高此时已退到135°E附近，分裂出的一个588中心也位于印度半岛附近，对华南无直接影响，这样强冷空气的势力就直驱华南沿海，一路无阻。

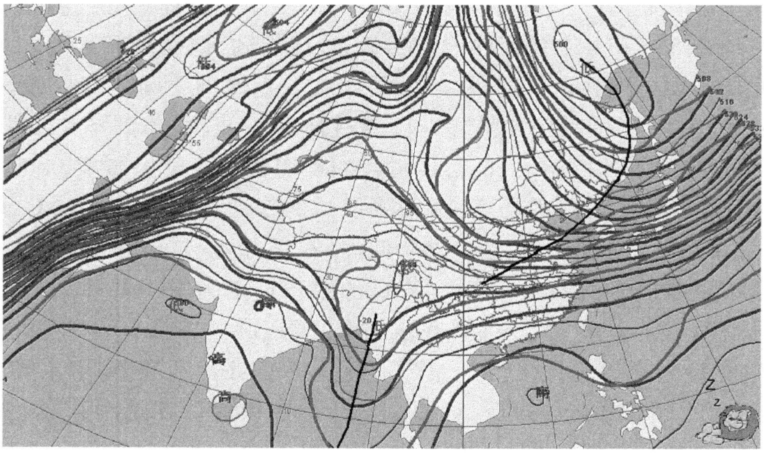

图 3-7-5　2002年12月25日20时500 hPa形势图

3)讨论

①冷空气的影响主要分为干冷型和湿冷型，前者天气晴好干燥，后者天阴有雨，多出现在2月中旬及以后。但本次冷空气却出现在华南入冬不久的12月，这主要是由于冷空气影响初期，华南沿海受潮湿的东南偏东气流影响，给本地带来了大量的水汽。

②在冷空气影响前期，西风槽位置偏北，虽有低涡并入，但不能使其南伸引导冷空气南下。当槽后冷平流加强，槽底横槽转竖并且有南支槽东移并入后才使西风槽加强南伸，由脊前槽后的偏北气流引导强冷空气南下影响华南地区。

3.8　高温

3.8.1　高温的划定标准

气象上把日最高气温达到或超过35℃称为高温天气。同时把连续3 d以上高温天气过程称之为高温热浪。由于近年来高温热浪天气的频繁出现，高温带来的灾害日益严重。为此，我国气象部针对高温天气的防御，制定了特别高温预警信号。

3.8.2　高温的主要天气气候特征

(1)高温天气的年变化

高温天气对人们健康、工农业生产、交通安全和森林防火等都有影响，是常见的气象灾害。1955—2010 年，中山市共出现高温天气 342 d，年均 6.1 d。高温天气的年变化很大，2003 年高温日数最多，达到 34 d。其次是 1998 年和 2000 年，全年有高温天气 26 d。在有记录的 56 年中，全年没有出现过高温天气的仅有 6 年，占总年数的 11%，分别是 1955、1959、1960、1973、1977 和 1985 年。而全年只有一日高温天气的共有 9 年，占总年数的 16%。

随着全球气候变暖，中山市高温天气越来越多。1955—1980 年 26 年，共出现高温天气 50 d，年均 1.9 d。而 1981—2010 年这 30 年，共出现高温天气 292 d，年均 9.7 d。其中，2001—2010 年，出现了 158 d，年均高温天气高达 15.8 d。在 56 年资料中，中山市出现极端最高气温超过 37.0℃的共有 8 次，这 8 次只有 1 次出现在 1994 年，其余 7 次出现在 2003—2010 年。各年高温日数如图 3-8-1 所示。

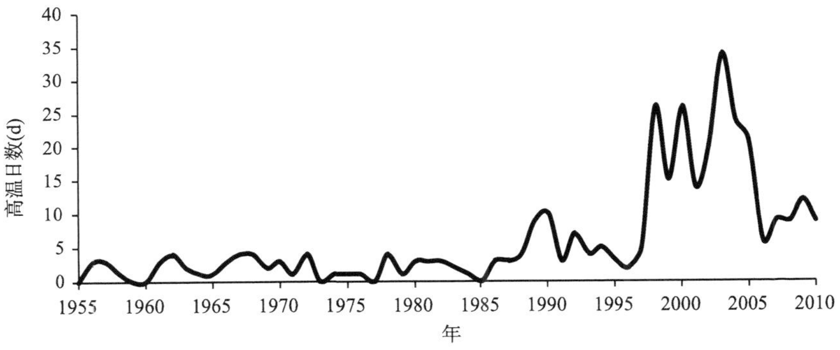

图 3-8-1　1955—2010 年中山市逐年高温日数

各年极端最高气温超过 37.0℃记录如表 3-8-1 所示。

表 3-8-1　1955—2010 年中山市极端最高气温>37.0℃记录　单位：℃

日期	最高气温	日期	最高气温	日期	最高气温
1994-7-11	37.5	2004-7-1	38.3	2005-7-19	38.7
2003-7-15	37.2	2005-7-18	38.7	2006-7-24	37.1
2008-7-28	37.3	2009-7-18	38.2		

(2)高温天气的月变化

中山市的高温天气，最早出现在 5 月 14 日(1994 年)，最迟结束于 10 月 2 日(2005 年)，绝大部分出现在 6—9 月。1955—2010 年 56 年资料中，6—9 月共出现高温天气 338 d，占总数 99%。其中以 7 月高温天气最多，达到 160 d，占总数 47%，月均 2.9 d。其次是 8 月，共有高温天气 118 d，占总数 35%，月均 2.1 d。11 月至次年 4 月这半年，历史上还没有出现过高温天气记录。各月高温天气出现情况如表 3-8-2 所示。

表 3-8-2　1955—2010 年中山市各月高温日数

月	1	2	3	4	5	6	7	8	9	10	11	12	全年
高温累积日数(d)					3	30	160	118	30	1			342
占总数百分比(%)					1	9	47	35	8	0			100
月均(d)					0.1	0.5	2.9	2.1	0.5	0.0			6.1

3.8.3　高温天气及其影响

盛夏季节的高温是中山市的主要灾害性天气之一。根据上述分析，中山市的高温天气有逐渐加剧的趋势，20 世界 90 年代以来，随着城市建设的迅速发展，热岛效应明显增强，加剧了中山市盛夏季节炎热的程度。

高温对社会经济的影响是多方面的，突出的表现有如下几方面。

(1)对生产生活影响的表现为用水用电增多

持续高温天气，农业抗旱和防暑降温用电需求剧增，高温天气是空调机的促销旺季，商场、家电的空调机激增，对供电需求量加大，加剧了供电的紧张。另外，持续的高温天气导致河水减少，水库干涸使城市供水和农业用水日趋紧张。

(2)对农业的影响。高温天气能造成农作物的开花授粉，造成空壳增加，加速作物蒸腾，破坏水分代谢活动而发生萎谢。在农作物生长后期使作物逼热而粒重减轻等。

(3)高温天气对人体健康不利、易导致中暑。当人体皮肤的温度随气温升高，使体内和皮肤之间温差缩小时，会严重地阻碍人体热平衡调动功能的正常进行，当气候持续高于皮肤温度时，容易引起中暑甚至死亡。如印度每年的高温热浪都会导致人员死亡现象。

(4)持续的高温天气往往会给交通安全带来严重影响，对畜、禽、水产等动物养殖行业也会造成一定的损害。

3.8.4　持续高温天气的预报着眼点

(1)西风带特征

导致广东高温的西风带亚洲地区的天气形势分为两种：一种为两槽一脊，高压脊在贝加尔湖附近，两槽分别位于 70°E 和 140°E 附近；另一种形势是多短波槽活动，40°N 以北地区为凌乱的小槽脊或小低涡。主要西风槽槽底都在 30°N 以北。

(2)地面天气形势

在地面天气图上，气压场绝大多数呈西北高东南低的形势，也就是在巴士海峡或附近地区有热带气旋，与之有关的低压区往往扩展到华南地区，高压东部到四川盆地一带为高压脊所控制。如果热带气旋在东南沿海，往往有与热带气旋相联系的低压槽向西南方向伸展到南海北部和华南地区。在上述形势下，华南气压较低，风向为北到西北风，来自内陆的干热空气不利于成云致雨，而由于广东北部有南岭山脉和一些丘陵山地，干空气下沉有利于出现高温。

(3)影响系统

中山市地处低纬度地区，太阳高度角终年相对较大，夏季漫长炎热。中山市的高温天气与副热带高压的长期控制息息相关，同时又与热带气旋的活动密切相连。若两者共同作用，导致中山市出现偏北的下沉气流，则更容易产生高温酷热的天气现象。

1）副热带高压

中山市夏季高温天气的发生，主要影响系统是西太平洋副热带高压。图 3-8-2 为 2003 年 6—8 月 500 hPa 高度场 20°～30°N，100°～130°E 区内平均高度的逐日距平变化，它反映影响华南副热带高压强度的变化。可见，从 6 月下旬开始副热带高压逐渐增强，直到 8 月副热带高压均维持较强的状态。图中所示虽然出现过几次阶级性的变化，但减弱的时间短、强度变化少。从 6 月下旬至 8 月上旬初，只有几天平均高度场的值在 588 dagpm 高度值以下，其余均在 588 dagpm 高度值以上，这一阶段由于副高强，控制华南时间长，导致中山市降水少，造成长时间的高温酷热天气。例如 2003 年 7 月出现了 21 d35℃以上的高温天气，7 月 15 日最高气温达到 37.2℃；8 月出现了 6 d 高温天气，8 月 6 日最高气温为 36.5℃。

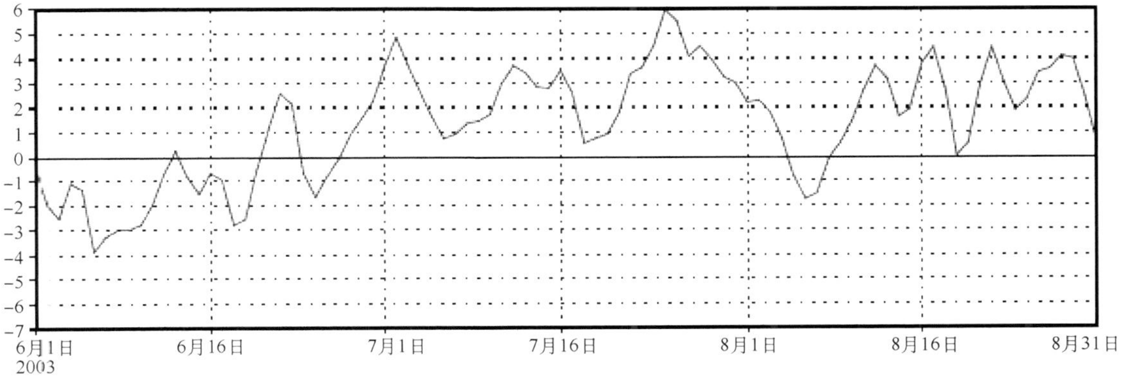

图 3-8-2　2003 年 6—8 月 500 hPa 区域（20°～30°N，110°～130°E）平均高度逐日距平变化

2）热带气旋

热带气旋也是造成中山市高温天气的重要系统。根据历史气象资料分析，当菲律宾附近一带有热带气旋向西西北—北西北方向移动时，也有利于中山市出现异常的高温天气。此时，如果华南上空处在高压或副热带高压控制范围内，中低层易受热带气旋外围环流的影响，吹偏东北风，或者底层西南风减弱转为弱的偏东风流场。在这种情况下，热带气旋未影响到的地方，中低层大气往往是较强的正散度区和下沉运动区，地面一般为静风状态，天气少云或者晴天，这种稳定的大气垂直结构是产生中山市高温天气的一种典型的天气系统。例如 2003 年 7 月初到 8 月中旬高温天气的极值主要出现在 7 月 14—17 日，7 月 22—23 日和 8 月 2—4 日，最高气温分别为：36.3、37.2、36.5、36.5、35.3、35.8、35.1、35.5、35.6℃。又如 2004 年 6 月 29 日—7 月 2 日，由于受到 07 号台风影响，珠江三角洲地区连续出现了数日高温天气，广州出现 7 d 高温天气，中山和深圳出现了 4 d 高温天气，广州最高为 39.1℃，深圳最高为 37.5℃，中山从 6 月 29 日—7 月 2 日最高温分别为 37.4、36.3、38.3、36.4℃。

（4）高温天气的预报

1）副高控制型预报着眼点

副高控制型高温天气的环流特征如图 3-8-3 所示。从图中看到，西太平洋副热带高压势力强，范围大，呈带状分布，从底层到高层控制华南地区，500、700 hPa 和 850 hPa 3 层高度场分别被 588、316 和 148 高压线所包围，副高背脊线在 24°～26°N，西脊点在 110°E 的位置。单站的高度场:海口≥588 dagpm,吹偏东风,桂林≥588 dagpm,吹西至西南风,华南沿海无热带辐合线,也无东风波活动;500、700、850 hPa 三层温度场华南地区都处于高空暖脊中,在这种副高控制的形势下,中山市容易出现高温天气。此类环流形势造成的高温天气在 5—9 月均可出现,尤以 7—8 月出现最多。

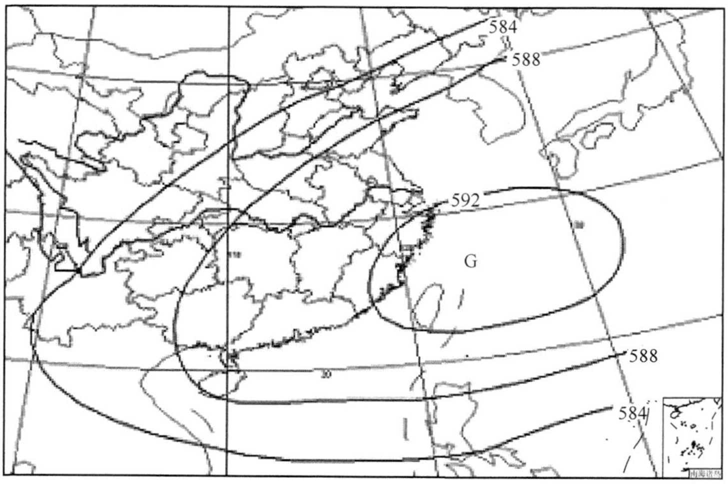

图 3-8-3　副高控制型高温天气的 500 hPa 模型

2)热带气旋西侧高压型预报着眼点

热带气旋西侧高压型热浪天气的环流特征如图 3-8-4 所示,从图中看出,广东省受热带风暴西侧外围偏北气流与大陆副热带高压脊前的偏北气流叠加共同影响,中山市高温闷热。形成这种形势的热带气旋中心位置和移向有:西太平洋热带气旋在 120°～125°E 转向北;西太平洋热带气旋进入 15°N 以北;125°E 以西向西偏北方向移动。此类型主要出现在 6—9 月,以 7—8 月最多,并以出现 1～3 d 的高温天气为主,这种高温天气具有极端气温高,天气闷热,持续时间短等特点。

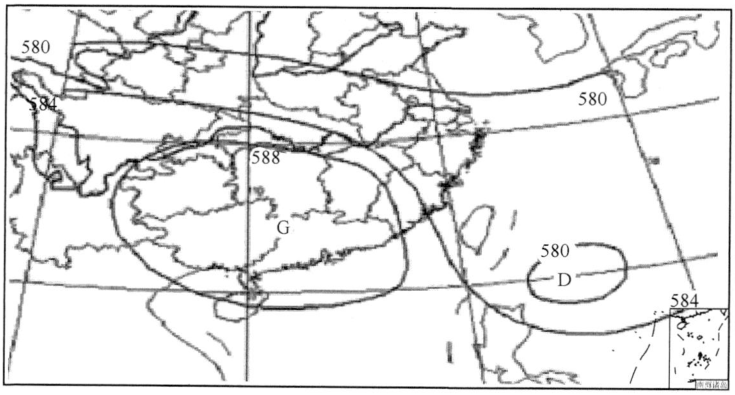

图 3-8-4　热带气旋西侧高压型高温天气的 500 hPa 模型

3.8.5　高温天气个例分析

(1)热带气旋与珠三角高温天气的关系

珠江三角洲地处华南沿海,属亚热带气候,每年夏季时间较长,空气潮湿,易出现高温闷热天气,特别是距珠三角一定距离有热带气旋出现时,其外围的下沉气流对珠三角有明显的增温作用,高温天气更易出现。以往许多学者对高温天气的研究多从副热带高压着手,本节则从热带气旋入手,结合天气过程分析,希望找出珠三角高温天气产生的主要原因。

1)统计分析

①资料方法

本节以广州、深圳、中山三地代表珠江三角洲,选用 1965 年至 2004 年共 40 年间三地观测站的最高温度资料进行统计分析,如某日三地观测站最高温度均大于等于 35℃,则定义该日珠三角出现了高温天气,如连续多日出现高温天气则定义为一个高温过程。

②时间分布特征

1965 年至 2004 年,珠江三角洲共出现高温天气 81 d,其中高温天气出现时距珠三角一定距离有热带气旋(注:本节统计的热带气旋包括 1989 年前的热带低压、台风和强台风以及 1989 年起采用国际标准后的热带低压、热带风暴、强热带风暴和台风)同时出现的有 63 d,占 77.8%;按高温过程计算则 40 年间珠三角共出现高温过程 53 次,其中距珠三角一定距离有热带气旋同时出现的有 44 次,占 83.0%。可见热带气旋与珠三角高温天气的出现有很大关系。

由于 20 世纪 60 年代和 21 世纪 00 年代都只统计了 5 年,因此,以 5 年作为一个时段按年代划分(例如:1980—1984 年作为 80 年代前期,图 3-8-5),可见 70 年代后期开始,珠江三角洲的高温天气是逐渐增多的,且 80 年代后期开始增幅明显加大,这一方面是由于全球温室效应所造成的,另一方面是由于珠三角经济飞速发展,城市热岛效应越来越明显造成的。从图 3-8-5 中还可以看到,从 90 年代前期开始,距珠三角一定距离有热带气旋同时出现的高温天气在所有高温天气中所占的比例有逐渐减少的趋势,这正说明除了热带气旋外围下沉气流对高温天气的贡献外,其他如温室效应、城市热岛等造成高温天气的因素越来越多。

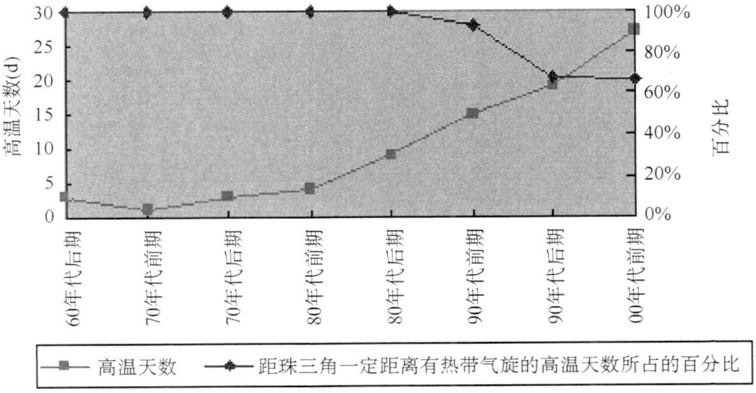

图 3-8-5　近 40 年珠三角高温天数时间分布及距珠三角一定距离有热带气旋的高温天数所占百分比

③空间分布特征

以广州站作为珠江三角洲的中心点，另外，因为日最高温度多出现在午后，因此，我们取14时的热带气旋位置来计算其到广州的距离作为当日热带气旋与珠三角之间的距离，如同一时间有两个热带气旋出现，则取距离较近的考虑。在方向上，以广州为坐标中心，30°～60°为东北方，60°～75°为东北偏东方，75°～105°为偏东方，105°～120°为东南偏东方，120°～150°为东南方，0°～30°和150°～360°为其他方向。

表 3-8-3　近 40 年珠三角出现高温天气时该地区不同方向出现的热带气旋个数

距离(km)	500 以下	500～1000	1000～1500	1500～2000	2000～5000	5000 以上	合计
东北	2	2	2	0	0	0	6
东北偏东	0	4	1	5	1	0	11
偏东	1	8	5	3	2	1	20
东南偏东	0	3	4	1	0	0	8
东南	0	8	1	4	3	0	16
其他	0	2	0	0	0	0	2
合计	3	27	13	13	6	1	63

由表 3-8-3 可见，近 40 年珠江三角洲出现高温天气时，距珠三角 500～1000 km 有热带气旋同时出现的概率最大，这种高温天气占所有高温天气的 33.3%，占有热带气旋同时出现的高温天气的 42.9%。如果把范围再扩大一些，则可以看到，近 40 年珠三角的 81 个高温天气中，有 53 个在距珠三角 500～2000 km 有热带气旋同时出现，占所有高温天气的 65.4%，占有热带气旋同时出现的高温天气的 84.1%。

在方向上，近 40 年珠江三角洲出现高温天气时，有热带气旋位于珠三角偏东方和东南方的概率较大，分别占高温天气的 24.7%和 19.8%，占有热带气旋同时出现的高温天气的31.7%和 25.4%。

如果同时在方向和距离上分析，则可以发现近 40 年珠江三角洲出现高温天气时，有热带气旋位于珠三角东北偏东方至东南方(60°～150°)这一扇形区距离珠三角为 500～2000 km 的弧面中的概率较大，这种高温天气约占所有高温天气的 58.0%，占有热带气旋同时出现的高温天气的 74.6%。这一范围大致包括福建、台湾及周围海洋、巴士海峡、南海东北部及菲律宾以东洋面(图 3-8-6)。

那么，是否在上述区域有热带气旋，珠三角就会出现高温天气呢？答案是否定的。据统计，1965 年至 2004 年在该区域共有 562 个热带气旋出现，但只有其中 47 个热带气旋出现时珠三角同时出现高温天气，仅占 8%，可见在该区域有热带气旋并不意味着珠三角就会出现高温天气。

2)个例分析

①天气概况

2004 年 6 月 29 日—7 月 2 日，珠三角出现了连续多日的高温天气。本次高温过程有两个特点：一是持续时间长，广州连续 7 d、中山和深圳连续 4 d，日最高温度都超过 35℃；二是最高温度高，7 月 1 日的最高温度广州达到 39.1℃，中山达到 38.3℃，均超过本地历史最高温度纪录，深圳 7 月 1 日最高温度也达到 37.5℃，为本地历史最高温度。这是近年来罕见的高温天气，受到了社会各界的广泛关注。

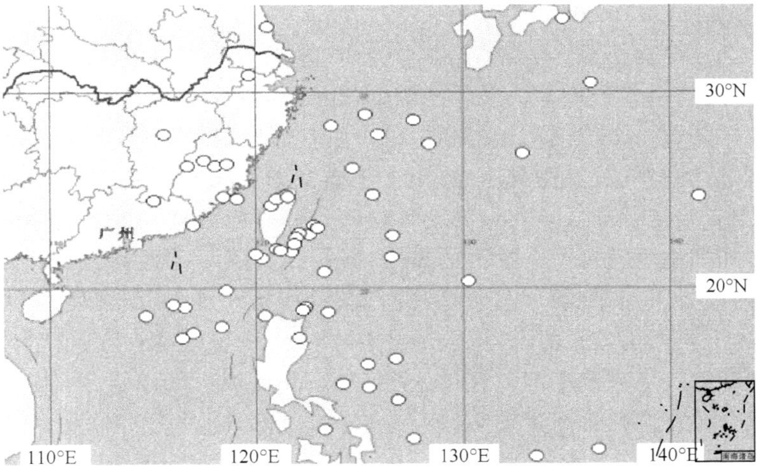

图 3-8-6　高温日热带气旋位置分布

②天气形势分析

6 月下旬初，在 500 hPa 高度场中高纬呈两槽一脊型，副高较弱。从 6 月 24 日开始，西太平洋的副热带高压开始加强西伸，此时，西太平洋有热带气旋生成，并迅速加强为强热带风暴“蒲公英”；6 月 27 日，副热带高压控制广东东部，珠江口受东南流场控制，此时“蒲公英”已加强为台风；6 月 28 日在湖南、江西、广东三省交界处形成一高压中心，整个副高仍呈东西向带状维持，“蒲公英”沿副高南侧的偏东气流西行；6 月 29 日，随着台风“蒲公英”移近菲律宾东侧洋面，东亚大槽东移加深与其合并成一深厚槽区，带状副高断裂为东西两环，华南受西环闭合高压环流控制，珠江三角洲开始出现高温天气，6 月 30 日—7 月 2 日，台风“蒲公英”偏北分量加大，折向北行，在台湾登陆后又向浙江沿海靠近(图 3-8-7)，强度并没减弱，华南高空的高压环流一直维持，从云图可见，受其影响，华南上空晴空少云，太阳辐射强烈，有利于气温上升，高温天气维持。7 月 3 日后，“蒲公英”在浙江再次登陆，强度逐渐减弱，华南高空的高压环流消失，转为台风槽后的东北偏东流场，珠三角被逐渐散开的台风云团覆盖，高温天气结束。

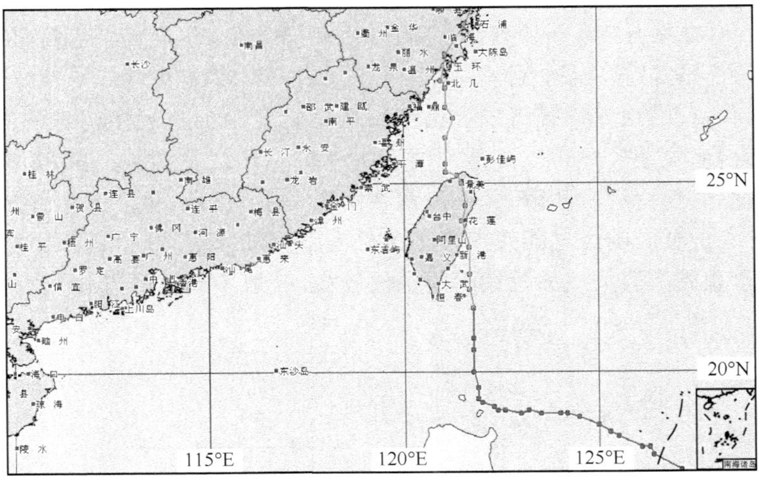

图 3-8-7　台风“蒲公英”移动路径图

③热带气旋的作用

“蒲公英”在西太平洋形成后，沿着正在加强的副热带高压南侧的偏东气流西行，逐渐向巴士海峡靠近。一方面，由于台风是一个暖性的低压系统，其中心附近有着强烈的上升气流区，而在它的外围就伴随着一个范围广泛的强烈的下沉气流区，当高空有下沉气流，地面空气水平流动不明显时，低层的空气就要受到压缩，相当于高空的空气对低层空气做了功，而根据能量守恒定律，低层空气接受了高层空气做的功，就转化为热能，加热自身；另一方面，由于强烈台风的气旋云系对外围的水汽有一个抽吸的作用，造成距离其一定距离的外围出现大范围晴空少云区，太阳辐射不受阻挡，地面气温明显升高。所以，从 6 月 27 日开始，随着台风“蒲公英”的靠近，逐渐进入广州东南偏东方 2000 km 以内，广州、深圳、中山三站的温度均开始逐日上升，到 6 月 29 日三站日最高温度同时超过 35℃，珠三角高温天气开始。6 月 30 日夜间，“蒲公英”折向北行，但仍然在广州偏东方 1000 km 左右，以后于 7 月 1 日夜间在台湾登陆，但强度并没减弱，仍在广州东北偏东方的 800～1000 km 范围内，其外围的下沉气流仍然对珠三角有明显的增温作用。7 月 3 日，“蒲公英”在浙江登陆后强度逐渐减弱，其外围下沉气流也随之减弱，华南高空的高压环流逐渐被台风槽所取代，原来晴朗的华南上空被散开的台风云团所覆盖，珠三角气温明显下降。至此，本次高温天气过程结束。

3)天气过程分析

通过对历史天气过程进行普查，试图找出当珠江三角洲出现高温天气时，热带气旋与其周围天气系统的相对位置及关系。

从历史天气过程中发现，当珠江三角洲出现高温天气时有热带气旋同时出现，有以下几种情况：①副热带高压断裂为东西两环，西环副高维持在西南到华南一带，珠江三角洲位于其东南侧或被其控制，热带气旋在巴士海峡和台湾及其附近海洋正随两环副高之间的低压槽北收向北移动或在福建登陆，如 9908、9406、9216 号热带气旋；②西太平洋副热带高压异常强盛，呈带状西伸至华南沿海，珠三角受其控制，热带气旋位于南海东北部、巴士海峡和吕宋岛附近海洋正随着副高南侧的偏东引导气流西行，如 9405、9107、9016 号热带气旋；③西太平洋副高较弱，远在 130°E 以西，华中、华东、华南等地受一些小的闭合大陆高压环流控制，热带气旋位于南海东北部，正随高压环流南侧的偏东气流西行，如 9910 号热带气旋；④副热带高压二次北跳，脊线偏北，在 30°N 以北，但有一高压鼻南伸到西南到华南中西部，热带气旋受高压鼻阻挡，无法西行，只能在巴士海峡东侧转向北行，穿越台湾在福建登陆，如 9802、9714 号热带气旋。

第一和第四种情况，由于热带气旋在巴士海峡附近北上的过程中与珠三角始终保持一定的距离，变化不大，而该距离热带气旋外围的下沉气流对珠江三角洲造成的增温作用最明显，所以珠三角的高温天气持续时间较长，一般都在两天以上。第二和第三种情况，由于热带气旋在西行过程中只有短暂时间经过能使热带气旋外围下沉气流对珠三角造成明显增温作用的位置，所以给珠三角造成高温天气的持续时间也比较短，一般不超过两天（图 3-8-8）。

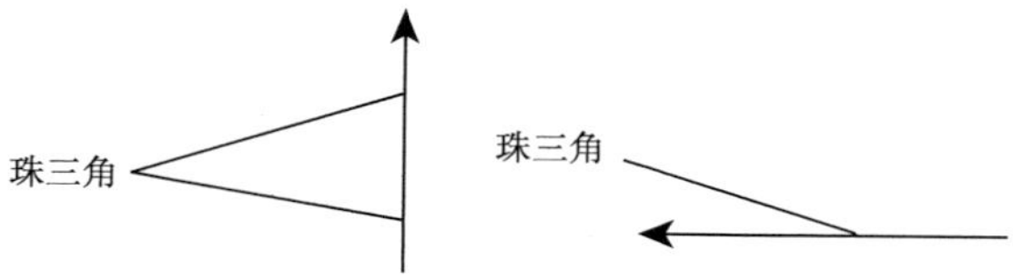

图 3-8-8　热带气旋移动路径与珠三角相对位置

4)小结

综上所述,可以得出以下结论:

①珠三角高温天气逐年增加,热带气旋与珠三角高温天气的形成关系密切,但近年来由于温室效应和城市热岛等因素,由热带气旋外围下沉气流造成的高温天气在所有高温天气中所占的比例有下降的趋势。

②当珠三角出现高温天气时,热带气旋位于珠三角东北偏东方至东南方(60°～150°)这一扇形区距离珠三角为500～2000 km的弧面中的概率较大。

③珠三角受闭合大陆高压环流或副热带高压环流影响,在适当距离上又有热带气旋外围下沉气流的增温作用,这是珠三角出现高温天气的两个重要因素。

3.9　雾

3.9.1　雾的标准和物理特征

雾是由大量悬浮在近地面空气中的微小水滴或冰晶组成,是近地面层温度低于露点温度时,过饱和的水汽凝结(或凝华)成水滴(或冰晶)生成。雾的出现会降低空气透明度,使能见度变差,如果目标物的水平能见度降低到1000 m(1 km)以内,就称为雾。目标物的水平能见度在1～10 km称为轻雾。

雾和云都是由空气中的水汽凝结而成,可以说,雾升高离开地面就是云,而云降低到地面,或者云移到高山时就是雾。所以说云雾是不分家的,雾主要是由于近地面的空气冷却到露点温度以下而形成。雾按物理性质可分为辐射雾、平流雾、上坡雾、和蒸发雾四种。

(1)辐射雾

由于夜间地表面辐射冷却而形成的雾称为辐射雾。这种雾多出现在晴朗、微风、水汽比较充沛的条件下。天气晴朗,地表面容易放出热量而很快降温,使底层空气中的水汽凝结成雾。一般当风力在1～3 m/s,(1～2级),近地面水汽充足,最有利于形成辐射雾。中山市在冬季天气晴朗、微风、水汽条件又比较充沛情况下的早上容易出现辐射雾。

(2)平流雾

当暖空气移动到冷的地面(海面、湖面)而形成的雾称为平流雾。当风力在2～3级,吹来的暖空气湿度较大,在冷的地面(海面、湖面)容易形成平流雾。

(3)上坡雾

当湿空气沿斜坡爬升因绝热冷却而形成的雾称为上坡雾。

(4)蒸发雾

在暖的水面上蒸发的水汽遇到较冷的空气时,达到饱和而形成的雾称为蒸发雾。

3.9.2　中山雾的主要天气气候特征

(1)雾的年变化

雾也是一种常见的气象灾害,它对公路特别是高速公路交通运输、航运以及航空等危害十分大。

中山市有雾的天气不太多，1955—2010 年 56 年间共出现了 709 d 雾，平均每年 12.7 d。雾日的年变化比较大，年雾日＞20 d 的共有 8 年，占总年数 14％。年雾日在 10～20 d 的有 23 年，占 44％。其余 21 年，年雾日都小于 10 d。

年雾日最多是 1977 年，全年共有雾日 30 d。其次是 1978 年，有 27 d。2003 年全年没有出现过雾，是 1955—2010 年 56 年中唯一没有出现雾的年份。1997 年雾日也很少，全年只有 2 d。

中山市的雾日呈减少的趋势，1955—1980 年 26 年，共有雾 421 d，年均雾日 16.2 d。1981—2010 年 30 年共有雾 288 d，年均雾日只有 9.6 d，雾日明显减少了。特别是 2001—2010 年，雾日为 82 d，年均雾日只有 8.2 d。各年雾日如图 3-9-1 所示。

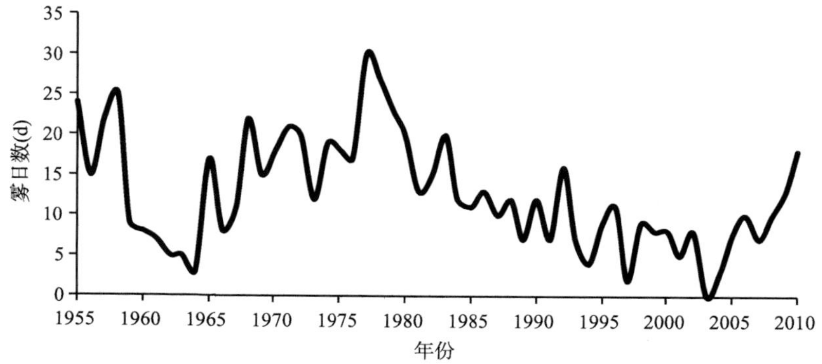

图 3-9-1　1955—2010 年中山市各年雾日数

(2)雾的月变化

中山市的雾有 86％出现在冬半年(10 月至次年 3 月)，其中以 12 月和 1 月雾日最多，分别占年雾日的 18％和 17％，月均雾日 2.3 d 和 2.2 d。其次是 3 月和 11 月，分别占年雾日的 15％和 14％，月均雾日 1.9 d 和 1.8 d。夏半年(4—9 月)，雾日较少，仅占总数的 14％。除 4 月雾稍多外(月均 1.0 d)，其余月份雾日都很少，其中 7 月从未出现过雾。各月雾日如图 3-9-2 所示。

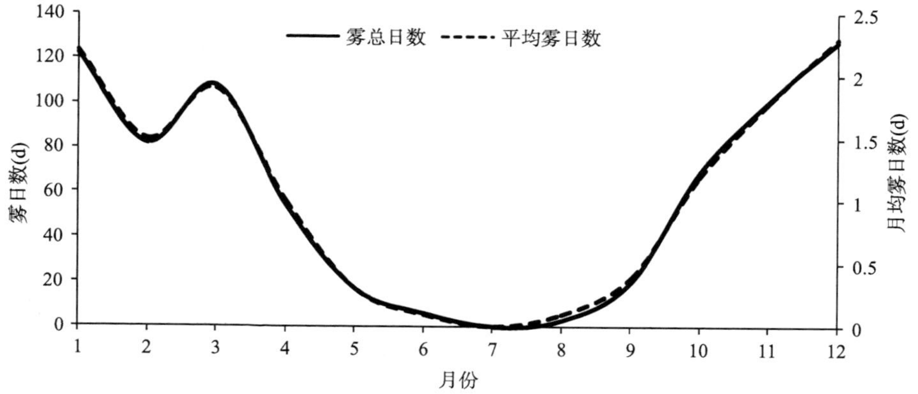

图 3-9-2　1955—2010 年中山市各月雾日

雾有明显的日变化，雾多数出现在下半夜至早上这段时间。到上午 09—10 时，逐渐消散。有时，到了中午，雾仍消散不了的话(群众称为“收不了”)，将会转为阴雨。

3.9.3 雾的影响

在联合国公布的造成伤亡损失的前10种自然灾害中,大雾是较为常见的一种灾害性天气之一。它具有出现概率高、发生范围广、危害程度大等特点。根据气象专家的分析,雾对社会的影响概括起来主要有三个方面。

一是降低能见度,影响交通。根据交通部门和气象部门的研究分析,大雾是交通运输的“无情杀手”。出现浓雾时,能见度很差,有时只能看见到几米、几十米的地方,使近地面阴暗低沉,视野模糊不清。据统计,高速公路上因雾等恶劣天气造成的交通事故,大约占事故的四分之一左右。

二是造成空气混浊,危害健康。形成雾的水珠中溶解和吸附了一些地表的有害物质,如酸、碱、胺、盐、苯、酚以及尘埃、花粉、螨虫、流感病毒、结核杆菌、肺类球菌等。这些物质在雾中滞留积聚,得不到扩散、稀释。人如果在雾中停留时间过长,这些有害物质被人吸入或接触过多,会引起气管炎、喉炎、肺炎、鼻炎、眼结炎等疾病。

三是因湿度加大导致霉变。大雾天气湿度大,这种天气极易发生霉变。在农业方面,有碍粮食等食物的晒干收藏,严重时会使部分及晒干的粮食干果等食物发生霉变变质。而连续数天的大雾会使农作物缺乏光照,影响农作物生长和诱发病害发生。在人们的生活方面,大雾潮湿天气容易导致家中的杂物受潮发霉。

3.9.4 形成大雾的主要天气系统和预报着眼点

中山市地处低纬度地区,面临海洋,有丰富的水汽来源,在冬季或初春冷空气和西南暖湿空气形成对峙形势下,在沿海地区容易形成大雾天气。由于雾的危害很大,不仅会对交通运输造成影响,而且还会引起严重的环境污染,进而会影响人体健康,因此雾的预报是十分重要的。

由于雾是地面上气层中的水汽凝结现象,因此,分析雾生成时的环流形势则侧重于低层大气的环流形势。根据《广东省天气预报手册》的资料分析,大雾出现前一天,500 hPa上中低纬度通常为平直的西风气流,地面气压场大致可分为:北部湾低压型、西南低槽型、高压脊型、锋面系统型4大类。

(1)北部湾低压型

在广西中南部到北部湾一带有低压中心或有从中南半岛中部伸展到北部湾的低槽区。图3-9-3均为北部湾低压型。从图3-9-3(a)看到850 hPa太平洋高压脊伸入南海中北部,华南沿岸处于西南低槽与南海高压脊之间的西南风场中,中山市有雾出现,这类型的雾一般出现在2—5月。从图3-9-3(b)中看出,华南西部沿岸处于北部湾低压槽范围内,华南中东部沿岸为锋前均压场。中山市地面吹偏南风2～3级,这一类天气形势下中山市易出现锋前雾。一般雾是发生在冬春季节。例如,1988年1月22日和23日中山出现明显的锋前雾,当日气压较低,14时气压为1009.7 hPa,上午08时为静风,14时为西南西风,风力2级,23日气温下降,24日没有雾出现。又如1995年3月22日出现锋前雾天,上午08时为静风1级,14时出现东南风2级,气压为1011.3 hPa,这是一次冷空气回暖过程,22—24日平均气温都在21℃以上,25日平均气温降至17.7℃,并有3 mm的降水,是一次冷空气锋面过境降水过程。1995年3月29

日出现雾天，上午 08 时为北北东风 1 级，14 时出现西南风 1 级，气压为 1008.5 hPa，这是一次冷空气回暖过程，29 日平均气温为 20.4℃，有 0.3 mm 降水，31 日平均气温降至 19.3℃，并有 5.1 mm 的降水，也是一次冷空气锋面过境降水过程。

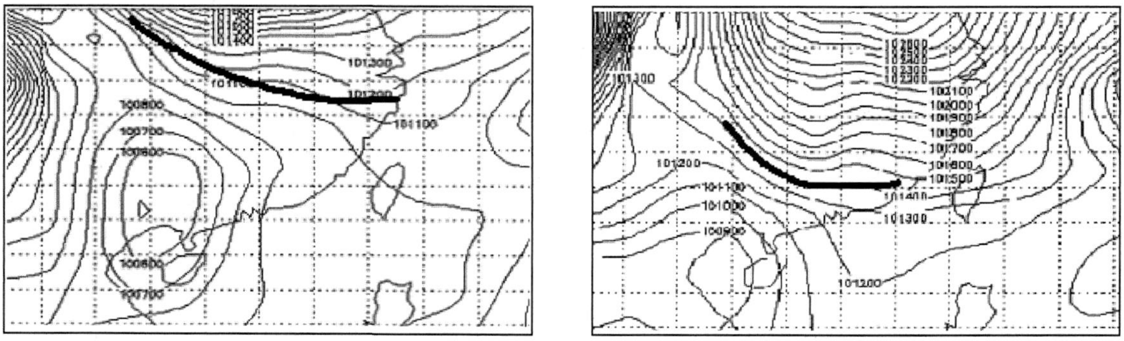

(a)　　(b)

图 3-9-3　北部湾低压型

(2)西南低槽型

从图 3-9-4 中看到，贵州到广州北部有一西南低压，由低压中心向东伸展的低槽经江南到达东海，福建和粤东为均压场。中山市在 1978 年 3 月 26、27、28 日出现 3 d 大雾天气，27 日前维持较长时间阴雨降水过程，26 日气温明显上升，日平均气温为 17.7℃，27 日平均气温为 25.2℃，28 日 14 时气压为 1012.2 hPa，26 日 14 时为静风，27 日 14 时为南南西风 3 级，28 日 14 时为南南西风 4 级，到了 4 月 2 日气温明显下降，降水明显，是属于西南低槽类型。

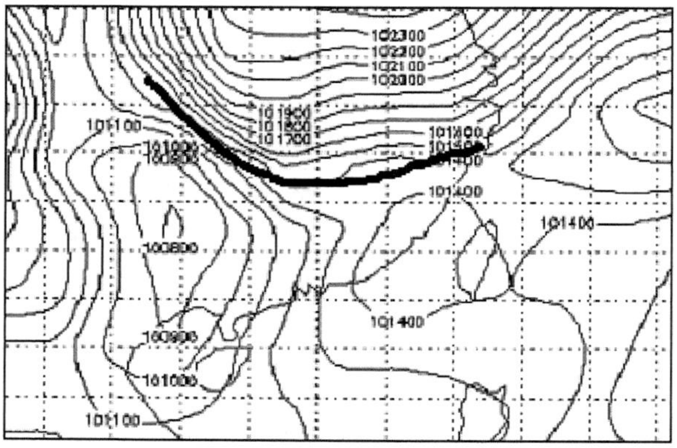

图 3-9-4　西南低槽型

(3)高压脊型

高压脊型可细分成东伸脊型和华南高压脊型两类。图 3-9-5(a)为东伸脊型，从图中看出，太平洋高压脊西伸到福建、广西一线，华南南部地面风场为偏东风，中山市多为东南风，在这种天气形势下，中山市 1992 年 2 月 4 日出现大雾天气，14 时气压为 1014.2 hPa，吹南南西风 3 级，是东伸脊型天气形势。

图 3-9-5(b)为华南高压脊型，地面上华南从江南到南海受冷高压脊控制，华南等高线疏散、气压梯度小。1997 年 2 月 15 日中山市发生大雾，中山本部受偏东气流影响，吹 2～3 级东

北风，本站 14 时气压为 1015.8 hPa，属华南高压脊型。

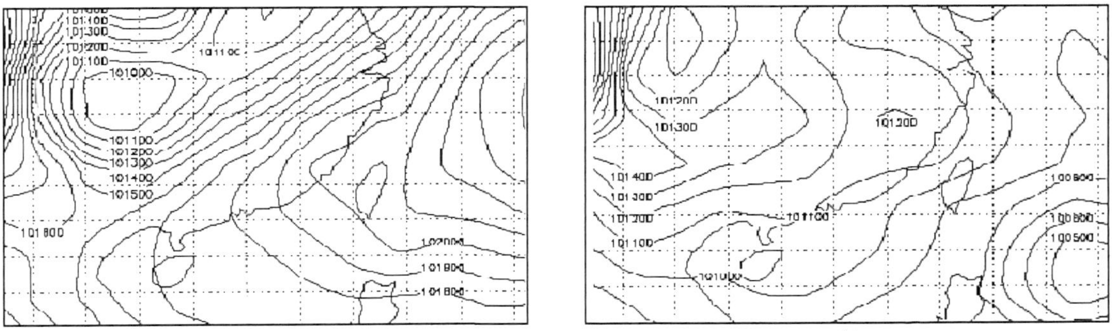

(a)　　(b)

图 3-9-5　高压脊型

(4)锋面系统型

锋面系统型有两种情况会造成中山市出现雾天气。

一是锋面低槽型：锋面低槽进入华南地区，广西一带有一低压，华南沿岸位于锋前低槽内，闽南粤东一般为均压区，如图 3-9-6(a)所示。850 hPa 切变线在 25°N 附近，500 hPa 华南沿岸为 20 m/s 的西南风，这种类型中山市发生过多次雾天气，例如 1992 年 4 月 1—11 日由于受锋面低槽影响，中山市出现了多日雾天，1—15 日都有降水，其中 4、6，10、11 日有大雾，同时降水量在 20 mm 以上。又如 1978 年 4 月 1—12 日由于受锋面低槽影响，中山市出现了 5 d 雾天，1—12 日都有降水，其中 5、6，10、11、12 日有大雾。

二是静止锋型：冷锋到达南海北部减弱成静止锋，如图 3-9-6(b)所示，容易在静止锋附近产生雾，700、500 hPa 有≤12 m/s 的偏西风，这种形势在中山 2—4 月出现过雾。例如 1995 年 4 月 1—7 日中山市受静止锋影响，连续 7 d 有轻雾和降水，其中 5—7 日 3 d 有大雾，10 日也出现了大雾。

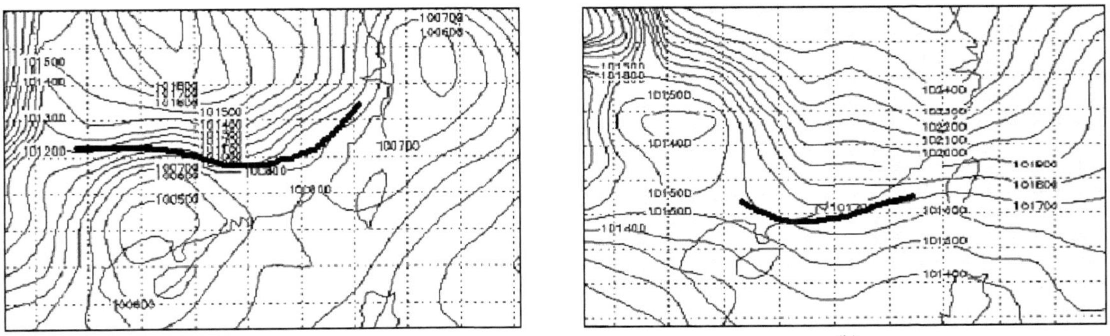

(a)　　(b)

图 3-9-6　锋面系统型

3.9.5　一次大雾天气过程的成因和物理诊断分析

利用 NCEP 的 1°×1°再分析资料，中山市紫马岭观测站的逐时整点能见度、气温、相对湿度、风等资料，针对 2012 年 2 月 29 日—3 月 3 日发生在中山市的一次大雾天气过程进行分析，从天气形势背景、气象要素以及物理量场等方面，分析大雾形成和持续的物理机制，以期深入地认识大雾形成的主要天气学成因，为台站大雾的预报提供参考信息。

（1）大雾天气过程回顾

2012 年 2 月 29 日—3 月 3 日中山市出现了一次持续性大雾天气，大雾出现的时间主要是在 2 月 29 日凌晨到 3 月 2 日早上，在这段时间内中山市能见度无明显回升；3 月 2 日白天大雾天气出现短暂好转，但 3 日凌晨再次出现大雾，3 日白天能见度明显好转，大雾天气结束。经过分析，本次大雾过程是受低层暖湿气流的影响，加上降水和弱冷空气使下垫面冷却的情况下形成的，属于平流雾。大雾天气期间能见度的变化趋势如图 3-9-7 所示，整个大雾天气过程的最低能见度为 155 m，出现在 3 月 1 日 20:43。下面将从天气形势、气象要素、物理量场诊断等入手对这次大雾天气的成因和特征进行详细分析。

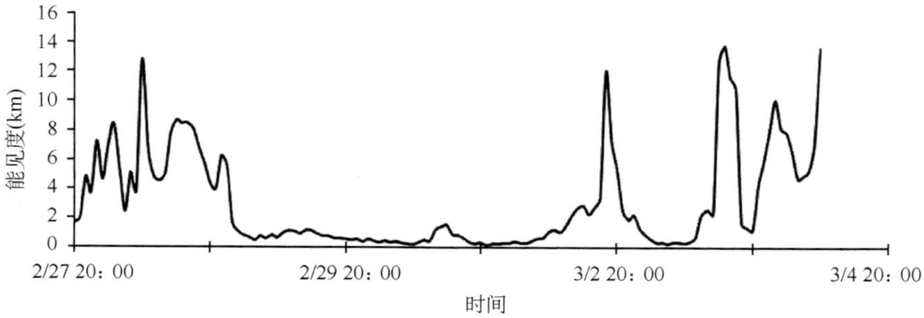

图 3-9-7　2012 年 2 月 27 日—3 月 4 日能见度逐时变化

（2）大气环流形势分析

2012 年 2 月 28 日 08:00（北京时）500 hPa 中高纬地区以纬向环流为主，无明显槽脊活动，但在青藏高原东侧不断有小槽东移，广东省正处于槽前西南气流的控制之下，槽前的正涡度平流使地面冷高压发展，不断引导地面冷空气补充南下；850 hPa 上长江下游地区上空存在气旋式环流，其南侧的切变线快速东移，广东沿海地区以偏南到西南风为主；此时，地面上冷空气已补充南下至广东沿海一带。这样，中山市和附近的沿海地区近地面受干冷空气控制，中低层的西南暖湿气流沿着下垫面的干冷空气爬升，冷暖空气相互交绥；同时，在 27 日夜间到 28 日凌晨，中山市受 500 hPa 小槽东移的影响，出现了大雨量级的降水，进一步加强了下垫面的冷却。在这种形势下，中山市形成上暖下冷的逆温层结构，大雾天气开始出现。随后在 2 月 29 日—3 月 2 日 500 hPa 上仍有弱短波槽东移，但华南上空仍受强劲的西南急流控制，急流轴约在长江中游地区，而 850 hPa 仍受西南暖湿气流控制（图 3-9-8a）；地面上不断有弱冷空气补充南下至广东沿海一带，在沿海一带形成准静止锋（图 3-9-8b），且这段时间华南近地面受准均压场控制，风力微弱，不利于大雾的消散，大雾天气持续。到了 3 月 3 日晚，500 hPa 位于 15°N 附近的西太平洋副高逐渐开始东退，西南风急流轴南压至华南上空；850 hPa 上华南上空逐渐由西南风转为偏南风，且大风区逐渐移出广东省，广东省低空风速以辐散为主；地面冷高压脊进一步东移出海，冷空气势力减弱，中山市地面风转为以东南到偏南风为主导风场，地面气温开始回升，逆温现象逐渐消失，水汽达不到饱和状态，中山市的能见度也从 3 月 3 日上午开始迅速回升至 10 km 以上，本次大雾天气过程基本结束。

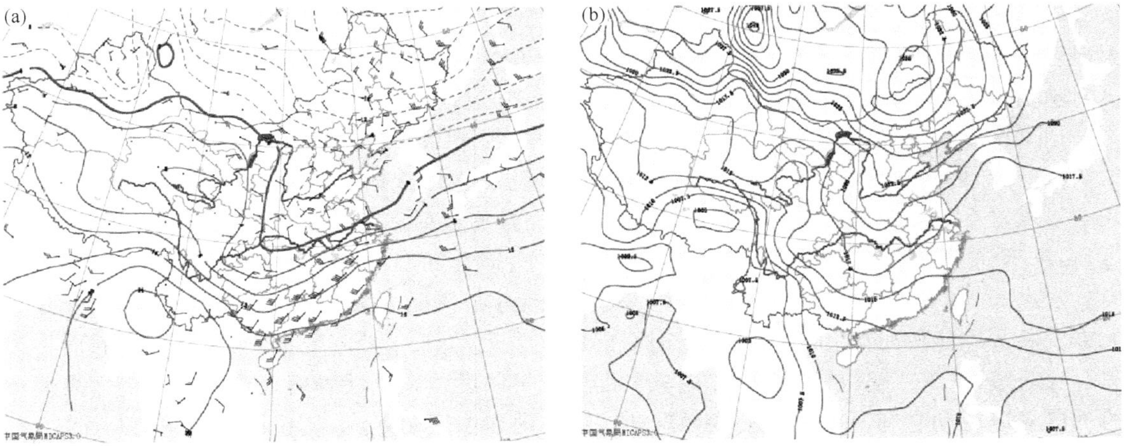

图 3-9-8　2012 年 3 月 1 日 20 时 850 hPa(a)和地面(b)形势图

(3)地面气象要素的分析

本次大雾过程与下垫面温度较低密切相关。整个过程中山市气温虽然呈缓慢回升的趋势，但基本维持在 11～15℃，大雾天气开始出现并持续。另外，能见度随时间的起伏与温度露点差基本一致，具有很好的对应关系(图 3-9-9)。在出现大雾的 2 段主要时段，温度露点差几乎均在 1℃以下。3 月 2 日 08:00 到 3 月 3 日 00:00，能见度出现一次明显回升，温度露点差也同样反映出明显增大的趋势。因此，温度露点差反映了低层大气中水汽的饱和程度，是大雾天气一项很好的判断指标。能见度也与相对湿度存在很好的对应关系。出现大雾的主要时段，相对湿度基本维持在 90%～95%。在这种空气接近饱和的状态下，有利于大雾的形成和持续。在此次大雾天气期间，中山市风速较小，一般都维持在 1.5 m/s 以下，风向主要以西北到偏北风为主，偶有出现偏南风，在静小风条件下系统之间水平方向的能量交换不大，天气稳定，有利于大雾的维持。综上，本次大雾过程的气象要素特征表现为下垫面温度低、露点温度差较小、高相对湿度和静小风，与前人的研究结果基本相同。

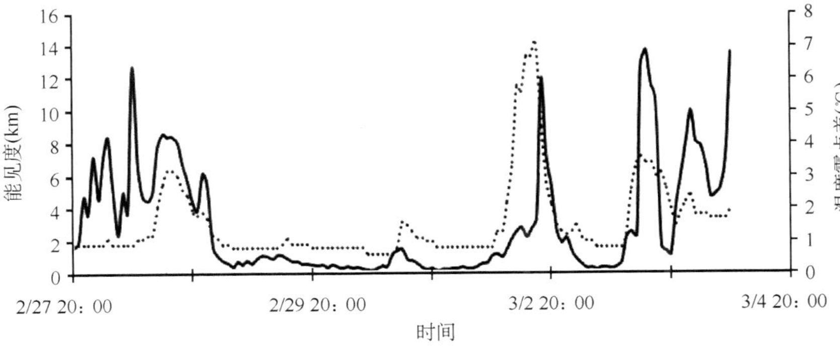

图 3-9-9　2012 年 2 月 27 日—3 月 4 日能见度和温度露点差(b)时间变化

(实线为能见度，虚线为温度露点差)

(4)大雾形成和持续的成因诊断分析

①动力条件诊断

散度是天气动力条件诊断常用的要素，用于判识气流的辐合或者辐散。图 3-9-10 为经过中山市(113°E,23°N)的散度场和垂直速度场时间高度剖面图。从散度剖面图可见(图 3-9-10a),从大雾天气开始的 2 月 29 日凌晨到结束的 3 月 3 日下午,中山市上空 975 hPa 到 900 hPa 高度范围内基本上为负散度区,表明近地面有弱的辐合上升运动,在大雾天气最严重的 2 月 29 日到 3 月 1 日,900 hPa 到 700 hPa 为正散度区,反映中低层有弱的下沉运动。而大雾有短暂缓解的 2 日白天,弱辐合区能够伸展到 750 hPa 以上;说明这种近地面层弱辐合、中低空弱辐散的散度场配置有利于水汽在近地面的积聚,从而对大雾的形成和维持有利,若辐合区延展的高度过高,水汽向上层输送,则不利于大雾的持续;此外,辐合和辐散的强度应较弱,否则易于形成明显降水,同样不利于大雾的形成。垂直速度场的分布情况与散度场相对应(图 3-9-10b),在大雾发展和维持的时段,900 hPa 以下有微弱的上升运动,而 800 hPa 以上为下沉运动;而在大雾得到缓解(2 日白天)和大雾天气基本结束后(4 日以后),中低层均以上升运动为主。大规模的下沉辐散运动有利于中低层大气增温和边界层内逆温层的形成,阻止低层水汽向高层输送,有利于低层水汽的积累和湿度增加,使大雾天气持续发展。

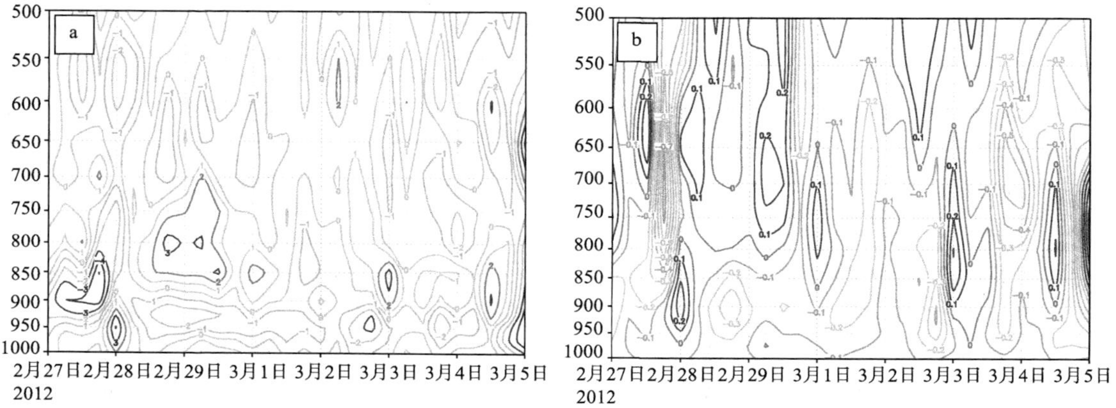

图 3-9-10　2012 年 2 月 27 日—3 月 5 日中山市附近散度(a)、垂直速度(b)时间高度剖面(散度单位:10^{-5} s^{-1};垂直速度单位:Pa · s^{-1})

②暖湿气流的作用

从中山市上空的垂直风场时间序列剖面图上看(图 3-9-11),28 日 08:00 前后,900～1000 hPa 受冷空气影响一直维持偏北风场,此时中山市大雾天气仍未开始,28 日 20:00,900 hPa 上风向转为东南风,随后转为偏南风,29 日 08:00—3 月 3 日 02:00,850～925 hPa 一直维持西南到偏南风场,南风中大量的暖湿水汽往中山市上空输送,而在此期间 1000 hPa 上基本维持东北气流,暖湿气流遇到下层的干冷空气,水汽不断凝聚成水滴,形成大雾天气。从 3 月 4 日08:00起 1000 hPa 上逐渐转为偏东到东南气流,低层湿度增大,温度升高。因此,暖湿气流在这次大雾的形成中起到重要作用,同时它的加强与大雾出现的时间十分吻合,而大雾天气的消失则是由于冷空气减弱,近地面转吹东到东南风后,地面升温明显,逆温层被破坏,水汽达不到饱和状态而造成的。

图 3-9-12 是大雾天气出现的主要时段(2 月 29 日 08:00—3 月 3 日 08:00)广东省及附近地区的平均温度场和平均风场。从温度场的分布来看,我省附近在 1000 hPa 和 925 hPa 均维持南高北低的分布形势;而从风场上来看,在 925 hPa 主要是以南到东南风为主,而在 1000 hPa 则主要吹东北风,说明在大雾出现的主要时段,地面为冷平流,而低空为暖平流。中低层的暖湿气

流为大雾的形成提供了源源不断的水汽条件,同时使垂直方向上形成上层暖下层冷的稳定逆温层结构,有利于大雾天气的维持。

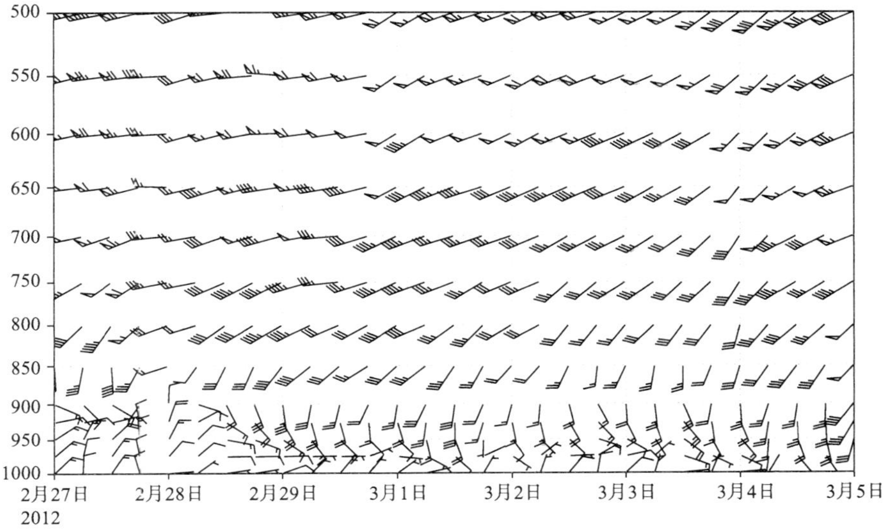

图 3-9-11 2012 年 2 月 27 日—3 月 5 日中山市附近垂直风场时间序列

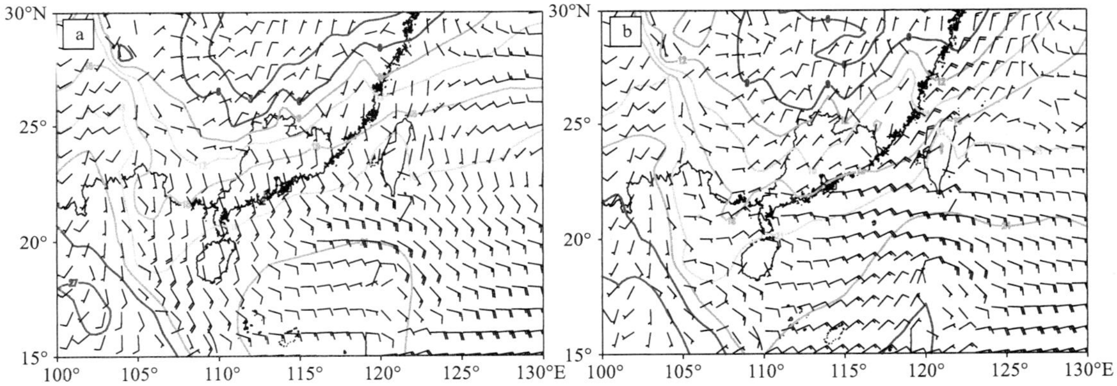

图 3-9-12 2012 年 2 月 29 日 08:00—3 月 3 日 08:00 时 925 hPa(a)和 1000 hPa(b)平均温度场和平均风场

③逆温层的作用

对中山市上空气温垂直结构随时间的变化进行分析(图 3-9-13),从 2 月 27 日 20:00 到 3 月 1 日 20:00,中山市上空一直存在逆温层,受逆温层稳定结构的影响,对流不易发生,大量气溶胶粒子和水汽积聚在逆温层下面无法向上扩散,为大雾天气的出现和维持提供了有利条件。同时逆温层的厚度和高度呈逐日减小和下降趋势,这是由于下垫面的冷空气与低层的暖空气经过多天的交互,冷暖空气间的热量相互交换,温差逐渐缩小所造成的。3 月 2 日 20:00,逆温层不明显,这是由于当天地面温度出现明显回升,近地面与低层大气的气温差明显缩小所造成的,此阶段大雾天气也得到一定缓解,3 月 3 日 08:00 前后,受地面弱冷空气补充影响,仍有弱逆温层存在,大雾再次出现,3 月 4 日 20:00,逆温层已基本消失,中山市的能见度迅速上升,大雾天气结束。

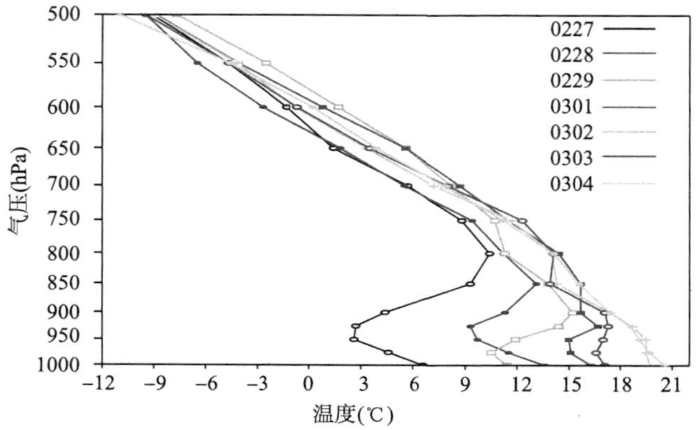

图 3-9-13　2012 年 2 月 27 日—3 月 4 日中山市附近温度层结变化

④地面冷空气的作用

地面冷空气的增强与减弱对大雾的生消有重要作用。从 24 h 变温和变压时间变化图上看(图 3-9-14),27 日中山市出现明显正变压和负变温,表示北方有冷空气南下影响,随后,除了 29 日 05:00 出现小值负变温(这是受降水的影响)之外,28 日 08:00—3 月 3 日 08:00 基本呈正变温趋势,说明地面气温呈回升趋势,中山市的大雾天气持续。到了 3 月 2 日白天,24 h 变温上升幅度明显加大,最大上升幅度达 8.9℃,表明冷空气势力明显减弱,地面出现十分迅速的回温过程,大雾天气暂时缓解,3 月 3 日 08:00 前后,再次出现负变温和正变压,表明再有弱冷空气补充,地面气温下降,此时中低层仍受西南暖湿气流控制,冷暖空气交绥,大雾再次出现。到了 3 月 3 日中午前后,冷空气减弱,地面气温开始回升,同时风速加大,大雾天气逐渐消散。因此,本次过程大雾的形成和维持出现在冷空气南下之后地面出现弱的回温过程中,或者在弱冷空气刚开始影响的过程中。如果出现明显的回温,将会破坏逆温层,反而不利于大雾的维持;如果冷空气强度过强,地面风速加大,湿度减小,气溶胶粒子和水汽不容易积聚,同样也不利于大雾的形成和维持。

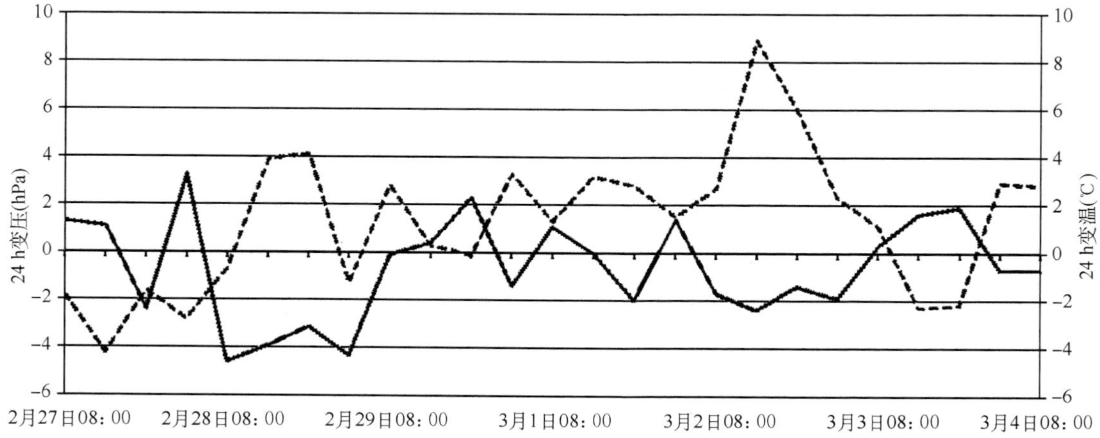

图 3-9-14　2012 年 2 月 27 日 08:00—3 月 4 日 08:00 时紫马岭站地面 24 h 变温、变压时间变化图

(实线为 24 h 变压,虚线为 24 h 变温)

(5)小结

本节利用 MICAPS 资料、NCEP 的 1°×1°再分析资料和中山市紫马岭观测站的逐时整点能见度、气温、相对湿度、风等资料，对 2012 年 2 月 29 日—3 月 3 日发生在中山市的一次大雾天气过程进行分析，得出以下结论：

1)本次大雾过程是在下垫面温度较低、温度露点差在 1℃以下，相对湿度在 90%～95%，风速较小，风向主要以西北到偏北风为主等气象条件下形成的，属于平流雾。大雾期间的天气形势主要表现为中低空为西南到偏南暖湿气流，地面频繁有弱冷空气补充。

2)大雾的持续时段，中山市上空 975 hPa 到 900 hPa 上有弱的辐合上升运动，900 hPa 到 700 hPa 上有弱的下沉运动，下沉辐散运动有利于中低层大气增温和边界层内逆温层的形成，阻止低层水汽向高层输送，有利于低层水汽的积累和湿度增加，使大雾天气持续发展。

3)暖湿气流在这次大雾的形成中起到重要作用，它的加强与大雾出现的时间十分吻合。由于中低层有强盛的西南到偏南暖湿气流，而地面附近为干冷平流，暖湿气流与近地面的干冷空气交绥，水汽不断凝聚成水滴，形成大雾天气。另外，逆温层的存在，为大雾形成提供有利的大气层结，空气中的水汽不容易扩散，近地面的空气持续达到近饱和状态，从而使大雾天气长时间维持。

4)地面冷空气的增强与减弱及其变化程度对大雾的生消有重要作用，大雾的形成和维持出现在冷空气南下之后地面出现弱的回温过程中，或者在弱冷空气刚开始影响的过程中。如果出现明显的回温，将会破坏逆温层存在，反而不利于大雾的维持，如果冷空气强度过强，地面偏北风加大，湿度减小，气溶胶粒子和水汽不容易积聚，同样也不利于大雾的形成和维持。

3.10　霾

3.10.1　霾的标准及物理特征

空气中的灰尘、硫酸、硫酸盐、硝酸、硝酸盐、有机碳氢化合物等粒子，能够使大气浑浊、视野模糊不清，导致能见度恶化，如果这种混合物致使水平能见度小于 10000 m(10 km)时，将这种非水成物组成的气溶胶系统造成的视程障碍称为“霾”。香港称之为烟霞。霾天气，气象部门指的是大气边界层至对流层低层的大气浑浊天气现象。

发生霾时相对湿度比较小，一般相对湿度小于 80%。它与雾是有区别的，雾是相对湿度在 90%以上的低层大气中由微小水滴或(和)冰晶构成的集合体。

霾的厚度比较厚，可达到 1～3 km，难怪，目前在广东边远山区也有霾天气出现。霾没有明显的日变化，与晴空区之间没有明显的边界，霾粒子的分布比较均匀。霾粒子的尺度比较小，为 0.01～10 μm，平均直径大约 1～2 μm，肉眼看不到空中漂浮的颗粒物。由于霾是由扬尘、硫酸、硫酸盐等粒子组成，其散射波长较长的光比较多，因而霾看起来呈黄色或橙灰色。

近年来我国的城市空气污染严重，从南到北、从东到西都有霾天气出现，所以，当前霾天气已成为全国一种严重的灾害天气现象。中山市也不例外，近 10 年，霾天气已成为一种常见灾害天气现象。

3.10.2 霾的天气气候特征

(1)霾的年变化

霾与雾不同,雾的主要成分是微小水滴或冰晶,而霾则是对流层低层的大气浑浊天气现象,对人体健康不利,对呼吸系统、心血管系统以及对人的情绪都有影响。同时,出现霾天气时,四周一片灰蒙蒙,容易发生交通事故。

中山的霾天气观测始于1960年,但1960—1979年的霾天气很少,这里不作分析。1980—2010年31年中,中山市共出现霾天气1462 d,年平均47.2 d。2008年霾天气最多,有136 d,平均2.7 d出现1次。其次是2010年,125 d。

中山市霾天数的年变化很大,并且呈急剧增加的趋势。1990年以前,全市霾天气比较少,1980—1990年10年年平均霾天数为17.4 d,最多是1990年,霾天数有42 d。从1991年开始,霾天气急剧增加。特别是2007年以后,每年霾天数超过100 d。各年霾天气日数如图3-10-1所示。

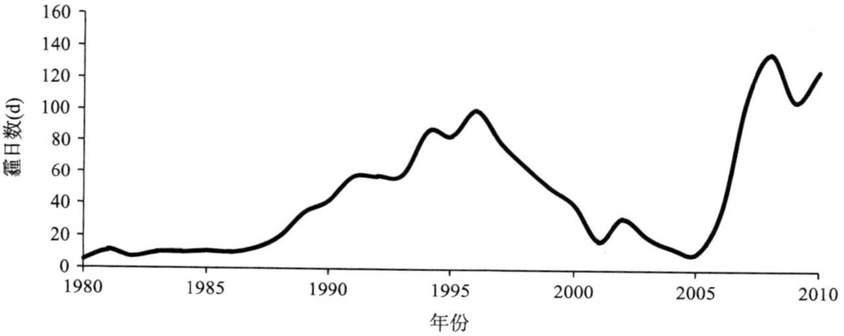

图3-10-1 1980—2010年中山市霾天数

(2)霾天气的月变化

中山市霾天气是秋冬季多,春夏季少。一年之中,以12月霾天气最多,月均9.2 d。其次是1月,月均8 d。再次是11月,月均5.8 d。霾天气最少是6月和7月,1980—2016年31年中分别出现过14 d和6 d。

表3-10-1 1980—2010年中山市各月霾天数表 (单位:d)

月份	1	2	3	4	5	6	7	8	9	10	11	12
霾累积天数	249	153	143	98	61	14	6	45	96	132	180	285
平均	8.0	4.9	4.6	3.2	2.0	0.5	0.2	1.5	3.1	4.3	5.8	9.2

3.10.3 霾天气的影响

随着我国社会经济规模迅速发展,城市化进程的加快,大气中的污染物质日趋严重,霾天气全国各地频繁出现。根据专家的分析研究,高浓度大气颗粒物是霾形成的主要因素。大气颗粒物的来源主要分三类:一是工厂直接排放的烟尘、建筑工地的粉尘和机动车道路的扬尘,属于机械污染；二是大气中的二氧化硫、氮氢化物、氨气等气溶胶颗粒，属于化学污染；三是在太阳辐射下大气中的多种化学成分发生化学反应形成的光化学烟雾，属于光化学污染。气象因素如相对湿度、风速、风向、逆温层和大气混合高度都会影响霾天气的形成。在这些因素中，风速、相对湿度和逆温层被认为是影响霾形成的主要因素。根据气象环保专家的分析，霾天气对社会的影响主要在三个方面。

(1)对人类身体健康的影响

霾天气中大气颗粒浓度较高，其中 $PM_{2.5}$ 的比重较大，颗粒物表面含有大量有毒有害物质，这些物质能直接通过呼吸系统进入人体黏附在呼吸道和肺叶中，尤其是亚粒子会分别沉积于上、下呼吸道和肺叶中，引起鼻炎、支气管炎等病症，如果长期处于这种环境中会诱发肺癌。另外，霾天气会导致近地面紫外线减弱，因为太阳中的紫外线是人体合成维生素的唯一途径，紫外线的减弱会直接导致小儿佝偻病的发生。同时紫外线也是自然界杀死大气微生物如细菌、病毒等的主要武器，紫外线的降低易使空气中的传染性病菌活性增强，传染病增多。此外，霾天气容易让人产生悲观情绪，如不及时调节，很容易对心理健康产生影响。

(2)影响自然与农业生态系统

霾通过对太阳光的吸收与散射作用，能导致太阳辐射强度减弱与日照时数减少，从而影响植物的呼吸和光合作用，这可造成农业减产，植物、绿地生态系统生长缓慢等。此外，霾使能见度下降，会直接影响海、陆、空的交通安全。

(3)加重城市光化学烟雾污染

光化学烟雾是一种淡蓝色烟雾，它主要是由于汽车尾气和工厂废气含有大量氮氧化物和碳氢化合物，这些气体在阳光和紫外线的作用下发生光化学反应，产生光化学烟雾。它的主要成分是一系列氧化剂，如臭氧、醛类、酮等，毒性很大，对人体有强烈刺激作用，严重时会使人出现呼吸困难、视力衰退、手足抽搐等现象。

3.10.4　霾天气的监测与预警

霾天气与大气污染是密切相关的，因此，严重的霾天气和空气质量是有联系的。但是霾天气指的是大气边界层到对流层底层整体的大气浑浊现象，而空气质量仅仅是指描述贴近地面层至几十米厚的气层状况。人们对大气浑浊现象的抱怨是指几千米厚气溶胶产生的霾天气，仅仅是监测空气质量不能了解霾天气的形成机制，也不能寻找合理的应对措施，因此监测霾天气应该主要依靠卫星遥感手段研究霾天气的区域性特征，利用气溶胶光学特征来了解霾天气造成的大气浑浊现象，分析水平能见度恶化的机理。

近十多年来，珠江三角洲、广东省乃至全国，由于工业化、城市化建设、交通运输现代化，以及汽车进入家庭的迅速发展，化学燃料如煤炭、石油、天然气等消耗量迅猛增加，汽车尾气、燃油、燃煤、废弃物燃烧直接排放的气溶胶和气态污染物通过化学反应产生的二次气溶胶污染，使得霾现象日趋严重，已经成为新的灾害性天气。人们晚上看不到星星，白天看不清太阳，而且其组成的成分中含有许多有毒、有害物质，对人体健康和环境造成巨大影响。因此，尽快制定开展霾预测预警办法和对策，拓展气象服务手段已成为一个非常现实和迫切的问题。

中山市气象局根据广东省气象局、广州热带海洋气象研究所吴兑教授提出的方法对霾指数与警报进行分组，如表 3-10-2 所示。

表 3-10-2 霾指数与警报分级(相对湿度<90%)

能见度(m)	指数等级	天气描述	警报等级
>15000	1	没有霾天气	
10000~15000	2	轻度	
5000~10000	3	中度	黄色
2000~5000	4	重度	橙色
<2000	5	严重	红色

3.10.5 雾与霾的识别

雾和霾是相互联系的,当相对湿度增大时,霾粒子吸湿成雾滴,当相对湿度降低时,雾滴脱水后霾粒子又再悬浮在大气中,就是说,在近地面大气中每时每刻总是有霾的存在,而雾则是少见的。为区分雾和霾,气象部门制定雾和霾的特征对照如表 3-10-3 所示。

表 3-10-3 雾与霾的特征对照

天气现象/要素	雾	霾
成分	水滴	尘、硫酸、硫酸盐、硝酸、硝酸盐、碳氧化合物
相对湿度	饱和	不饱和
厚度	几十至几百米	1~3 km
颜色	乳白色、青白色	黄色、橙灰色
边界	清晰,雾层中能见度起伏明显	不清晰,霾层中能见度非常均匀
日变化	明显(有日变化)	不明显(无日变化)

如果在低层大气中空气在饱和情况下,悬浮在大气中的小水滴造成能见度差才是雾或是轻雾。如果在大气中能见度变差的粒子人看不见,说明粒子的尺度很小,粒子不含有水汽,而且稳定存在,这就是霾。为方便起见,气象专家建议将相对湿度<80%时的大气浑浊、视野模糊导致能见度恶化的天气现象确定为霾。当相对湿度>90%时的大气浑浊、视野模糊导致能见度恶化的天气现象确定为雾。当相对湿度介于80%~90%之间时的大气浑浊、视野模糊导致能见度恶化现象是霾和雾的混合物共同造成的,这时的成分主要是霾。

3.11 卫星资料在预报中的应用

3.11.1 气象卫星的基本情况

从太空对地球及其大气层进行气象探测的人造地球卫星,称为气象卫星。卫星所载各种气象遥感器,接收和测量地球及其大气层的可见光、红外和微波辐射,并将其转换成电信号传送给地面站。地面站将卫星传来的电信号复原,绘制成各种云层、地表和海面图片,再经进一步处理和计算，得出各种气象资料。气象卫星按轨道的不同分为太阳同类轨道（极轨道）气象卫星和地球静止轨道气象卫星；按是否用于军事目的分为军用气象卫星和民用气象卫星。气象卫星观测范围广，观测次数多，观测时效快，观测数据质量高，不受自然条件和地域条件限制，它所提供的气象信息已广泛应用于日常气象业务、环境监测、防灾减灾、大气科学、海洋学和水文学的研究。

气象卫星也是世界上应用最广的卫星之一，美国、苏联/俄罗斯、法国和中国等众多国家都发射了气象卫星。1958 年美国发射的人造卫星开始携带气象仪器，1960 年 4 月 1 日，美国首先发射了第一颗人造试验气象卫星，根据第二炮兵司令部作战部测地气象处孙应统关于《气象卫星发展的历史、现状及趋势》介绍，到 2015 年为止，全球已经有 200 余颗气象卫星入轨。气象卫星的应用彻底改变了千百年来人类只能从地球表面对天气进行局部观测的历史，开创了从太空观测地球大气的新时代。

1960 年 4 月 1 日，美国发射了世界上第一颗试验性气象卫星“泰罗斯”1 号。这颗试验气象卫星呈 18 面柱体，高 48 cm，直径 107 cm。星上装有电视摄像机、遥控磁带记录器及照片资料传输装置。它在 700 km 高的近圆轨道上绕地球运转 1135 圈，共拍摄云图和地势照片 22952 张，有用率达 60%，具有当时最优秀的技术性能。美国从 1960 年至 1965 年间，共发射了 10 颗“泰罗斯”气象卫星，其中只有最后两颗才是太阳同步轨道卫星。1966 年 2 月 3 日，美国研制并发射了第一颗实用气象卫星“艾萨”1 号，它是美国第二代太阳同步轨道气象卫星，轨道高度约 1400 km，云图的星下点分辨率为 4000 m。从 1966 年至 1969 年间，共发射了 9 颗，获得了大量气象资料。它的发射成功开辟了世界气象卫星研制的新领域，大大减少了由于气象原因造成的各种损失。2016 年 11 月 19 日，美国发射了一颗科学性能最强的气象卫星。

3.11.2　中国气象卫星的发展情况

中国于 1988 年 9 月 7 日发射了第一颗气象卫星“风云一号”太阳同步轨道气象卫星（FY-1A）。卫星云图的清晰度可与美国“诺阿”卫星云图媲美，但由于星上元器件发生故障，它只工作了39 d。后成功发射了六颗极轨气象卫星（风云一号和三号）和八颗静止气象卫星（风云二号和四号），经历了从极轨卫星到静止卫星，从试验卫星到业务卫星的发展过程。同时还建立了以接收风云卫星为主、兼收国外环境卫星的卫星地面接收和应用系统，在气象减灾防灾、国民经济和国防建设中发挥了显著作用。

中国的极轨气象卫星和静止气象卫星已经进入业务化。截至 2016 年，已有四颗风云二号（FY-2）气象卫星在轨运行，分别定位于赤道上空不同经度处，构成了多星观测的可靠的业务运行格局。中国是世界上少数几个同时拥有极轨和静止气象卫星的国家之一，是世界气象组织对地观测卫星业务监测网的重要成员。

3.11.3　气象卫星的分类

气象卫星实质上是一个高悬在太空的自动化气象站，是空间、遥感、计算机、通信和控制等高技术相结合的产物。由于轨道的不同，可分为太阳同步极地轨道气象卫星和地球同步气象卫星两类。前者由于卫星是逆地球自转方向与太阳同步，称太阳同步轨道气象卫星；后者是与地球保持同步运行，相对地球是不动的，称为静止轨道气象卫星，又称地球同步轨道气象卫星。

在气象预测过程中非常重要的卫星云图的拍摄也有两种形式：一种是借助于地球上物体对太阳光的反射程度而拍摄的可见光云图，只限于白天工作；另一种是借助地球表面物体温度和大气层温度辐射的程度，形成红外云图，可以全天候工作。

气象卫星主要有极轨气象卫星和静止气象卫星两大类。①极轨气象卫星：飞行高度约为600～1500 km，卫星的轨道平面和太阳始终保持相对固定的交角，这样的卫星每天在固定时间内经过同一地区 2 次，因而每隔 12 h 就可获得一份全球的气象资料。②静止气象卫星：运行高度约 35800 km，其轨道平面与地球的赤道平面相重合。从地球上看，卫星静止在赤道某个经度的上空。一颗同步卫星的观测范围为 100 个经度跨距，从南纬 50°到北纬 50°，100 个纬度跨距，因而 5 颗这样的卫星就可形成覆盖全球中、低纬度地区的观测网。

3.11.4　卫星云图常见的云型和云系

(1)带状云系

一种相对宽而连续的云型称之为云带。长宽比为 4∶1，宽度常大于一个纬距。属天气尺度云系，带状云主要由多层云系组成。

(2)涡旋云系

是一条或多条不同云量和云类的螺旋云带朝着一个中心辐合形成的云系，与大尺度涡旋相联系。大尺度涡旋的水平范围为 600～1500 km。

(3)云线

云线由长为三十至几百千米的对流云团组成，宽度小于一个纬距。它可以出现在中高纬度地区冷锋附近，也可以出现在热带海洋上。云线能指示低空风向，而高空急流卷云中的云线，可作为高空风的良好指标。弧形云线是中尺度对流系统中的重要成员。

(4)云团

云团是产生暴雨和强对流天气的一种重要系统。云团由多个大小不等的积雨云、混合性云或积云与层云相镶出现的云簇组成，它们的高空卷云砧连成一片，表现为一片白色的密实云区。云团的生命史一般≥1 d，但也有的达数日；水平范围为几十到几百千米。依据它们造成的天气，可以分为暴雨云团和雷暴云团。

(5)逗点云系

卫星云图上，一种常见的形状如逗点的云系称为逗点云系。它形成和发展的原因是大气的非均匀旋转，即云系的逗点是由于大气绕着一个中心旋转使云块变形造成的。

(6)斜压叶状云型

在卫星云图上，与高空西风气流中的锋生相联系的像一种植物叶片状云型，称作“斜压叶状”云型。一般情况下，该云系在垂直方向深厚，地面伴有锋生现象，并且还可能有地面气旋形成，在可见光和红外云图上都容易见到。斜压叶状云型通常为一个拉长的云型(图 3-11-1)。

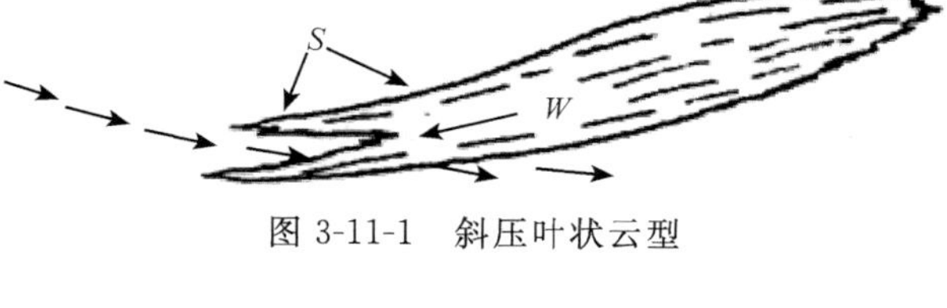

图 3-11-1　斜压叶状云型

3.11.5　一些重要天气系统的云型特征

(1)锋面云系

锋面云系在卫星云图上是最常见的云系。锋面云系为一条长达数千千米、宽近百到数百千米不等的云带,并且常常由多层云组成。云带的特征依赖于锋区是否活跃,周围环境条件和水汽是否丰沛等。

(2)冷锋云系

与温带气旋连接的冷锋云带,一般长达 1000 km 左右,宽 200～300 km。

冷锋与高空风平行时,往往是最活跃的冷锋,其云带较宽而且密实完整,色调很亮。这类冷锋云带的走向为东北—西南向;它由多层云组成,高层为卷云,中低层为积状云和层云,常伴有降水区,夏半年还常伴有强对流天气和降水。在海洋上,丰沛的水汽使得移入的冷锋云带得到加强。

地面图上的冷锋一般位于云带里面,若云带中层状云占优势,冷锋往往定在接近云区的前边界处;若积状云占优势,则定在云区的后边界附近。

(3)暖锋云系

在卫星云图上识别暖锋比识别冷锋困难,这是因为暖锋只是温带气旋初生阶段才比较清楚,同时暖锋的云型和云区多种多样。

活跃暖锋云系的明显特征是它表现为一条宽 300～500 km、长几百千米的带状云区,长宽差异不大;云区由多层云系组成,上部为大片卷云,其下为高层云、雨层云和积状云。因而色调明亮,并伴有强降水;地面暖锋的位置定在云区向北凸起部分下方,并与云区中纹线近于平行。

我国南方地区暖锋活动频繁,云区宽广,且以多层云系为主,其主要形成过程为南支槽或高原槽云系和华南静止锋云系叠加之结果。

(4)锢囚锋云系

锢囚锋云系表现为一条宽约 300 km 的较白亮螺旋云带,其中心与气旋环流(涡旋)中心重合,它的后边界一般比较整齐光滑。

(5)静止锋云系

静止锋云系在卫星云图上表现为一条没有气旋性或反气旋性弯曲的宽云带。它的边界不规则,云区内云的分布也不均匀,有时有开裂区,有时云带很宽广,云区中云量稠密,有时还会有气旋波发展。冬季的静止锋云系以层状云(高层云、高积云和层云)为主,夏季静止锋云系内多对流性积状云(积云、浓积云和积雨云)。

华南静止锋一般位于云带中由稠密云区到稀薄云区过渡带上,华南静止锋一般出现在 12 月到次年 5 月之间,冬季的华南静止锋云区较为宽广,达 400～500 km,云系北界可达长江流域,多以层云为主,有时也以中低云为主。华南静止锋维持时间少则 3～5 d,多的有 7～10 d。

(6)雷暴云团和暴雨云团

①雷暴云团

雷暴云团的云型呈椭圆形,长轴与风的垂直切变走向一致。它初生时表现为较小的密实白亮小云块,边界光滑;成熟时,在其高空风上风一侧边界光滑,下风方一侧为羽毛状卷云砧,边界模糊。它的前边界呈弧状,移速较快;若表现为几个白亮单体时,常常排成弧状,有时还呈逗点状云型。它的形成和发展主要在下午至傍晚，华南夏季夜间也有明显的雷暴云发展。它一般在副热带急流左侧 2～3 纬距处发展最剧烈，生命史短，发展迅速，云顶温度低，伴随的天气现象强烈。

②暴雨云团

暴雨云团和雷暴云团差异很大，主要表现为云型可以是圆形、椭圆形或涡旋状，也有半圆状与颗粒状，几个云团同时出现时也常呈离散状；它的形成和发展在风的垂直切变较小处，因此云顶卷云向四周伸展，边界模糊，云团呈絮状，只在初生时边界才较光滑；块状结构不明显，范围大，直径可达 4～6 纬距，移速慢，生命史长，一般在一天以上；它大多数出现在高空急流的右侧，尤其是在急流云系呈反气旋式弯曲下方 4～5 纬距的地方。

3.11.6 热带天气系统

(1)热带辐合带

卫星云图显示，热带大部分云系集中在热带辐合带内，有一个相对应的海温暖轴；所有热带辐合带是低纬度热量和水汽输送最集中的地区，是热带大气能量的源地，也是热带气旋发生的主要源地之一。

当东风波与辐合带叠加时，云带表现为大尺度波状云带，在波峰处，云系比较稠密，显示出涡旋结构。有时在热带太平洋上热带辐合带还表现为双热带辐合带的云带结构，其中位于南半球的云带呈西北—东南走向。

热带辐合带云系随时间而变，表现为长期变化和短期变化两种。长期变化是一年中随季节的变化，与大气环流的变化有关。如在西北太平洋上，1 月因亚洲东北季风势力很强，热带辐合带位于一年中最南位置，并且辐合带中云量最少；7 月相反，西南季风占优，辐合带位置偏北，云量多而且对流活跃。热带辐合带的生消都局限于北半球内，没有跨越赤道的季节变化，赤道地区始终是云量最少的地区。短期变化是热带辐合带在几天到十几天中位置和强度的明显变化。原是一条云系稀少的云带，在几天内演变成长达几千千米，宽好几个纬距的云带，热带辐合带云带的加强和减弱，常是外界天气系统作用的结果。

(2)热带云团

热带云团是由几个中尺度对流系统顶部的卷云砧合并成大片的卷云覆盖区，直径为 100～1000 km，生命史为 1～5 d 不等。许多热带系统都和热带云团有关，它占热带地区面积的 20%。热带能量的垂直输送，主要靠热带云团来实现。西北太平洋云团活动非常频繁，它的生命史差异很大，大部分小于 1 d，极少数可以维持 5 d 以上；它们中只有少数可以发展为热带气旋(不足 10%)，并且以生命史>5 d 的云团发展成热带气旋的概率最大。

根据云团的大小与不同的天气形势有关，据此可将云团分为 3 类。

①季风云团

出现在季风槽中或出现在单一的气流中，这两种云团均称为季风云团，它的主要特点是范围大、对流旺盛，热带气旋主要由它发展而形成。

②信风云团

出现在副热带高压南侧的偏东信风中，它的尺度较季风云团小，对流也没有季风云团旺盛，并常与东风波或高空冷涡等天气系统对应。一般较有规律地自东向西移动，平均移速 5～

7 纬距/天。

③"玉米花"云团

它由若干个积雨云单体组成的中尺度对流系统，尺度较前两种云团小，多出现在热带大陆上，有明显的日变化。

3.11.7　东风波

西太平洋上的东风波有两种，一种出现在纬度较高的副热带洋面上，另一种出现在 5°～10°N 的洋面上。

夏季在西太平洋上，当副热带高压呈带状并且脊线位于 30°～35°N 时，在其南侧的偏东气流中，有时可以看到东风波云型。它们通常向偏西方向移动，在福建和广东造成强降水。这种副热带洋面上的东风波云系最先出现在日本东南方的洋面上，较强的东风波具有比较完整的螺旋云系，在地面有坏天气和负变压相伴随，弱的东风波云系只表现为小的云区，在气压场和风场上没有明显的反映，也没有明显的天气。东风波环流先在高空明显，而后随着东风波的发展，逐渐伸展到低层，这时高低空均出现闭合环流，中心气压下降，风力加大，降水也增强。

影响中国的东风波，其形成演变和结构比较复杂。根据 1971—1981 年夏季(7—9 月)资料，归纳出影响华南的东风波主要有 3 种类型：①深厚的东风波，这是发生在对流层深厚而稳定的东风气流上的波动，其垂直伸展厚度可达 12 km 以上。②中低层东风波，对流层中低层吹偏南风，风速随高度增高而减小，对流层上层(300 hPa 以上)则盛行热带西风，在这种情况下，东风波主要出现在 500 hPa 以下的东风气流上，坏天气出现在槽后。③高层东风波，对流层中低层盛行西南季风或副热带高压西侧的偏西气流，而对流层上部盛行偏东风，且风速随高度的增高而加强。此时在高层东风带上可有波动产生；或是西太平洋东风波移入季风区后，低层消失而高层仍存在很活跃的东风波。坏天气主要出现在槽前。

3.11.8　热带气旋

热带气旋是影响中国最为严重灾害天气之一，影响中山的热带气旋分南海和太平洋两种，一般来说，生成于太平洋的热带气旋强度较强，具有范围大、风力强、移动相对稳定等特点；而生成于南海的热带气旋由于南海海区的局限性，一般风力不强(个别例外)，而大多数为热带低压和热带扰动，南海热带气旋具有路径多变的特点，这主要是引导气流较弱的缘故。

(1)热带气旋的云图结构

1)热带低压和热带扰动的云图结构

在卫星云图上，热带扰动通常表现为大片的热带对流云区，有数个对流云团组成，其中个别云团发展比较明显；也有个别扰动范围比较小，只有一个明显的对流云团；扰动具有不太明显的螺旋结构，地面图上有明显的低压环流，风力小于 6 级，但南海热带扰动外围季风区和广东省近海会出现大于 6 级风的情况，中心气压一般在 1005 hPa 以上。

热带低压的云图结构和热带扰动相比螺旋结构明显很多，在一个范围较大的热带低压云系里，有时会有两个以上中心的情况出现，或者是主中心和副中心同时存在，一般它们之间呈气旋性旋转，这和双台风的相互作用一样，当最后合并成一个中心时，如果外围环境场比较有利，强度将加强，螺旋结构更加明显并很快发展成热带风暴；在可见光云图上尤为明显。热带扰动和热带低压的云系结构都比较松散，中心一般不会在密闭云区内，一般在几条螺旋云系带的结合部，但这时结合部的位置并不明显，这也是热带低压难以定位的主要原因，必须根据地面风场和气压的高低来进一步确定。

2)热带风暴的云图结构

热带风暴是比较有组织的热带涡旋云系，中心附近将出现逗点状且对流很强的云团，逗点状云团以中心点为圆心作气旋性旋转，这是造成热带气旋的路径呈蛇形的原因，这一点在半小时一次的云图动画里可以得到很好的证实。热带风暴的初级阶段，云系的结构一般都比较松散，多呈不对称状态；到强热带风暴时，云团的结构相对比较密实和完整，外围的卷入云系明显，涡旋度进一步加大，云顶温度较低；在接近台风级别时的强热带风暴边缘将会出现向外的卷云丝，说明高层的流出层有强的扩散气流流出，对流发展更加旺盛。

3)台风的云图结构

把气旋中心附近最大风速达到 32.7 m/s 以上的热带气旋称为台风。台风在卫星云图上是最容易分辨的热带系统，它有最明显的螺旋结构，当风速达到 35 m/s 以上时有明显的眼区，高层流出非常明显，中心附近的云墙对流云发展非常旺盛。

台风在卫星云图上的中心比较直观，中心眼位结构和台风的强度有关，在台风加强过程中，其眼位逐渐变小和变圆；在台风减弱时，其眼位会逐渐变大。有时台风眼还会出现双眼结构。利用卫星云图对台风定位一般比较简单，一般定在最强逗点云的内侧，台风眼比较小时直接定在其几何中心偏西一点，在台风眼很大的情况下，要利用红外和可见光云图来对比，并利用动画来追踪台风的中心。

不管热带气旋的强弱情况如何，各家预报台的定位一般都有差异，差异最大的是热带低压，最大可达 1 个多纬距，台风的定位差异最小，一般在 0.1～0.2 纬距。

(2)利用卫星云图对热带气旋的路径进行短时预报

热带气旋的路径预报是预报难点。利用卫星云图分析热带气旋云图结构判断热带气旋短时动态有如下几种情况：

在引导气流较强的时候，热带气旋一般随引导气流移动，热带气旋的结构对其移动影响不大。

在引导气流很弱的情况下，热带气旋本身的结构对其移动影响较大，当热带气旋的长轴呈东西向时，这时的热带气旋具有向西移动的分量，当其长轴呈南北向时就具有向北的分量。

在利用卫星云图判断热带气旋移向时，如果发现热带气旋外围有强的对流云团发展，往往意味着热带气旋有向对流云团的方向移动的可能。

热带气旋的移动和移向由很多环境因素来决定，在引导气流弱的情况下，热带气旋一般向周围有利其发展的地方移动，所以对热带气旋周围环境场的分析是非常重要的，如海温情况、大气的稳定度、西风槽和副高的位置以及强度变化等。

第4章　天气预报与警报

4.1　天气预报的种类与制作流程

4.1.1　天气预报的种类

天气预报是指气象台站根据天气演变规律的认识而对某地区未来一定的时间或时期内天气变化所作出的主观或客观的分析判断。天气预报的方法有很多，常用的有天气学方法、统计学方法、诊断方法、统计—动力学方法、数值预报方法等。天气预报的发布时效，发布范围因时、因地而异。就天气预报时效而言，有短时天气预报、短期天气预报、中期天气预报以及长期天气预报；就天气预报的空间范围而言，有单站天气预报和区域性天气预报两种；按照农业、工业、渔业、航空、交通运输等部门的特点和需要，又可分为各种不同的专业天气预报，如农业气象预报、旅游天气预报、航空航海气象预报、环境气象指数天气预报、医疗气象指数预报等。天气预报是气象为国民经济和国防建设服务的重要手段，而且随着社会和经济的发展，气象预报越来越受到国家、各行各业和广大人民群众的重视。

(1)短时天气预报

短时天气预报一般是指未来 12 h 内的天气预报，其中 0～3 h 又称为临近天气预报。除采用短期天气预报常用的如分析单站资料、分析天气图等预报方法外，还根据雷达、天气卫星、数值预报产品以及天气实况资料进行分析并制作和发布预报。短时预报的主要对象是生命史短的中小尺度天气系统，如雷暴、冰雹、龙卷、雷雨大风、飑线、短时强降水等强对流灾害性天气。短时天气预报的主要内容为有无强对流天气的发生以及强对流天气出现的时间、地点和可能产生的灾害等。

(2)短期天气预报

短期天气预报是指 12～72 h 内的天气预报，内容按需求而定。常规的短期天气预报内容有：天空状况、有无降水(即晴雨状况)、风向风速、最高气温、最低气温和相对湿度等。

天空状况分为“晴天”“少云”“多云”“阴天”几类。“晴”是指天空无云或有零星云块但不到 1 成；“少云”指的是有 1～3 成的中低云或有 3～5 成高云；“多云”是指天空中有 4～7 成的中低云或有 6～10 成的高云；“阴天”是指天空总中低云量在 8 成以上。另外，随着社会经济建设、城市建设和高速公路的不断发展，中山市气象台还在天气状况中增加了干燥天气的火险、雾和灰霾的天气预报等内容。

风向是指风的来向。风速通常是用风的等级来表示，风的等级一般可分为 1～12 级。龙卷风、超强台风的风力在12级以上。

最高气温一般出现在每天下午2点钟左右，最低气温一般出现在早晨太阳出来之前，即在早晨5点到6点之间。

(3)中期天气预报

中期天气预报是指未来3～10 d的天气预报。通常分周报、旬报两种。周报即为7 d天气预报。中山市气象局在2008年开始向公众发布每周天气预报，周天气预报是采用每天滚动的方法来制作，每天在电视天气预报节目中可以看到，同时在中山气象网站也可以看到中山市每天发布的7 d天气预报。旬报是中山市气象局内部制作的10 d天气预报。早在20世纪80年代中山市气象局就开始制作10 d的天气预报，主要是送给有关部门或单位作为未来10 d的参考指导。中期预报的主要预报内容是降水、气温、灾害性天气、转折性天气等。包括晴、雨、转折以及旬雨量、旬雨日、旬平均气温、旬极端最高、极端最低气温以及农事生产的建议等。

(4)长期天气预报

长期天气预报又称为短期气候预测，是指预测10 d以上到1年的降水、干旱、洪涝和台风影响参数和影响情况的趋势预测。目前，中山市气象局制作的长期天气预报有月报、季报以及汛期展望天气预报等。同时，中山市气象局还根据服务的需求制作重大节日天气预报、高考天气预报、中考天气预报、春运天气预报，等等。

长期天气预报的内容有降水总量、平均气温、最高、最低气温、降水趋势、台风个数以及影响情况。月报内容包括降水过程、气温变化等。

4.1.2 天气预报的制作流程

按照中国气象局和广东省气象局的要求，中山市气象局建立了新一代的天气预报业务流程，该流程由信息流程、工作流程、业务工作管理、制作发布、业务监控五个功能块组成。每天天气预报工作人员制作天气预报的工作流程，一般分为8个步骤。

(1)了解天气背景

预报员要了解上一次天气预报内容以及上一班预报员的交班意见，熟悉上级气象台的预报指导意见；了解本台及上级台站的中长期预报和气候评价资料；查询有关天气背景资料、水情资料和气候资料，如各种气象要素的常年平均值、极值等信息。

(2)启动计算机系统

启动气象信息综合分析处理系统，收集各种气象信息。

(3)分析天气图

对高空图的分析：分析槽、切变线；对地面图进行分析：分析天气区，定锋面。同时，对200 hPa和500 hPa天气图、500 hPa变高场、500 hPa西风环流指数及国内外各种模式制作的500 hPa数值天气预报大型环流形势的分析，结合主导系统的分析思路引导，判断出主导系统今后发展、演变趋势。

(4)分析影响系统

根据高空和地面天气图、各种数值天气预报的形势以及变高、变温、变压等因子的分析，判断未来预报时段内是否将会有新的天气系统影响本地区。

(5)数值天气预报产品的分析和应用

通过对各类数值天气预报产品形势场及物理量场、天气要素场的分析，初步确定天气系统的影响区域，影响时间和强度。

(6)分析卫星云图

通过对卫星云图的云系特征和演变以及重要天气实况等分析，结合预报向导，进一步判断天气系统的影响区域、影响时间和强度。

(7)分析地方台站工具、经验应用和个例档案

通过地方台站预报经验提示和要素预报指示，判断、订正预报意见，进行气象要素综合预报。

(8)预报会商

主要是形成个人初步意见，结合各家意见，做出最后预报结论，进入预报会商系统，制作并发布天气预报。

制作中长期天气预报与制作短期天气预报的流程是相似的，但侧重点不同。中期天气预报主要是以数值天气预报产品为基础，考虑当地的天气气候规律，侧重于抓住大尺度环流系统的稳定性和调整以及影响系统的演变规律。结合系统环流模型与本地天气的关系，综合应用各种气象信息和先进的统计预报方法，来制作中长期天气预报。

4.2　灾害天气警报与预警信号

4.2.1　灾害性天气警报

气象部门负责向公众发布天气预报和灾害性天气警报，发布灾害性天气警报有一定的标准。目前中山市灾害性天气警报有“报告”和“警报”两种。

(1)报告

预计本地区将有某种灾害性天气出现，对社会生产、人们的生活有一定影响，但达不到“警报”标准时，可发“报告”。有时针对政府部门开展社会活动或重大节日，如春节、国庆节也会对某一阶段的天气预报称为“报告”。(跟现在的情况不符合了，现在主要是发强对流警报和预警信号)

(2)警报

预计某种灾害性天气系统将在48 h内影响本地区，但预计有较大的危险性，即发“警报”。

4.2.2　气象灾害预警信号

根据《广东省突发气象灾害预警信号及防御指引》，气象灾害预警信号分类及防御指引如下：

(1)台风预警信号

台风预警信号分五级，分别以白色、蓝色、黄色、橙色和红色表示。

1)台风白色预警信号

图标：

含义：48 h 内可能受热带气旋影响。

防御指引：

①警惕热带气旋对当地的影响；

②注意收听、收看有关媒体的报道或通过气象咨询电话等气象信息传播渠道了解热带气旋的最新情况，以决定或修改有关计划。

2)台风蓝色预警信号

图标：

含义：24 h 内可能受热带气旋影响，平均风力可达 6 级以上，或阵风 7 级以上；或者已经受热带气旋影响，平均风力为 6～7 级，或阵风 7～8 级并可能持续。

防御指引：

①做好防风准备；

②注意有关媒体报道的热带气旋最新消息和有关防风通知；

③固紧门窗、围板、棚架、临时搭建物，妥善安置易受热带气旋影响的室外物品。

其他同台风白色预警信号。

3)台风黄色预警信号

图标：

含义：24 h 内可能受热带气旋影响，平均风力可达 8 级以上，或阵风 9 级以上；或者已经受热带气旋影响，平均风力为 8～9 级，或阵风 9～10 级并可能持续。

防御指引：

①进入防风状态，建议幼儿园、托儿所停课；

②关紧门窗，处于危险地带和危房中的居民以及船舶，应到避风场所避风，高空、水上等户外作业人员应停止作业，危险地带工作人员需撤离；

③相关应急处置部门和抢险单位加强值班，密切监视灾情，落实应对措施；

④切断霓虹灯招牌及危险的室外电源；

⑤停止露天集体活动，立即疏散人员。

其他同台风蓝色预警信号。

4）台风橙色预警信号

图标：

含义：12 h 内可能受热带气旋影响，平均风力可达 10 级以上，或阵风 11 级以上；或者已经受热带气旋影响，平均风力为 10～11 级，或阵风 11～12 级并可能持续。

防御指引：

①进入紧急防风状态，建议中小学停课，海上作业人员撤离至安全区域，在渔港停泊的大马力渔船上的值班人员应当加强自我防护，并按有关规定操作；

②居民切勿随意外出，确保老人小孩留在家中最安全的地方；

③停止室内大型集会，立即疏散人员；

④加固港口设施，防止船只走锚、搁浅和碰撞。

其他同台风黄色预警信号。

5）台风红色预警信号

图标：

含义：12 h 内可能或者已经受台风影响，平均风力可达 12 级以上，或者已达 12 级以上并可能持续。

防御指引：

①进入特别紧急防风状态，建议停业、停课（特殊行业除外）；

②人员应尽可能待在防风安全的地方，相关应急处置部门和抢险单位随时准备启动抢险应急方案；

③当台风中心经过时风力会减小或静止一段时间，切记强风将会突然吹袭，应继续留在安全处避风；

其他同台风橙色预警信号。

（2）暴雨预警信号

暴雨预警信号分三级，分别以黄色、橙色、红色表示。

1）暴雨黄色预警信号

图标：

含义：6 h 内本地将可能有暴雨发生，或者强降水将可能持续。

防御指引：

①家长、学生、学校要特别关注天气变化，采取防御措施；

②收盖露天晾晒物品，相关单位做好低洼、易受淹地区的排水防涝工作；

③驾驶人员应注意道路积水和交通阻塞，确保安全；

④检查农田、鱼塘排水系统，降低易淹鱼塘水位。

2)暴雨橙色预警信号

图标：

含义：在过去的 3 h，本地降雨量已达 50 mm 以上，且雨势可能持续。

防御指引：

①暂停在空旷地方的户外作业，尽可能停留在室内或者安全场所避雨；

②相关应急处置部门和抢险单位加强值班，密切监视灾情，切断低洼地带有危险的室外电源，落实应对措施；

③交通管理部门应对积水地区实行交通引导或管制，城市管理部门启动城市积涝应急程序，加强疏通地下排水管道，防止城市内涝；

④转移危险地带人员以及危房居民到安全场所避雨。

其他同暴雨黄色预警信号。

3)暴雨红色预警信号

图标：

含义：在过去的 3 h，本地降雨量已达 100 mm 以上，且降雨可能持续。

防御指引：

①人员应留在安全处所，户外人员应立即到安全的地方暂避；

②相关应急处置部门和抢险单位随时准备启动抢险应急方案；

③幼儿园、托儿所和中小学校应停课，处于危险地带的单位应停业，立即转移到安全的地方暂避；

其他同暴雨橙色预警信号。

(3)高温预警信号

高温预警信号分三级，分别以黄色、橙色、红色表示。

1)高温黄色预警信号

图标：

含义：天气闷热。一般指 24 h 内最高气温将接近或达到 35℃或已达到 35℃以上。

防御指引：

①天气闷热，要注意防暑降温；

②避免长时间户外或者高温条件下作业；

③各相关部门、单位做好用电、用水的准备工作；

④媒体应加强防暑降温保健知识的宣传。

2)高温橙色预警信号

图标：

含义：天气炎热。一般指24 h内最高气温将要升至37℃以上。

防御指引：

①尽量避免午后高温时段的户外活动，对老、弱、病、幼人群提供防暑降温指导，并采取必要的防护措施，有条件的地区应当开放避暑场所；

②有关部门应注意防范因用电量过高，电线、变压器等电力设备负载大而引发火灾；

③户外活动或者在高温条件下的作业人员应当采取必要的防护措施；

④注意作息时间，保证睡眠，必要时准备一些常用的防暑降温药品；

⑤媒体应加强防暑降温保健知识的宣传，各相关部门、单位落实防暑降温保障措施。

⑥有关部门应当加强食品卫生安全监督检查。

3)高温红色预警信号

图标：

含义：天气酷热。一般指24 h内最高气温将要升到39℃以上。

防御指引：

①有关部门要特别注意防火；

②建议停止户外露天作业；

其他同高温橙色预警信号。

(4)寒冷预警信号

寒冷预警信号分三级，分别以黄色、橙色、红色表示。

1)寒冷黄色预警信号

图标：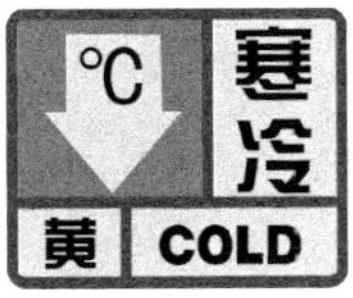

含义：预计因北方冷空气侵袭，当地气温在24 h内急剧下降10℃以上，或日平均气温维持在12℃以下。

防御指引：

①人员要注意添衣保暖，热带作物及水产养殖品种应采取一定的防寒和防风措施；

②固紧门窗、围板、棚架、临时搭建物等易被大风吹动的搭建物，妥善安置易受寒潮大风影响的室外物品；

③要留意有关媒体报道大风降温的最新信息，以便采取进一步措施；

④在生产上做好对寒潮大风天气的防御准备。

2)寒冷橙色预警信号

图标：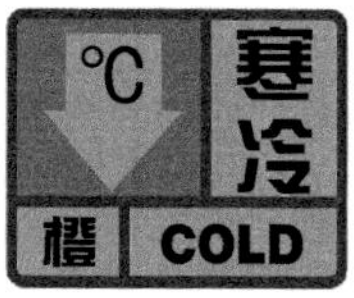

含义：预计因北方冷空气侵袭，当地最低气温将降到 5℃以下。

防御指引：

①做好人员(尤其是老弱病人)的防寒保暖工作；

②做好牲畜、家禽的防寒防风，对热带、亚热带水果及有关水产、农作物等种养品种采取防寒措施；

其他同寒冷黄色预警信号。

3)寒冷红色预警信号

图标：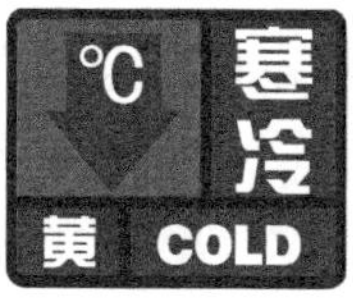

含义：预计因北方冷空气侵袭，当地最低气温将降到 0℃以下。

防御指引：

①加强人员(尤其是老弱病人)的防寒保暖工作；

②进一步做好牲畜、家禽的防寒保暖工作；

③农业、水产业、畜牧业等要积极采取防霜冻、冰冻措施，尽量减少损失；

其他同寒冷橙色预警信号。

(5)大雾预警信号

大雾预警信号分三级，分别以黄色、橙色、红色表示。

1)大雾黄色预警信号

图标：

含义：12 h 内可能出现能见度小于 500 m 的浓雾，或者已经出现能见度小于 500 m、大于等于 200 m 的浓雾且可能持续。

防御指引：

①驾驶人员注意浓雾变化，小心驾驶；

②机场、高速公路、轮渡码头注意交通安全。

2)大雾橙色预警信号

图标：

含义：6 h 内可能出现能见度小于 200 m 的浓雾，或者已经出现能见度小于 200 m、大于等于 50 m 的浓雾且可能持续。

防御指引：

①浓雾使空气质量明显降低，居民需适当防护；

②由于能见度较低，驾驶人员应控制速度，确保安全；

③机场、高速公路、轮渡码头采取措施，保障交通安全。

3)大雾红色预警信号

图标：

含义：2 h 内可能出现能见度低于 50 m 的强浓雾，或者已经出现能见度低于 50 m 的强浓雾且可能持续。

防御指引：

①受强浓雾影响地区的机场暂停飞机起降，高速公路和轮渡暂时封闭或者停航；

②各类机动交通工具采取有效措施保障安全。

(6)霾天气预警信号

霾天气预警信号，以黄色表示。

图标：

含义：12 h 内可能出现霾天气，或者已经出现霾天气且可能持续。

防御指引：

①霾造成能见度较差，驾驶人员应注意小心驾驶；

②霾使空气质量明显降低，居民需适当防护；

③有呼吸疾病的患者尽量避免外出，外出时可戴上口罩。

(7)雷雨大风预警信号

雷雨大风预警信号分四级，分别以蓝色、黄色、橙色、红色表示。

1)雷雨大风蓝色预警信号

图标：

含义:6 h 内可能受雷雨大风影响,平均风力可达到 6 级以上,或阵风 7 级以上并伴有雷电;或者已经受雷雨大风影响,平均风力已达到 6～7 级,或阵风 7～8 级并伴有雷电,且可能持续。

防御指引:

①做好防风、防雷电准备;

②注意有关媒体报道的雷雨大风最新消息和有关防风通知,学生停留在安全地方;

③把门窗、围板、棚架、临时搭建物等易被风吹动的搭建物固紧,人员应当尽快离开临时搭建物,妥善安置易受雷雨大风影响的室外物品。

2)雷雨大风黄色预警信号

图标:

含义:6 h 内可能受雷雨大风影响,平均风力可达 8 级以上,或阵风 9 级以上并伴有强雷电;或者已经受雷雨大风影响,平均风力达 8～9 级,或阵风 9～10 级并伴有强雷电,且可能持续。

防御指引:

①妥善保管易受雷击的贵重电器设备,断电后放到安全的地方;

②危险地带和危房居民以及船舶,应到避风场所避风,千万不要在树下、电杆下、塔吊下避雨,出现雷电时应当关闭手机;

③切断霓虹灯招牌及危险的室外电源;

④停止露天集体活动,立即疏散人员;

⑤高空、水上等户外作业人员停止作业,危险地带人员撤离;

其他同雷雨大风蓝色预警信号。

3)雷雨大风橙色预警信号

图标:

含义:2 h 内可能受雷雨大风影响,平均风力可达 10 级以上,或阵风 11 级以上,并伴有强雷电;或者已经受雷雨大风影响,平均风力为 10～11 级,或阵风 11～12 级并伴有强雷电,且可能持续。

防御指引:

①人员切勿外出,确保留在最安全的地方;

②相关应急处置部门和抢险单位随时准备启动抢险应急方案;

③加固港口设施,防止船只走锚和碰撞;

其他同雷雨大风黄色预警信号。

4)雷雨大风红色预警信号

图标：

含义：2 h 内可能受雷雨大风影响，平均风力可达 12 级以上并伴有强雷电；或者已经受雷雨大风影响，平均风力为 12 以上并伴有强雷电，且可能持续。

防御指引：

①进入特别紧急防风状态；

②相关应急处置部门和抢险单位随时准备启动抢险应急方案；

其他同雷雨大风橙色预警信号。

(8)道路结冰预警信号

道路结冰预警信号分三级，分别以黄色、橙色、红色表示。

1)道路结冰黄色预警信号

图标：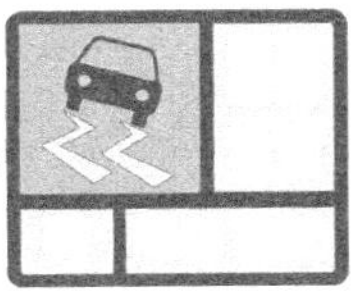

含义：12 h 内可能出现对交通有影响的道路结冰。

防御指南：

①交通、公安等部门要做好应对准备工作；

②驾驶人员应注意路况，安全行驶。

2)道路结冰橙色预警信号

图标：

含义：6 h 内可能出现对交通有较大影响的道路结冰。

防御指引：

①行人出门注意防滑；

②公安等部门注意指挥和疏导行驶车辆；

③驾驶人员应采取防滑措施，听从指挥，慢速行驶；

其他同道路结冰黄色预警信号。

3)道路结冰红色预警信号

图标：

含义：2 h 内可能出现或者已经出现对交通有很大影响的道路结冰。

防御指引：
①相关应急处置部门随时准备启动应急方案；
②必要时关闭结冰道路交通；
其他同道路结冰橙色预警信号。
(9)冰雹预警信号
冰雹预警信号分二级，分别以橙色、红色表示。
1)冰雹橙色预警信号
图标：

含义：6 h 内可能出现冰雹伴随雷电天气，并可能造成雹灾。
防御指引：
①注意天气变化，做好防雹和防雷电准备；
②妥善安置易受冰雹影响的室外物品、小汽车等；
③老人、小孩不要外出，留在家中；
④将家禽、牲畜等赶到带有顶篷的安全场所；
⑤不要进入孤立的棚屋、岗亭等建筑物或大树底下，出现雷电时应当关闭手机；
⑥做好人工消雹的作业准备并伺机进行人工消雹作业。
2)冰雹红色预警信号
图标：

含义：2 h 内出现冰雹伴随雷电天气的可能性极大，并可能造成重雹灾。
防御指引：
①户外行人立即到安全的地方暂避；
②相关应急处置部门和抢险单位随时准备启动抢险应急方案；
其他同冰雹橙色预警信号。
(10)森林火险预警信号
森林火险预警信号分三级，以黄色、橙色、红色表示。
1)森林火险黄色预警信号
图标：

含义：森林火险等级为三级。中度危险，林内可燃物较易燃烧，森林火灾较易发生。
防御指引：
①有关部门要加强森林防火宣传教育；
②加强巡山护林和野外用火的监管工作；

③做好扑火救灾充分准备工作；

④进入林区，注意防火；在林内或林缘用火要做好防范措施，勿留火种、乱丢烟头。

2）森林火险橙色预警信号

图标：

含义：森林火险等级为四级。高度危险，林内可燃物容易燃烧，森林火灾容易发生，火势蔓延速度快。

防御指引：

①进一步加强森林防火宣传教育；

②加大巡山护林力度，严格管制野外火源；

③做好扑火救灾充分准备，进入防火临战状态；

④在重点火险区要设卡布点，禁止带火种进山；

⑤在林内或林缘禁止户外用火，停止一切炼山作业。

3）森林火险红色预警信号

图标：

含义：森林火险等级为五级。极度危险，林内可燃物极易燃烧，森林火灾极易发生，火势蔓延速度极快。

防御指引：

①加强值班调度，密切注意林火信息动态；

②进入紧急防火状态，森林消防队伍要严阵以待；

③发布戒严通告，严禁一切野外用火；

④组织镇、村干部和护林员、林业公安员加强巡山护林，落实各项防范措施，在进入林区的主要路口设卡布点，严禁带火种进山，及时消除林火隐患；

⑤发生森林火灾时要及时、科学、安全扑救，确保人民群众生命财产安全。

4.2.3　预警信号发布中的一些技术问题

从 2000 年 11 月 1 日起，中山市开始实施《广东省台风、暴雨、寒冷预警信号发布规定》。多年来，通过各种宣传，已使预警信号作为一种防灾指导信号深入人心，成了城市防御气象灾害的重要手段。这一方面提高了气象部门的社会形象地位，但另一方面也对发布预警信号的气象部门提出了很高的要求。2003 年 3 月 1 日，本着预警信号的质量应以防灾、减灾效果以及政府和公众满意程度为标准，又颁布了《广东省台风、暴雨、寒冷预警信号发布细则》，使我们的发布工作更加科学、合理、有效。

由于预警信号发布在气象业务中属一项全新的技术工作，在具体的操作中难免碰到不少问题，如何解决这些问题，使预警信号的发布更加科学、合理，使其成为人们生产生活的指导工具呢？下面分别就各种预警信号的发布作一些探讨。

(1)发布台风预警信号应把握好时机

简单地看，发布台风预警信号要求准确，这是再明白不过的事情，但是要在实际的发布中掌握好并不容易，发布时间不宜太早，也不宜太迟，并不是说越早越好。针对不同类型的台风，预警信号的发布时机也有所不同。

1)快速台风

对于那些移动速度快的台风，其路径相对稳定，预报出错的可能性相对较少，同时由于其移动速度快，留给人们防灾的时间也相对变短，所以针对这种类型的台风，应根据其登陆或影响本地的时间作为提前量，而不是根据其距离本地的远近作为发布预警信号的参考。另外，这一类台风一般强度都较强，且在移动的过程中强度迅速加强，例如 0313 号台风“杜鹃”，9 月 1 日 02 时中心附近最大风速 35 m/s，到 9 月 1 日 11 时已达到 45 m/s，仅 9 h 强度就加强了 10 m/s。因此，这样的台风如果登陆，将对其周边地区造成很大的灾害。对于这样的台风，由于其影响范围较大，即使它不是正面登陆，只要预测其可能对本地造成影响，则应尽量提早发布白色台风信号，因为白色台风信号的含义是 48 h 内可能影响本地，它是台风影响的最初警示，提醒人们注意台风可能造成的潜在威胁，这样可以给防灾工作和以后预警信号的升级预留充足的准备时间。

但如果升级到蓝色台风信号则应该非常谨慎，并不是越早越好，因为一旦升级则基本上肯定了台风将给本地造成影响，有关的单位就要切实地花人力物力做好防风的准备工作，而由于快速台风此时一般距离本地还比较远，稍微有一点偏离原路径，到达沿海时偏差就非常大，是否给本地造成影响和影响的程度都大不一样。

发布黄色、橙色、红色台风信号时则不应该简单地考虑早一点好还是晚一点好，而应注意发布的时机。因为这三种信号分别要求幼儿园、中小学停课以及全市停业，并要求各行业进入防风状态，切实做好防风工作，已经深刻影响到人们的生产、生活。例如在 0313 号台风“杜鹃”的预报服务中，中山市气象局考虑到该台风移速快但速度和移向都较稳定，对其未来的动向把握性较大，因此，把发布黄色台风信号和红色台风信号的时间选择在学生下午还没上学前的 11 时 37 分和 13 时 18 分，并且提前通知教育局，这样既保证了学生们的安全，又避免了给学校和家长带来不必要的麻烦。试想，如果单纯地考虑预报的提前量而在学校上午还没放学前发布信号，则会造成大量家长还没下班就要提前来接孩子的麻烦；如果单纯地考虑预报的准确性而把信号的发布时间推迟到下午学校上课后，则会造成学生刚来上学后学校又要组织学生们回家或在学校暂避的混乱。因此，如何很好地把握发布时机，不仅要考虑气象标准，还要充分考虑人们的生产生活习惯和作息时间，留给我们探讨和研究的问题还很多。

2)慢速台风

对于移动缓慢的台风，由于其路径复杂多变，有的甚至在原地摆动，未来的移向很难预测，其影响也同样难以预测，此时，如果过早发布预警信号，则会影响发布的质量。例如 0103 号台风“榴梿”是南海台风，一般都认为南海台风生成后很容易快速在广东沿海登陆，比较危险。但“榴梿”移动速度缓慢，生成后缓慢地向偏北方向移动，指向珠江口西侧海面，但在 114.2°E、18.5°N 其偏西分量突然加大，以后有几个时次甚至是完全西行，最后在湛江登陆，对地处珠江口西侧的中山市无明显影响。虽然有人认为早一些发布预警信号可以增加防灾的时间，但如果在“榴梿”缓慢偏北行时急于发布信号，则空报的可能性很大。

另外，对慢速台风过早发布预警信号，还会造成人们的一种麻痹心理。因为预警信号作为一种防灾信号，其直接影响到政府部门的运作和人们的生产生活，试想如果大家都做好了准备，但台风影响却迟迟不来，则会给人造成台风影响不过如此的感觉而放松警惕。同样，对慢速台风也不宜过早升级到黄色、橙色、红色这些深刻影响人们生产生活的台风预警信号。因为如果在台风影响前过早发布这些信号，人们的生产生活会长时间无谓地受到影响，停课、停工所造成的经济等各方面的损失也是非常严重的。

但在现实中要做到这一点很难，因为一旦有台风，从上到下都会层层指示，要严阵以待，这无形中给业务人员增加了很大的心理压力，这时普遍会造成预报员“宁可空报，不可漏报”的心理。这时，应该采用密切留意台风动向，多参考各种数值预报，有条件时多组织预报员会商等方法，在预留好防灾准备时间的情况下，宁愿暂缓发布或升级信号，也不要空发。

(2)及时性是暴雨预警信号发布的关键

按照气象指标，暴雨指 24 h 累积降雨量达到 50 mm 或 12 h 累积降雨量达到 30 mm。但不同雨强产生的暴雨其影响程度大不一样，通常连续性降水造成的暴雨远没有突发性暴雨造成的灾害大，经常会出现这种情况，3 h 下 100 mm，所造成的灾害远小于半小时下了 30 mm，因此不能单纯地以气象意义上的暴雨标准作为发布预警信号的依据。相比之下，连续性降水造成的暴雨留给人们的反应时间较长，而突发性暴雨由于其不确定性和突然性，留给人们反应的时间也相应较少，因此在发布暴雨预警信号时，就应该把握好及时这一准则。

由于当时颁布《广东省台风、暴雨、寒冷预警信号发布规定》时，广东省的自动站布点还不多，多数台站都只有人工观测，因此，黄色暴雨预警信号的含义是：6 h 内本地将可能有暴雨发生；橙色和红色暴雨预警信号的含义分别是在刚过去的 3 h 内，本地部分地区降雨量已达 50 mm 和 100 mm 以上，且雨势可能持续，时间段 3 h 相对过长，很难反映暴雨的突发性。因此，在 2003 年 3 月 1 日颁布的《广东省台风、暴雨、寒冷预警信号发布细则》中又指出：暴雨预警信号的规定雨量，只是指导性质，预警信号中的“暴雨”含义着眼于公众的感受，降雨的瞬时强度以及降雨所引起的危害程度，不能与常规预报中的“暴雨”混同。因此，在实际操作中，应灵活掌握，遇到突发性的强降雨，即使未达到规定雨量，如果对人们的生产生活影响很大，根据情况也可以发布相关的暴雨预警信号。

像暴雨、强对流这种突发性天气，不仅短期预报难度较大，即使相差几小时的短时预报也有困难，而强降水往往几十分钟就可成灾，如果循着正常途径，层层上报，则会延误发布的时机，降低发布的效果，甚至等发布了暴雨预警信号时雨已经减弱了或停了。目前，我们采用的是代理人制，如局领导不在，则由其下一级领导签发，但有时碰到节假日，领导们不能及时赶回，则有一些漏洞。能否把发布权适当下放到值班预报员手中是个非常值得探讨的问题。另外，由于暴雨这种灾害的不确定性以及我们预报的准确性等问题，有时会出现未能及时发布初级的预警信号，而灾情已达到发布较高级别预警信号的标准，这时应直接发布较高级别的预警信号，而不能拘泥于常规，逐级发布这时就会影响发布的效果。

由于暴雨和强对流这种恶劣天气不一定在全市范围内同时出现，而目前预警信号又是全市统一发布的，因此，灾害的局地性也会给我们的预警信号发布带来困扰。如果发布了较高级别的预警信号，不但出现灾害的地方人们的生产、生活和学习要受到影响，没有出现灾害的地方人们也会受到影响。如何解决这一问题呢？目前，我们采用的是以人口密集、经济发达地区为主的原则。现在中山市的自动气象站布点已遍布全市22个镇区，可以为雨量监测提供很好的适时数据，如果发现有些地方雨虽然下得很大，但该地人口不密集且经济欠发达，而人口密集且经济发达的地方雨不大，这时我们一般不发预警信号或降低发布信号的级别，以避免因此造成大量人力物力的浪费，反之，如果有时虽然只出现了局部性的强降水天气，但发生的地点人口密集、经济发达，这时为了避免损失，则应及时发布相应的预警信号，使之充分发挥防灾、抗灾的指示作用，这一点在《广东省台风、暴雨、寒冷预警信号发布细则》中也指出：采取以人口密集区为重点，兼顾全市的发布原则。

(3)寒冷预警信号发布要注重效果

中山地处低纬，在北回归线以南，属南亚热带季风气候，相对来说出现低温、霜冻的机会较少，因此，发布较高级别的橙色寒冷预警信号的机会不大，从颁布《广东省台风、暴雨、寒冷预警信号发布规定》至今，中山气象局还没有发布过一次橙色寒冷预警信号。但在冬季，北方的冷空气也常会越过南岭，给人们的生产、生活和身体健康带来一定的影响，因此如何做好寒冷预警信号的发布工作仍然非常值得我们去探讨。

北方冷空气侵袭时，中山市降温主要分干冷、湿冷和湿冷转干冷三种，我们应根据不同情况决定如何发布寒冷信号。

1)干冷天气

相对来说，干冷天气对发布初级的黄色寒冷信号比较容易处理，只要预测北方有明显的冷空气南下，未来24 h内本站的气温将下降10℃以上，就可以发布了。实况未达到10℃以上，只要接近10℃，给人感觉降温明显也算是成功的。降温后，根据最低温度是否能达到5℃和0℃以下，再分别决定是否发布红色和橙色寒冷预警信号。我们在这里想讨论的是：干冷天气的最低温度多出现在凌晨，主要是由于辐射降温的作用，而白天随着太阳照射，气温将迅速回升，但第二天凌晨可能又降到5℃以下，这时，对于红色寒冷预警信号的发布就带来一些问题。因为凌晨时，大多数人都在家里睡觉，可能不能明显感觉到气温下降到了5℃以下，而白天大多数人出外活动时，看见阳光普照，气温回升，感觉比较温暖，而多数情况下，我们如果预测连续几天的凌晨温度都较低，一般会维持发布红色寒冷预警信号，这时就会有市民反映，白天天气挺暖和的，怎么还发布红色寒冷预警信号呢？虽然红色寒冷预警信号的含义是，因北方冷空气侵袭，致使当地最低气温降到5℃以下，但多数人在出现5℃以下温度的凌晨正在家里睡觉，可能感觉不到。

2)湿冷天气

而对于湿冷天气，寒冷预警信号的发布实施起来则相对比较困难。根据历年的统计，中山湿冷型天气多出现在2月中旬及以后，对于湿冷天气来说，冷空气到来前，中山市一般受暖湿海洋气流控制，冷空气到来后，与暖湿海洋气流交织在一起，出现降水，并使气温逐渐下降，很难出现黄色寒冷预警信号要求的24 h内气温急剧降低10℃以上的情况，等最低气温逐渐下降到5℃以下时，就只能直接发布红色寒冷预警信号了。因此，会造成一些人误以为气象局没有及时做出预报，才会越级发布较强的寒冷预警信号。所以，我们应加大力度宣传各级预警信号的含义，使群众更加了解预警信号的发布规定。由于湿冷天气一般维持时间较长，且气温的日变化较小，因此在发布了红色寒冷预警信号以后，群众反映的效果就非常好了。

3)湿冷转干冷天气

最难处理的是湿冷型转干冷型的天气，这种天气的出现一般是由两股以上的冷空气造成的，且后一股冷空气一般强于第一股。这种天气出现时，前期中山市也是受暖湿海洋气流影响，第一股冷空气到来后，与暖湿海洋气流共同作用产生湿冷天气，但又达不到发布寒冷预警信号的标准，等后一股冷空气到来后，冷空气势力明显强于暖湿海洋气流，把潮湿的气团推出海面，给中山市带来晴好天气的同时，也在凌晨产生了低于5℃的最低温度，这时我们就必须发布红色寒冷信号，但这时又会出现前面提到的情况，虽然凌晨气温很低，但大部分人感觉不到，而白天阳光普照时又给人温暖的感觉，觉得比前期湿冷天气出现时的气温还高。这时许多人就会认为我们乱发信号，前期湿冷天气时感觉很冷却连较低级别的黄色寒冷预警信号都不发布，后期干冷天气时白天阳光普照时却发布较高级别的红色寒冷信号，很不准确。因此，我们应把握好《广东省台风、暴雨、寒冷预警信号发布细则》中寒冷信号的发布应着重考虑人体对降温的感受这一原则，充分考虑人们的感受，在前期湿冷天气出现时，即使达不到24 h内急剧降温10℃以上，只要人体感觉到气温明显由暖转冷，我们都应该考虑发布黄色寒冷预警信号，然后再根据后期的气温下降情况决定是否取消、维持还是升级寒冷预警信号。

4)小结

预警信号的发布工作开展至今已有三年多时间，在实际的操作中我们不断地碰到各种问题，也想了不少办法来解决或灵活处理这些问题，以上是对中山市这几年预警信号发布工作的一些探讨。

随着预警信号发布工作的深入开展，我们还将碰到各种不同的问题。如台风登陆后台风预警信号是否降级，如何降级，降级发布是否会和“预警信号”这一名字发生冲突(例如香港采用的是“警告信号”，而我们采用的是“预警信号”，预报的意思较明显)，台风和暴雨信号如何组合起来发布，黄色寒冷预警信号是否可以以某一个最低温度值作为发布的参考等，但由于对这些问题还不能形成一个较完整的想法，所以不能一一展开讨论。希望通过本节与大家交流，共同提高我们预警信号的发布技术。

第5章　气象服务

5.1　决策气象服务

5.1.1　决策气象服务的主要内容

气象服务是气象部门的主题，是气象工作的出发点和永恒的任务，而做好决策气象服务是气象服务工作的重中之重。决策气象服务主要是针对各级党政领导部门开展的气象服务，主要内容体现两个方面：一是做好对国计民生影响大的突发性、关键性、转折性天气的监测、预报和信息服务，及时提供有针对性的防范措施和建议；二是为政府部门和有关单位研究发展战略、制定长远规划、组织经济开发和安排工农业生产提供气象信息和保障。多年来，中山市气象局始终把决策气象服务放在首位，以防灾减灾服务为重点，加强对气象决策服务的领导和管理，并形成一整套行之有效的决策气象管理模式和决策气象服务系统的工作流程，在中山市各级政府抗灾减灾、指挥工农业生产等各项活动的决策服务中发挥了较好的参谋和助手作用。

(1)决策气象服务面向政府部门

气象工作者在了解、掌握天气气候背景，并结合政府与有关部门的特殊需求，通过对各类天气实况和探测资料以及数值预报产品，预报工具产品的分析、会商后，制作并加工出天气、气候预报产品。若是一般性天气的预报，则可以直接将各类预报结论及基本的气象资料和信息，旬报、月报、卫星云图、雷达回波图等输入到决策气象服务网站系统，供有关部门使用。

若是出现关键性、转折性、灾害性天气，或是出现特大暴雨，或是受热带气旋影响，则除了将结论直接输入决策气象网站外，还应及时向气象局领导汇报，并由局领导采取各种形式，如当面汇报、电话汇报、传真服务、书面专题服务，及时向市有关领导通报和向有关的服务部门通报。

(2)决策气象电子显示屏服务

根据中国气象局和广东省气象局的要求，中山市气象局是在2005年开始使用电子显示屏开展决策气象服务工作的。2008年，为了不断扩大气象灾害预警信息的覆盖面，切实解决气象信息传递“最后一公里”的难题，中山市气象局将神湾镇作为首批推广气象预警信息终端电子显示屏的试点镇区，于当年8月启动了气象预警信息电子显示屏建设项目，历时半年时间，完成了神湾镇镇政府和6个村委会共7个电子显示屏的安装建设，并全部正常运行，实现了气象预警信息直通到基层行政村的“零距离”传递。经过半年的运行，神湾镇政府和各村委会一致反映：在镇村布设气象灾害预警信息显示屏，可以确保基层最直接、快捷地获取每日的天气预报信息及各种灾害天气预警信息，为迅速响应气象灾害预警机制，特别是有效防御突发性灾害天气提供了又快又可靠的预警信息；同时还可以让镇村居民直观地了解到第一手的天气预报信息，极大地方便了村民的生产与生活。2009 年村一级气象预警信息电子显示屏建设逐渐铺开，让气象科技发展成果实实在在地服务到公众，到 2010 年，在市政府、市属有关单位、各镇区政府以及部分村委会，全市共建设有 80 多块气象预警信息电子显示屏。

预警信息电子显示屏都是安装在政府部门和有关单位最显眼的地方。领导或有关人员出入都可以看到当地的天气预报，气象电子显示屏的有关的各种气象资料和数字比较多，可以满足各级领导和各单位、各部门指导防灾减灾工作的需要。

(3)决策手机气象短信息服务

随着社会和经济发展的需要，中山市气象局是在 2004 年开展决策手机气象短信息服务的。这种决策手机气象短信息服务主要是针对市领导、各部门主要领导、各镇区一级主要领导、村委的主要领导、各学校的校长以及各级三防成员和林业部门的护林员等。决策手机气象短信息服务主要是根据各级领导的需求，通过中山气象局决策手机气象短信息服务平台，把灾害天气预报，如热带气旋信息、暴雨信息、强对流信息以及高温、冷害信息编成短信息发送给各级领导参考，指挥三防抗灾工作和指导生产服务工作。

5.1.2　做好决策气象服务工作的要点

根据中山市的实际情况和市气象局多年积累的工作经验和方法，做好决策气象服务工作主要要掌握如下几个方面。

(1)准确性

决策气象服务产品的主体是“天气预报”，特别是关键性、转折性、灾害性天气预报的准确性是做好决策气象服务工作的重要基础。因此，多年来中山局的领导十分重视重要天气预报的准确性，在关键性天气领导把好关，牢固“质量第一、准确性第一”的思想，充分发挥气象现代化建设的优势，不断提高关键性、转折性、灾害性天气的预报水平。

(2)及时性

及时快速的服务是决策气象服务取得成功的关键。预报准确，只有服务主动及时，其服务效果才会得到彰显。没有主动及时的服务，即使预报得非常准确，其服务效益也不能得到有效的发挥。要做到决策服务的“主动”“及时”，必须时刻关注当地经济的发展，关注当地领导关心的而且与气象关系密切的问题，尽早做好调查研究，抓住关键问题和有利时机，做到主动服务，由于受到科学技术水平的制约，气象部门的天气预报准确率还不可能达到 100%。因此，为了取得最佳的服务效果，发挥预报服务的最大效益，还必须密切监视天气变化、及时做好预报的补充订正，做好跟踪订正预报服务。

(3)针对性

及时了解“气象服务工作的需求，做到有的放矢”，提高气象服务工作的针对性，是搞好决策气象服务的关键环节之一，要做到“四突出”，即：突出关键性、转折性、灾害性天气服务；突出气象为市民服务；突出为经济建设服务；突出为防灾减灾服务。气象工作者在重要气象服务之前，要主动走访当地的党政领导和有关部门，了解政府领导的工作安排和服务需要；要在做好跟踪服务的同时，跟踪了解有关部门的需求，以此来调整服务工作的重点和服务内容，切实做到想政府领导所想，急人民群众所急。

(4)科学性

由于受到气象科学技术发展的制约，目前我国对于较长时效的短期气候预测和较小尺度(如龙卷风)的天气预报水平还不高。但从防灾减灾、趋利避害的科学决策需求出发，各级党政领导对气象服务的要求越来越高，尤其是对预报的精度和预报时效要求很高。因此，气象部门必须从实际情况出发，根据不同天气过程的特点，采取科学的态度，遵循气象服务产品的特征，实事求是地进行服务。对各种气象因素的作用，要掌握辩证法，既不夸大，也不缩小，力求准确。特别是对于预报时效较长，把握不大的预报结论，要敢于“交底”。在表达上既要有肯定的意见，又要留有余地，既不能绝对化，又不能似是而非。如有可能应提供预报结论的概率值，切实做好气象服务的科学性与艺术性的有效结合，尽可能避免由于预报失误而造成的不应有的损失。

5.2　公众气象服务

公众气象服务是为了满足人民群众对天气预报和其他气象信息的需求而提供的一种通用的气象服务，它有别于决策气象服务和专项气象服务。中山市的公众气象服务的内容包括：天气实况、天气形势、天气预报和灾害性天气预警信号等。其服务形式主要有：广播电视天气预报服务、气象信息网站服务、“12121”自动答询电话服务和手机短信息服务等。

5.2.1　广播电视天气预报服务

中山早期的公众气象服务，其传递手段主要靠有线广播站广播。每天下午，县气象站将未来2～3 d的天气预报通过电话传送到县广播站，广播站在晚上播出。1985年11月，中山市人民广播电台正式开播，天气预报改由市广播电台播出。晚上广播未来2～3 d的天气预报，第2 d早上再重播一次。1994年，市气象台改为早上及下午各发布一次天气预报，电台播送的天气预报也改为每天两次。这种气象服务的传递方式，虽然比较单调和原始，但在当时确实发挥了很好的作用。广播站或电台播送的天气预报，成为群众每天必收听的节目。例如1986年5月13日，中山市出现一次飑线大风天气，风力达到9级。事前一个半小时，市气象台做出预报，并通知市广播电台，电台立即调整节目安排，临时插播大风消息。半小时后，飑线过境，大风出现。又如1993年，影响中山的台风不但频繁，而且严重。为了让领导和群众及时了解台风的最新动向，电台记者在气象台值班室对台风作现场跟踪报道，每小时报告一次台风位置，直到台风登陆。

1985年3月18日，中山电视台正式开播天气预报。市气象局的公众天气预报又多了一个新的传播手段：电视天气预报。市气象台制作出天气预报后，用电话或传真传送到电视台，再由电视台播音员播出。1998年5月1日，市气象台利用多媒体技术，自行制作电视天气预报节目，先后在中山电视台和有线电视台播出。新电视天气预报节目增加了卫星云图、台风路径等动画内容，使天气预报内容丰富、生动活泼，深受群众喜爱。2000年7月，市气象局又将该系统升级，提高了电视天气预报节目的视觉效果。为满足人民群众对气象信息及天气预报的需求，从2003年8月开始，市气象局增加了午间电视天气预报节目。

除发布天气预报外，遇有灾害性天气或转折性天气，中山市气象台会采取接受记者采访的方式，将最新的气象信息告知广大群众。由于电视收视率高，覆盖面广，其在公众气象信息传播方面，起到了其他媒体所不能替代的作用。

由于中山市社会经济的快速发展，气象事业也得到了较快的发展。2009年市气象局在中山市委、市政府的大力支持下，电视天气预报节目又进一步升级，由原来语音图像升级为由节目主持人播出，节目主持人采用生动活泼的语言，同时结合一些天气预报的分析图像，如气温变化曲线图、雨量图、卫星云图、台风路径图、雷达资料等，讲解每天的天气预报，现在电视天气预报节目很受中山市民的欢迎。

5.2.2 气象信息网站服务

1996年6月，中山市气象局将计算机网络技术应用于气象服务上，成功研制出灾害性天气计算机服务终端，即用户的计算机与市气象台的计算机联网，通过网络调取卫星云图、台风路径、天气实况以及未来天气预报等信息资料，气象信息的传递又多了一种途径。

1998年之后，中山市气象局先后在市农业信息网、视聆通网站和政府网站上开设气象专页，将公众气象服务上网。

2003年3月，中山市气象局对计算机网络进行升级改造。经过大半年时间的自主研究开发和试用，于2004年1月，中山市公众气象服务网正式投入业务运行。

中山市公众气象服务网是一个为公众提供全面的天气信息的载体，它具有三大特点：首先是实用性，为公众提供实用的气象信息；其次是专业性，整个网站由市气象台制作和维护，气象资料自动处理和更新，做到实时、滚动、大信息量；再次是突出个性化的需求，针对社会不同层面对气象信息的不同需求，尽可能给予满足，力求做到内容丰富、直观、图文并茂。

中山市公众气象服务网站提供的主要产品包括9个方面：①本地1～7 d天气；②环境气象；③城市天气；④天气信息；⑤气象新闻；⑥气象天地；⑦防雷业务；⑧政务公开；⑨气象科普。其中48 h天气预报和5 d滚动天气预报采用动画方式结合文字说明来表现。天气实景采用数码相机每小时自动拍摄并传送上网，使其他地区的浏览用户也能直观了解中山的天气实况。公众气象服务网站还有用户留言、用户满意度投票等内容，从中了解公众对气象服务的意见和建议，作为改进服务和做好跟踪服务的重要依据。

网站主页重点突出天气快讯栏目和灾害性天气预警信号通道。天气快讯以灾害性、转折性和关键性天气为主，结合7 d的天气预报，以字幕滚动的方式提供。而预警信号通道则以灾害性天气的预警信号为主，并提供相关的发布标准和防御指引，帮助公众了解灾害性天气预警信号的含义和应采取的防御措施。

市气象局公众气象服务网开通后深受领导和群众的欢迎。2004年的访问量达47.69万人次，平均每天1307人次。2005—2006年，访问量激增，达到385.03万人次，平均每天5274人次。通过网上公众满意度调查，满意率基本上维持在90%左右。到了2010年访问量为150万人次。

另外，从2004年2月16日起，市气象局开通了移动设备专用网站，在全省率先推出“手机气象台”。“手机气象台”提供5 d天气预报、各镇区实时天气信息、全国城市天气查询和卫星云图等资料。

5.2.3 “12121”气象电话服务

电话，一直是市气象局传递天气预报和气象信息、开展气象服务的主要手段，特别是遇有台风等重大灾害性天气，市气象台的电话接连不断，几部电话应接不暇，不少群众抱怨电话打不进来，传统的人工接听电话远远满足不了群众的需求。在上级业务部门的指导下，1999 年 7 月 28 日，中山市“121”气象服务电话正式开通，实现气象信息与天气预报自动答询。该电话设有天气实况、中山市天气预报、广东省各市和全国主要旅游城市天气预报以及台风警报等信箱。当年 9 月 16 日，9910 号强热带风暴正面袭击中山，新建立的“121”气象服务电话在防台战斗中发挥了积极的作用。台风登陆当天，“121”电话日拨打服务近 8000 人次，这是传统人工电话答询无法实现的。由于“121”电话具有内容丰富、资料更新及时以及索取方便等特点，深受群众欢迎，成为市气象局开展公众气象服务的一个重要平台。

2003 年 3 月，经过升级改造，全省气象台站统一的“121”气象服务电话在中山正式使用。新的“121”电话由于容量大、信息多，因而日拨打量大幅度提高。2003 年 5 月至 10 月，“121”电话拨打量总共 61.36 万人次，月均超过 10 万人次。2003 年 9 月 2 日，台风“杜鹃”登陆时，日拨打量达 2.32 万人次。

市气象局根据中山的实际情况，对全省统一建设的“121”电话进行本地化改造。一方面，对“121”电话中的 IVR 及语音流程进行修改，方便用户从“121”系统中查询到预报产品及其他内容。例如，在《气象与生活》信箱中，增加了《台风消息》分信箱。没有台风时，播放“目前无台风警报”这句话。有台风时，则详细播放台风位置、预计登陆时间、登陆地段和可能造成的影响等内容。另外还增加了《空气质量预报》和《火险预报》两个专门信箱。另一方面，增加了自动气象站资料，并对有规律、内容变化也规范的信箱，采用自动语音采编，尽量做到自动化，以提高工作效率。

经过改造后的中山市“12121”电话，可提供以下信箱：①未来 2 d 天气预报；②未来 5～7 d 天气预报；③气象与生活；④天气实况；⑤国内外城市和海洋天气预报；⑥农业气象信息；⑦特种气象服务；⑧音乐；⑨天气服务说明等。从 2005 年 1 月 1 日起，“121”电话升位为“12121”。

5.2.4 手机气象短信息服务

为及时将气象信息传递到人民群众中去，2003 年，中山市气象局先后与中山移动、中山联通及中山电信等单位合作，推出天气预报手机短信。

为提高天气预报短信的质量，中山市气象台认真做好天气分析和预报，努力提高每份天气预报的质量，尽可能做到准确、及时；另外，在短信的措辞上下工夫，力争在 60 个字内，把天气形势、天气变化预测等准确地表述清楚，用语尽可能贴近百姓生活。至 2006 年，全市共有天气预报短信用户约 22 万。到 2010 年全市天气预报短信用户数达到 60 万。

5.2.5 气象微博服务

2009 年 8 月中国最大的门户网站新浪网推出“新浪微博”，微博开始进入人们的视野，由于它的即时性、方便性，所以很快就成了主流宣传平台。到了2010年微博的用户成倍增长，这种传播手段已经被更多人掌握与熟练运用，也是各阶层、各年龄段老百姓获取天气信息更为及时、更为实效的渠道之一。

(1)中山气象微博的产生

2011年2月下旬，市气象局以“中山市气象局”的名称分别注册了新浪、腾讯、搜狐和网易四大微博，于3月1日正式面向公众，并在3月3日通过了新浪微博的官方认证。2011年7月全省气象部门微博会议之后集体更名，新浪、腾讯改为“中山天气”，搜狐、网易均称“中山气象”。

中山气象微博的开通是利用新型媒体手段向公众提供最新天气实况、天气信息、气象服务等的一大举措。微博开通以来，点击率增加较快，说明新浪和腾讯微博相对成功，截至2014年5月底，“中山天气”在新浪微博的粉丝数量近7万人，腾讯微博近3万人。在微博建立之初，“@中山天气”微博的影响力在中山市各部委办官方微博当中算是走在前列，也受到了公众和舆论的一致好评。

(2)微博的互动性

尽管粉丝人数每天都在增长，但在互动性这一方面“@中山天气”基本上能够做到有问必答。另外，微博是一个很好的沟通交流平台，对气象的一些专业术语、专业名词，大多数人都不理解。通过微博这一个平台，可以利用文字、图片、视频等方式向受众“名词解释”，他们又可以通过微博进行提问，这样相互联动就使得人们对气象的认识不再那么狭窄，这也是传播气象科普知识的方法。

(3)微博的预警信号发布管理

预警信号的发布经常是随时性的，无论白天还是半夜，只要有灾害天气都会在第一时间发布，做出决策服务。这样使得预警信号的发布更新受到了局限，比如降雨天气，有些预警信号都在大家休息的时间发出，为了保证微博的及时有效，就要通过固定的同步更新软件对信息形成系统化的更新与管理。

(4)“@中山天气”微博所取得的成绩

“@中山天气”发展之初尽管是官方微博，但所采取的发布形式及语言风格都比较紧随时下，所以让受众对天气有不一样的、新的认识，通过这样的形式也赢得了大家的广泛好评。在2011年度由新浪网官方评选出“全国十大气象系统政务微博”，“@中山天气”排名第五。

5.3　专项气象服务

专项气象服务是为特定用户提供的专门气象服务，它的最大特点是针对性强，是根据特定用户的要求提供的气象服务。

专项气象服务的应用十分广泛，涉及领域有农业、林业、水利、水产、航运、交通、旅游、运输、进出口贸易、重大活动和工程施工等。专项气象服务所提供的内容很多，有时是某个气象要素的气候分析；有时是某种天气不同时效的预报和警报；有的要求天气预报是中短期的，有的则要求作一个月甚至更长时效的天气趋势分析和预测；有的项目还要求气象部门进行现场服务和保障等等。专项气象服务是专门为用户量身定做的，因此，有些专项气象服务属于有偿专业服务的范畴，市气象局根据工作难易和工作量的大小，适当收取一定的服务费或咨询费，用于弥补事业经费的不足。

5.3.1　农业气象服务

农业是弱质产业，农业与气象关系十分密切。因此，为农业服务成了专项气象服务的重要内容。

1977 年，广东大旱。中山市从 1976 年 11 月至 1977 年 4 月，总雨量只有 63.1 mm，仅为历年同期平均值的 15%。其中，4 月雨量仅有 8.7 mm，为历史罕见。旱情持续了 6 个多月，全县受旱面积 31 万亩。为缓解旱情，县气象站参加了全省气象部门组织的“三七”高炮人工增雨作业。5 月 17—24 日，先后在环城、三乡、五桂山和南朗等地进行人工增雨作业，共发射“三七”高炮炮弹 132 发，效果明显。在实施作业 7 d 中(其中 5 月 18 日没有作业)，有 5 d 下小雨，1 d 微雨，1 d 大雨(5 月 24 日，日雨量 42.9 mm)。

早造春耕生产，是一年中水稻生长的重要环节。为保证春耕生产的顺利进行，县气象站每年都成立专门的春播气象服务小组，认真做好春播专项气象服务。除及时发布长、中、短期春播天气预报外，还以长洲四队作为现场服务点，帮助农民掌握有利天气，科学育种。1980 年全县春播期，冷死谷种只有 89.54 万斤，比 1979 年减少了 50%。1981 年，全县早稻烂秧死亡率仅为 18%，成为佛山地区死秧最少的县。1984 年春季天气寒冷，最低气温为 2.8℃，而且 2、3 月日照很少，只有历年同期平均值的 43%，这样的天气对春播育秧十分不利。由于气象服务做得比较好，农民群众及时掌握冷暖天气变化趋势，合理安排播种期，全县做到基本无烂秧。20 世纪 90 年代之后，由于中山市工业和服务业发展迅速，农业相对减少，农业气象服务也相应减少，但还保留农业的水稻观测和物候观测。

5.3.2　林业气象服务

气象为林业服务的种类很多，除发布春季造林植树天气预报和秋冬季节森林火险天气预报外，市气象局还为飞机播种育林和飞机喷药杀虫提供气象保障。

1986 年 1 月中旬，中山市境实施飞机播种育林。市气象局派出技术骨干，为飞机播种提供现场服务。除提供适宜飞行的天气预报外，还负责提供飞行气象情报保障，服务很成功。在实施飞播育种的七万多亩山头中，种子成活率达每平方米二十多苗。

1988 年，中山市再次实施飞机播种育林，面积 10 万亩。市气象局提供了良好的气象保障服务，获市飞播育林二等奖。

1987 年 10 月 19 日至 11 月 9 日，全市实施飞机喷药杀虫，三架运五飞机，共飞行 661 架次，作业面积 13.2 万亩，喷药 151 t。市气象局成功地完成了这次飞行作业气象保障服务。

20 世纪 90 年代后，中山市气象局主要是开展森林火警气象服务，特别是秋、冬季节，天气干燥，容易引发山林火灾，中山市气象局专门为林业部门开展火警天气预报。

5.3.3　水产气象服务

水产养殖与气象关系密切，特别是寒潮天气，对水产养殖危害十分大。市气象局为此专门提供冷空气的分析预报，效果很好。例如，1989 年 2 月上旬气温偏低，中旬又遇上低温阴雨，市水产研究所的鲤鱼孵化直至 2 月 26 日仍未开始。市气象局经过认真分析研究，认为 2 月 27 日—3 月 5 日这段时间天气比较好，有利于鱼苗孵化，建议该所抓住有利时间进行孵化。结果，第一批鲤鱼孵化赶在 3 月 5 日降温前完成，孵化获得成功。

又如，1997 年，中山市农委虾场开展一年两造罗氏虾养殖试验。市气象局在虾苗标粗期间，专门为虾场提供冷空气活动的天气分析和预报，保障养殖试验顺利进行。

5.3.4　公交运输气象服务

公交、运输与气象密不可分，市气象局曾多次为港口航运、公路运输、高压线架设、变压器维修和大型工程施工等提供专门的气象保障服务。有了专项气象服务作保障，工厂企业不但可以做到安全生产，而且还能获得很好的经济效益。例如，中山市水产公司根据市气象局提供的台风天气预报，多次赶在台风之前，将水产品运抵香港，在台风期间卖得好价钱。20 世纪 90 年代，专业气象警报机在突发天气预报中起到很大的作用，特别是在江河航运方面更为重要，当时，市气象局专门为航运部门制作专业航线天气预报服务，内容包括有：能见度、风速、方向、晴雨天气现象等。市气象局通过气象警报发射台向航运用户发送天气警报，并根据天气的需要发布航线天气预报。

5.4　春运和各种重大社会活动气象保障服务

5.4.1　春运气象保障服务

在中国传统的节日中，最重要的是春节，它是全国人民欢庆丰收，全家团圆的佳节，在这个节日中无论人们离家乡多远，离家多久，都想回家过年欢聚，所以造成传统的春运集中阶段，客运出现高峰期，因为春节期是出现在每年的 1—2 月，也就是说春节是在一年中最寒冷时期，冷空气活动十分频繁，期间天气形势复杂，寒潮、雨雾、冰冻、大雾等灾害天气时有发生，给春运工作带来了较大的困难，因此，气象部门做好春运期间的气象保障工作是十分必要的。

(1)春运时段客流量以及服务要求

近 10 年来，中国春运期为 40 d，这 40 d 是全国一年中交通运输最繁忙的时段，中山市处于珠江三角洲地区，改革开放之后经济和工业发展很快，外省市每年会有 100 万～200 万人到中山市务工，加上本市人口，中山市约有 300 多万常住人口，因此，春运期间的交通是最繁忙的，这一时期称为春运，是一年中运输的高峰期，发送客流量有 400 万人次左右。

春运期间政府部门最强调“安全第一”“优质服务”。对气象部门而言，主要应及时、准确地做好天气预报。每年,气象部门与政府的春运办公室与市应急办密切联系,把气象服务工作做到及时、到位。

(2)组织领导做好重点服务

对春运工作要有组织进行工作部署。一是保证设备正常运行,在春运到来之前对全局所有的设备运行情况进行检查,对各业务流程和应急预案进行再熟悉。二是强化监测流程,要求全体工作人员值好班,认真分析天气情况,发现有特殊变化应及时汇报。三是突出重点服务,保证全天对市政府应急办的决策服务渠道畅通,通过各种媒体做好和发布公众出行的天气预报。

春运期间,气象部门充分利用广播、电视、电子显示屏、手机短信、本地报纸等多种手段及时发布预报预警和防范提示信息。为进一步防范应对灾害性天气,在发布预警信号的同时,及时电话通知春运办和应急办,并将预警信号发布情况告知。遇有较严重的突发性、灾害性天气,局领导亲自向市政府领导进行服务。

2008年春运是历年最突出的一年,这一年,中国南方大部分地区遭受了罕见的低温、雨雪、冰冻天气,恶劣的天气形势严重地影响了全国春运工作的正常运转。为了较好地保障中山市居民及流动人口春运返乡工作有序开展,中山市气象局高度重视,认真安排和部署春运气象服务工作,积极配合市春运办、三防办做好气象保障,为市委、市政府提供准确、详细的春运天气预报信息。春节前夕,市气象局还专门组织办公室、业务科室人员收看全国春节天气预报大会商,并发出中山市春节假期间的天气预测信息。春节期间,气象局安排好春节值班和休假,做好节日期间的气象保障工作,并为中山市年初一的烟花会演提供了准确的天气预报服务。

在春节前后抗御低温、雨雪、冰冻灾害和确保春运顺利畅通的气象服务中,全体干部职工表现出色,下属单位中山国家气象观测站被广东省气象局表彰为广东省气象部门抗御低温雨雪冰冻灾害气象服务先进集体。

5.4.2 各种重大社会活动气象保障服务

随着社会和经济的发展,地方的经济文化交流和各种重大社会活动越来越多,这些活动能否顺利地进行和能否达到预期的效果,从气象角度考虑,一般来说相当程度上要看天气的影响以及相应的准备工作。由于气象服务水平的不断提高,气象保障服务工作也越来越受到各种重大社会活动组织单位或者组织者的高度重视。经过多年的实践经验和社会的反映,事实上,重大社会活动的气象服务工作对促进经济、文化的交流和发展确实起到着重要的保障作用。

(1)气象保障服务主要内容

改革开放以后,由于经济社会发展的需要,中山市已开展的重大社会活动气象保障服务工作,归纳起来主要有以下几个方面的内容:

①重大节庆活动的气象保障服务,如中山市一年一度的慈善万人行活动,以及烟花燃放活动等。

②重大经贸活动的气象保障服务。由于中山市处于珠江三角洲地区,紧邻港澳,是广东省发达的城市之一,经贸活动比较多,如每年3月28日是中山一年一度的招商日,10月1日是中山市古镇国际灯博会,10月28日是中山市沙溪国际休闲服装节等。

③重大体育活动和文艺交流活动的气象保障服务,如中山市每年要举办一次体育比赛活

动和不定期举办大型的文艺表演等。

④学生的中考和高考气象保障服务。

(2)气象保障服务的特点

重大社会活动的规模一般都比较大，有数千人到数万人参与，而且大多都是露天的，有的是大型的体育赛事或是大型文艺演出。因此举办效果受天气条件的影响很大。重大社会活动的日期和地点一般都是提前很久就确定了，而且确定到某一天的某个时间，某个具体地点，一般不容易更改，因此，相应的气象保障工作从很早就要开始跟踪服务，有相当的难度。中山市的大型重大社会活动大多有省级领导或港澳著名人士，或华侨同胞参加，甚至有的还有中央领导参加。因此，气象服务的压力很大。概括来说，重大社会活动的气象保障服务工作主要具有如下特点：定时、定点、定量，其要求高、难度大、影响大。

(3)气象保障服务的工作要点

要做好气象保障服务工作必须要针对其特点，精心准备、筹划，科学分析，争取预报准确，服务及时到位。要根据不同活动的类型，认真分析其对气象服务内容的需求，全面地为活动组织者考虑，确定气象保障服务的工作要点。

1)重大节庆活动

由于有的重大节日庆典活动是固定的，服务重点首先是要了解活动内容。其次是针对活动内容准备好相关要素的预报，例如中山市从 1988 年起举办一年一度的慈善万人行活动。以往，1988—2000 年的慈善万人行活动是在每年春节的年初七举办，时间为中午 12 时—晚 12 时，因为大多数年份的年初七都是下雨天气，因此，从 2000 年起改为每年春节的农历十五，即元宵节这一天举办一年一度的慈善万人行活动。中山市气象台每年都要提前做出元宵节的天气预测，各部门、各单位根据天气预测安排活动。如果预测下雨，领导席就要提前搭一个防雨台，同时参加游行的人员要带上雨具。除了万人行外，每年春节期间市政府会安排施放春节烟火。春节时放烟火一般时间是不确定的。关键要做好当晚有关降雨的预报。如果有雨，有无降雨间隙，降雨间隙是否适合施放烟火；如果当晚降水明显不适合施放烟火，那么要提前一天或两天做出天气预报，提供给组织单位参考。

2)重大经贸活动

经贸活动大多是与当地的人文历史、土特产品、旅游、商业、经贸交流、洽谈以及产品展销等有关，例如中山市 10 多年举办的“3·28 中山招商洽谈会”“大涌红木家具名优产品博览会”“中山装备制造业博览会”“古镇国际灯饰博览会”“三乡古典家具文化节”“中山国际游艺博览交易会”“中国国际食品工业经贸洽谈会”“中国国际电子信息产品与技术展览会”等。因为中山市地处珠江三角洲，是广东省的发达城市，也是具有一定影响力的城市，博览会期间或经贸洽谈会期间，往往有来自国内外八方来宾，来进行各种商贸交流、洽谈互动。气象保障服务的重点是要密切与活动组织单位联系，按要求提供中期和短期的天气预报，尤其是开幕式、闭幕式的晴雨预报。

3)重大体育赛事和文艺交流活动

气象保障服务重点涉及大型文艺表演和节目的彩排、灯光设备和安全、电视节目的现场转播等。如果是露天的文艺会演，一般 0.5 mm 以上降水就会引起观众的情绪波动，从而影响活动的效果。例如 2011 年 10 月 8 日下午，中央电视台的“心连心”中山文艺演出，中山市气象局做了现场气象服务。这是一次全场露天文艺演出。这一天下午，为多云天气、气温 20～30℃，演出时间天空刚好有一块云出现在演出场地的上空，云体又没有下雨，又能遮着太阳，呈现局部阴天，这种气象条件达到满意的效果。

4)一年一度的中考和高考

每年的中考和高考都是在 6 月举行，6 月是中山市一年中降水最多的月份，其中“龙舟水”就出现在 6 月，所以气象部门做好中考和高考期间的气象保障服务是非常关键的，重点是做好期间的晴雨预报，提前与教育部门和交通部门联系，安排好考生的出行，最大努力做好各种跟踪气象服务。

总之，重大社会活动气象保障服务是一项难度大、精度高、社会经济效益显著、各级政府领导非常重视的工作。气象部门要充分利用各种预报方法和现代探测手段，长、中、短期预报和短时监测相结合，从重大活动组织者提出气象服务要求开始，就积极做好滚动预报和跟踪服务。密切与活动组织单位联系，随着活动日期的临近，逐渐加大滚动预报的力度，进行全方位的跟踪订正气象服务，力求做到预报准确、服务到位，圆满完成各种气象保障服务工作。

5.5 防汛气象服务

5.5.1 中山市主要河流水库的防洪能力

(1)中山市境内主要水系

中山市境内的河流众多，是珠江口区网状水系河流的主要流经地区之一，大致呈现自西北向东南伸展的扇行网状河系，是中国河网密度最大的地区之一。中华人民共和国成立后，中山市内的河流防洪建设经过中山市人民的多次治理，抗洪能力大大提高。中山的河流河床高程均处于海平面以下，坡降很小，绝大部分河床的纵剖面均表现为波状起伏。受弱潮影响，宽阔的河道水面(300～1000 m)比降很小，常在 1/2～1/8。

鸡鸦水道是五乡联围与文明围、马新联围和大南联围与民三联围的分界河；西北接容桂水道右岸北起东凤，经阜沙、港口、岸北起南头经黄圃、三角、民众等镇，在大南尾与小榄水道汇流入横门水道出海，全长 33 km，河面宽 200～300 m，低潮水深 4～5 m；可航行 500～1000 吨位船舶。由于受潮汐影响，属双向流河段，汛期最大流量为 8690 m^3/s；水道宣泄西江洪水，两岸为主要防洪地区。

小榄水道西北接顺德南界和东海水道，起于东凤镇莺哥咀，岸右经小榄、东升、港口、岸左经东凤、阜沙、在港口大南尾与鸡鸦水道汇流入横门水道出海，流长 31 km，河面宽 150～300 m，低潮水深 3～3.5 m；可航行 500～1000 吨位船舶。因受潮汐影响，属双向流河段；水道宣泄西江洪水，两岸为主要防洪地区。汛期最大流量为 3830 m^3/s，莺哥咀水位站 1994 年 6 月 20 日曾出现新中国成立以来最高洪水水位 5.34 m。

横门水道由鸡鸦水道和小榄水道在港口镇大南尾汇流而成，至东河口，岐江河从右岸汇入，流往民众、火炬区、南朗等地后在横门岛马鞍头分南、北、三叉注入横门口出海，从大南尾至横门口长 12 km，河面宽 800～1000 m，低潮水深 3.5～6 m；可运行 1000～2000 吨位船舶。汛期，西北江洪水 16%经横门出海，汛期最大流量为 8220 m^3/s，最大流速涨潮是 0.7 m/s，退潮时1.3 m/s，横门水位站1993年9月17日曾出现新中国成立以来最高潮水为2.62 m。

洪奇沥水道西北接顺德水道和桂州水道，沿市境边界向东南流，西岸经黄圃、三角、民众至洪奇门出海，从黄圃大雁围至民众缸瓦沙长28 km，河宽300～1000 m，低潮水深4～6 m，下段只能通行100～200吨位的船舶。该河道是通行港澳地区的主要航道之一，也是为沿河两岸的水利排灌河道，汛期西、北江的洪水22%经洪奇沥水道流入南海，汛期最大流量为9540 m^3/s。

磨门刀水道北端起自新会万顷沙头，沿中山、新会、斗门边界流入海(口门宽3600 m)，左岸擦过横栏、大涌、板芙、神湾、坦洲等5镇，全长44 km，河面宽700～1500 m，低潮水深5～10 m，可通行500～1000吨位船舶，是西江出海水道。受潮影响，属双向流河段。汛期，西、北江洪水28.6%经磨刀门流出南海，汛期最大洪峰流量为12700 m^3/s，灯笼山水位站1993年9月17日实测历年最高暴潮水位为2.65 m。

黄圃水道属西江水系，西接鸡鸦水道，东至三星尾入洪奇沥，流长11.5 km，河面宽100～150 m，低潮时水深1～1.5 m，可通航50～80吨位船舶。受潮汐影响，属双向河流道，是黄圃、南头农田的排灌河流，汛期最大流量为1142 m^3/s。

黄沙沥，西接鸡鸦水道，向东流经黄圃、三角边界，到石基河头入洪奇沥，流长10 km，河面宽130～150 m了，可通航300～500吨位船舶。受潮汐影响，为双向河流段，是黄圃、三角、民众镇的农田排灌河，汛期最大流量为1011 m^3/s。

岐江河，以城区为中心、东至火炬出东河水利枢纽注入横门水道，西南往南区、板芙、西河的水闸至福尾沙入磨刀门水道，长39 km，河面宽80～200 m，低潮水深2～3 m，可通船300～500吨位船舶，属咸潮河段。

(2)中山市境防汛防旱工程

中山市防洪、防台风暴潮、排涝除渍是治水的重中之重，经过长期的艰苦努力，按照“堤库结合、以泄为主、泄储兼施”的治水方针，建立了大批堤防、水闸、水库、电排等多层面、主体式、综合性的工作体系，为中山市全方位防洪除涝、防风暴潮以及抗旱咸、灌溉、供水、航运、冲污等发挥了巨大的作用。

1)堤防工程

中山市境内有主干河道、河涌、支流等，总长997 km；有海域面积176 km^2，海岸线长26 km。全市筑堤防洪、防台风暴潮面积大、量大、工程多，堤围工程早期防御能力比较薄弱。新中国成立之后堤防工程初见成效。20世纪90年代组织水利工程防洪达标建设和水利防洪排涝工程上新台阶，堤防工程建设初见规模，有一定的防御标准和能力。2000年之后，堤防工程标准又有很大的提高，如大型堤围的中顺大围设防标准为50年一遇洪水位，属Ⅱ级堤防，中型堤围的中珠联围设防标准为100年一遇暴潮水位，属Ⅰ级堤防等。

2)水闸工程

中山市堤围长，河涌分布广，有利于防洪、防潮、排涝、灌溉和通航，在兴建联围的时候要配建数量众多的水闸，初建时的水闸设防标准低、简单。20世纪70—80年代水利建设开展对水闸的防洪标准改建和加固，90年代后期水利工程防洪排涝上了新台阶，在建设中使用自动化，发展了电动提升门闸，集中程控开关。21世纪后又发展了自动化控制，2010年全市有万亩以上联围干堤水闸工程178宗，总净宽2351.6 m，其中4宗为大型水闸，总净宽631.4 m，16宗为中性水闸，总净宽670 m，小型水闸为158宗。

3)机电排涝工程

中山市地势低平,平原海拔在0.05～1.5 m。当外江水位较低时,围内涝渍水可通过水闸宣泄,一旦外江水位高,造成顶托时,则要用电排提水排涝。2000年以后,中山市有机电排废工程28 kW以上固定站433宗,520台,87542 kW;28 kW以下泵站2590宗,总装机为28490 kW,排涝面积达72.88万亩,机电排涝能力基本上达到10年一遇,24 h最大暴雨3 d排干。

4)蓄水防洪工程

中山市于20世纪50年代全面规划兴建蓄水工程。90年代后,实施防洪达标,到2005年,全市有山塘水库52座,总库容量为9059.52万 m^3(其中中型水库37座,山塘15座、库容79.62万 m^3)。长江水库是中山市最大的水库,属于中型水库,总库容为5040万 m^3,为100年一遇洪水设计、2000年一遇洪水校核标准。

5)排洪渠防洪工程和围内整治工程

中山市内的五桂山及周边地区河溪小、河床比降大、汇流时间短,在降雨集中、降雨强度大的情况下,易形成山洪,雨季常在城区、三乡镇、神湾镇、火炬区等地造成内涝灾害。为此,要开展疏导山洪、降低田间地下水位的围内排洪系统整治建设。2005年全市有围内主干排管渠道25条,总长154.60 km,节制闸441座。

5.5.2 中山市汛期洪涝灾害及其原因分析

(1)历史上典型的洪涝情况

中山市的洪涝灾害主要发生在5—9月,最多发生在6月。从20世纪50年代初到2010年发生灾害严重的洪涝有10多次。如表5-5-1所示。

表5-5-1 中山市1951—2010年重大洪涝灾害

时间	项目	内容
1959年 5—6月西江洪水	雨情	1959年5月17日—6月24日,西江上游地区出现连续暴雨
	水情	由于受到西江上游地区连续性暴雨的影响,西江出现洪水,中山连续受五次洪峰影响
	灾情	全县堤围决口4200个,崩决山塘水库7个,小围64个,冲坏禾田4678亩,淹死禾苗72800亩,秧苗1502亩,鱼塘走鱼42万斤,溺水死亡2人,倒塌房屋100多间
	原因	由于西江上游地区连续暴雨
1962年 7月洪水	雨情	西江上游地区连续暴雨
	水情	1962年7月3日,中山遭受特大洪水袭击,莺哥咀水位4.39 m,超警告水位
	灾情	受特大洪水影响中山境内民众、三乡、特沙等联围相继决堤。全县大小堤围决口98处,受淹禾田2.9万亩,损失稻谷1184万斤、塘鱼167.4万斤,损失房屋8026间
	原因	由于西江上游地区出现暴雨洪水所致

续表

时间	项目	内容
1973 年 9 月特大暴雨	雨情	1973 年 9 月 1—3 日，全县出现特大暴雨，石岐城区 9 月 1 日雨量为 62.8 mm，2 日达到 306.3 mm
	水情	暴雨强度大，低洼地带和农田渍水严重
	灾情	禾田渍水面积 60.4 万亩，鱼塘过基 8135 亩，损失塘鱼 20 多万斤。倒塌房屋 107 间，崩山塘水库 4 宗，死亡 2 人，受伤 5 人
	原因	由于中山境内受低槽影响出现连续性的暴雨到特大暴雨所致
1981 年 6 月特大暴雨	雨情	1981 年 6 月 29 日—7 月 1 日，中山全县普降暴雨到大暴雨局部特大暴雨，石岐城区 29 日降水量 72.1 mm，30 日 304.98 mm，7 月 1 日为 221.9 mm。大冲口水闸 30 日雨量达到 474.3 mm
	水情	中山境内低洼地带、农田、低洼的村庄、城镇的低洼街道全部水浸
	灾情	农田渍水 73.2 万亩，鱼塘过巷 2.6 万亩，走鱼 132 万斤。早稻损失稻谷 1110 万斤，谷种 1110 万斤。损失破坯 700 万块，牲畜 3.5 万头，全县直接经济损失 844.5 万元
	原因	由于受锋面低槽影响，中山出现暴雨到特大暴雨所致
1988 年 8 月西江洪涝	雨情	1988 年 8 月下旬，西江上中游出现连续性降雨，广西红水河、柳江一带出现大到特大暴雨
	水情	8 月 31 日，高要、马口水文站超过警戒水位，9 月 6 日出现洪峰，马口水位最高水位达 8.96 m，超警戒位 2.46 m，9 月 1 日中山莺哥咀水位站水位 3.75 m，超 0.25 m，4 日和 6 日分别出现洪峰，6 日最高水位 4.34 m，超警戒或水位 0.84 m。洪水共持续 5 d
	灾情	受洪水影响，全市淹浸农田 30.5 万亩，大堤外水围崩决 30 条，塌方 22 处，总长 450 m，损坏涌闸 7 宗，受浸工厂 61 间，民房 242 间。全市直接经济损失 1560 万元
	原因	受西江暴雨洪水影响所致
1994 年 6 月、7 月西江洪水	雨情	1994 年 6 月中旬，受第 3 号强热带风暴影响，西、北江流域和中山市普降大雨到暴雨、特大暴雨造成全市所有水库超警戒线或水位
	水情	广西梧州水位站 6 月 19 日 08 时出现洪峰水位 25.91 m，超警戒水位 10.91 m。19 日中午 12 时，北江清远水位 16.33 m，超警戒水位 4.33 m。在两江洪水的袭击下，中山出现特大洪水，6 月 20 日，莺歌咀水位 5.34 m，超 200 年一遇。7 月 22—31 日，西北江再次发生特大洪水，26 日 16 时莺歌咀水位 4.98 m。两次洪水超警戒水位长达 20 d，超 4 m 水位 15 d，超 5 m 水位 5 d
	灾情	洪水期间适逢大潮期，在洪水、雨水、潮水“三重袭击下”堤岸外水围浸顶 160 个，堤围塌坡 36 处，崩决水围 117 个，损坏水闸 42 个，涵窦 98 个，损坏电排站 70 座，渍水农作物 67.89 万亩，受灾镇区 30 个，自然村落 1126 条，倒塌房屋 9 间，死亡 8 人。半停产工厂 593 间，全停产 386 间，两次洪水全市直接经济损失 7.53 亿元(当中 6 下旬洪水为 5.53 亿元)
	原因	6 月中旬是受热带气旋影响，7 月下旬受低压槽影响
1997 年西江洪水	雨情	受低压槽和西南季风影响，西、北江流域连续暴雨，中山市也出现了暴雨到大暴雨
	水情	1997 年 7 月 4 日，西、北江洪水，莺哥咀水位 7 日 14 时超警戒，11 日 16 时 44 分出现洪峰，水位 4.69 m
	灾情	全市大堤外小围漫顶 24 个，堤围塌坡 5 宗 7 处共 20 m，崩决小围 4 宗 5 处，损坏涵窦 13 座，工厂全停产 85 间，半停产 30 间，受浸自然村 32 个，影响人口 1.45 万人，受浸房屋 1824 间，受浸农作物 7.86 万亩，其中禾田 5.67 万亩，损失粮食 1417.5 t，鱼塘漫顶 2800 亩，走失塘鱼 215 t，全市直接经济损失 2100 万元
	原因	受低压槽和西南季风影响

续表

时间	项目	内容
1998 年特大暴雨	雨情	受锋面低压槽和西南季风影响，西、北江流域大范围地区出现连续暴雨到特大暴雨，中山市也出现了暴雨
	水情	1998 年 6 月下旬，西、北江洪水，27 日 15 时莺哥咀水位 5.15 m，超过百年一遇 5.12 m 水位。超 5 m 水位 3 d，超警戒水位持续 10 d。小榄水道、鸡鸦水道、洪奇沥的浪网、黄圃、坦背、港口中下南联围等洪潮地区水位均超 1994 年，创历史新高
	灾情	全市 51 个围仔漫顶，大堤内塌坡 4 处共 70 m，神湾竹排东北角堤段外塌坡 4 处共 150 m，全市受浸面积 15.85 万亩，其中水稻 1.62 万亩，鱼塘漫顶 9568 亩，走鱼 1465.8 t，受浸房屋 900 间，78 间工厂停产，8 间工厂半停产，直接经济损失 4842 万元
	原因	受锋面低压槽影响
2005 年西江洪水	雨情	2005 年 6 月中旬，受低压槽和强烈西南季候风影响，华南地区普降大到暴雨，局部特大暴雨。中山出现大到暴雨，局部大暴雨降水过程
	水情	由于受低压槽和强烈西南季候风影响，华南地区普降大到暴雨，局部特大暴雨。西、北江水位急剧上涨，西江梧州水文站 6 月 23 日 10 时洪峰水位 26.75 m，超警戒水位 11.75 m，为 1915 年之后的最大洪水(1915 年水位 27.07 m)。中山出现大到暴雨、局部大暴雨降水过程，加上天文大潮的影响下，莺哥咀 24 日 14 时 05 分出现洪峰，水位 5.31 m，超百年一遇(5.29 m)。横门、马鞍、灯笼、东河、西河、大涌口、古镇、南头、苏埒、沙口、小隐等 11 个潮区全面超警戒水位
	灾情	全市紧急转移群众 8000 人。水稻渍水 3.4 万亩，花木、蔬菜渍水 4.4 万亩，香蕉渍水 3 万亩，鱼塘漫顶 4037 亩，农业经济损失 4859 万元。另有企业损失 2000 万元，全市合计经济损失 6859 万元
	原因	受低压槽和强烈西南季候风影响，华南地区普降大到暴雨，局部特大暴雨

(2)造成中山市洪涝的原因

根据 1951—2010 年各次影响中山市洪涝的因素分析，造成中山洪水的原因主要是降水天气系统影响，上游地区发生暴雨与洪水，本地出现暴雨，引发洪涝，以及受到海潮的顶托这三个因素。

1)上游地区暴雨、洪水所致

中山市属于珠江三角洲平原，又处珠江口的出口处，河网众多，因此，要承受上游河流的来水。由于中山市境内河网密集，水利建设和防洪任务是很艰巨的。一旦西江上游的广西地区出现暴雨引发洪水，中山市就要受到洪水的威胁。

2)本地出现暴雨所致

暴雨是引发中山境内洪水的重要原因。上游地区的洪水是由于连续性暴雨所致。当本地区出现大到暴雨，甚至特大暴雨或是连续性的降雨时，由于来不及排泄，低洼的村镇、城市低洼的街区、低洼的农田等都会遭受渍水。严重危害到农业生产和群众的生活，带来损失或造成人员伤亡事故。从天气影响系统上划分，有锋面低槽、西南季风活动等引发的暴雨，有热带系统引发的暴雨，如热带气旋、热带辐合带、东风波等。

3)海潮顶托

海潮顶托由天文大潮引起，天文潮是地球上海洋受月亮(球)和太阳引潮力作用所产生的潮汐现象，它的高潮和低潮潮位出现时间具有规律性，可以根据月球、太阳和地球在天体中相互运行的规律进行推算和预报。天文大潮属于正常的天文潮汐现象，在一般情况下不会引发灾害，但在某些特定环境下会引发水灾。当出现特大暴雨或是连续性的暴雨引发江河水位猛涨的时候，又遇到天文大潮时，洪水就难以宣泄出海，这样加重洪水泛滥，城镇、农村、农田、作物会严重受淹，危害极大。1994年7月21日中山市西河站的降雨量达到324 mm，两天雨量达508 mm，又遇上西江洪水和海潮的顶托，造成石岐城区一些街道积水成河，部分受浸长达10 d，三乡、神湾等城镇顿成泽国，水深达1 m。

5.5.3 防汛期重要时段的预报服务

每年4—9月是中山市的汛期，其中气象上把4—6月称前汛期，7—9月称为后汛期。汛期4—9月是中山市暴雨最集中的时段，4—6月的暴雨主要是由于受北方冷空气南下的锋面低槽造成；7—9月的暴雨除了受锋面低槽引起暴雨之外，一个很重要的天气系统就是：热带气旋的影响产生暴雨天气。汛期天气预报服务主要有三个方面的内容：一是要在入汛期做好汛期的旱涝与热带气旋总趋势预测；二是要在前汛期做好暴雨、特大暴雨或连续暴雨的预报以及上游地区出现暴雨引发洪水的预报；三是要做好后汛期热带气旋影响的预报服务。

(1)汛期旱涝和热带气旋影响总趋势预测

中山市气象局每年3月要制作汛期旱涝和热带气旋影响总趋势预测，并在3月底参加全省气象部门汛期趋势预报分析会议。汛期天气趋势预测主要是预报当年汛期中山市降水的时空分布总趋势，预测当年汛期是以涝为主还是以旱为主，为防汛指挥部门防汛安排和整体部署提供参考。汛期天气趋势的预报主要是依据历史旱涝天规律统计，大型环流的特征分析以及海温、天文的太阳黑子活动情况等因子进行预测。

(2)前汛期连续暴雨和特大暴雨的预报

气象上把4—6月称为前汛期，这一时期正是冬天到夏天的一个过渡时期，虽然冷空气的强度逐渐减弱，但这些弱冷空气的活动非常频繁，由于冷暖空气的相互对立，容易激发强烈的对流天气，产生雷雨大风、冰雹、龙卷风天气或发生暴雨、大暴雨甚至特大暴雨。根据统计，中山市大部分强对流天气发生在前汛期，暴雨的发生可占全年44%，大暴雨可占全年50%。1955—2010年，中山市共发生特大暴雨7次，其中有3次发生在前汛期。另外，前汛期洪水的发生也比较多，历史上大多数洪水出现在6月。对于做好强对流、暴雨和洪水的长期预报还有很大的难度，目前，气象部门对强对流、暴雨和洪水只是做出长期趋势预测。但随着气象科学技术的发展，特别是随着数值预报精度的提高和卫星资料和雷达资料的应用，对短期、短时预报精度越来越高。因此，利用最新气象科学技术做好前汛期强对流、暴雨和洪水的长期趋势预测和短期、短时预报是很有必要的。

(3)后汛期热带气旋暴雨的预报

每年的7—9月气象上通常称为后汛期。7—9月除了受锋面低槽影响之外，主要是受热带天气系统影响，有热带气旋、热带辐合带、东风波等来自南方热带洋面上的天气系统。这些天气系统，在7—9月能给中山市带来狂风暴雨等强烈天气，如热带气旋主要是出现在7—9月，据统计，1955—2010年，7—9月对中山市有影响的台风共有113个，占总数的74%。

根据分析，中山市9月出现特大暴雨的频率最高，最大的3次暴雨都是出现在9月，1973年9月2日，雨量为306.3 mm，1999年9月16日，雨量为313.4 mm(是由199905号台风造成)；2003年9月15日，雨量为325.8 mm。同时，1955—2010年中山市出现了6次3 d以上的连续性暴雨，其中有4次出现在7—9月，出现时间分别是：1965年9月27—29日，1981年7

月 23—25 日，1993 年 9 月 25—27 日，2002 年 9 月 14—16 日。因此，中山市气象局必须根据各种预报手段，做好后汛期热带气旋及其他天气系统造成暴雨的预报。

5.5.4 高水位情况下的预报服务

(1)气象服务的重要性

中山市在每年 4—9 月的汛期，西、北江上游因暴雨造成的洪水约有 66.84%经中山市境宣泄出海，其中，磨刀门水道占 28.6%，横门水道占 16.0%，洪奇沥水道占 22.0%，独立入海的只占 0.24%。可见，西、北江暴雨引发的洪水给中山带来极大的威胁，常因江河水位暴涨造成洪水灾害。1955—2010 年发生比较严重的洪水灾害年份有：1962、1966、1968、1976、1978、1988、1994(2 次)、1997、1998 年和 2005 年共 11 次。以莺哥咀水位站为代表，1994 年 6 月 20 日、2005 年 6 月 24 日、1988 年 6 月 27 日、1994 年 7 月 26 日、1997 年 7 月 11 日发生的洪水水位，分别达到 5.34、5.31、5.15、4.98、4.69 m。1994、2005、1998 年发生的洪水为特大洪水，分别为超 200 年一遇、超 100 年一遇、相当于 100 年一遇的洪水。1994 年 6—7 月相邻两个月连续发生高洪水位，在历史上是极其罕见的。在洪水期间，政府部门的领导等以及人民群众都非常关心水位的变化，所以做好高水位情况下的暴雨洪水预报服务是非常关键的。

(2)气象预报服务的内容

降水的多少是引发江河水位上升导致洪水灾害的重要因素，一般出现中雨以上降水时就会引起江河水位的继续上升。如出现区域暴雨或连续性暴雨，致使水位急剧上涨，就会引发严重的洪涝灾害。中山市处于西北江的下游，进入汛期之后，预报人员要特别注意广西地区的降水情况，特别是 6 月，中山市多数的洪水发生在 6 月，广西地区有多条河流汇入西江，一旦广西地区出现大范围的大到暴雨降水，将会有可能引发洪水，如果加上广东省也出现大范围的大雨以上降雨，将会加重洪水的发生。在汛期洪水期间，我们的预报员要每天收集广西各地雨量站的降水情况，同时分析近期天气变化情况，做出近期降水的预报预测，密切关注天气的变化，随时为防汛部门提供天气变化趋势预报。如发现有可能出现洪水的情况，要向局领导汇报，由局领导根据本台的会商意见向市三防部门和向市领导报告，做好防洪工作准备。

如果是在高水位的情况下，台风(热带气旋)所带来的连续性暴雨、特大暴雨以及台风大风造成的海水顶托，对防洪造成很大的威胁。同时，必须严密监视热带气旋的路径和强度变化，预测台风的风雨影响情况。

5.6 热带气旋气象预报服务

5.6.1 影响中山热带气旋的路径分类

根据中山 1955—2010 年的气象资料分析表明，56 年内影响中山的热带气旋共有 152 个，其中对中山市造成严重影响的有 59 个。按热带气旋登陆路径，可分为粤西类型、粤中类型、粤东类型和海南类型，其余还有个别的在南海海面消失等。对 59 个严重影响中山市热带气旋的路径分类和影响程度如表5-6-1至5-6-3所示。其中登陆粤中路径的有18个，登陆粤东路径的有16个，登陆粤西路径的有23个，在海南岛登陆的有1个，在南海消失的有1个。

表5-6-1　登陆粤中路径严重影响中山市热带气旋个例的大风、暴雨情况

年份	编号	强度	登陆情况	降水情况			大风情况		
			时间	地点	最大日雨量(mm)	过程雨量(mm)	起止时间	平均风力(级)	阵风(级)
1957	5719	台风	9月22日	澳门	93.6	166.3	9.22—24	9～10	11～12
1960	6001	台风	6月9日	香港	109.7	198.1	6.8—10	7～8	10～11
1961	6103	台风	5月19日	香港	47.3	62.8	5.18—20	6～7	8～10(27 m/s)
1962	6213	台风	9月1日	香港	116.5	127.1	8.31—9.3	9～10	11～12(≥30 m/s)
1964	6402	台风	5月28日	斗门	226	255.1	5.27—29	8～9	10～12
	6411	台风	8月9日	澳门	50.5	104.5	8.8—11	7～8	9～11
	6415	台风	9月5日	珠海	126.3	211.3	9.4—6	8～10	11～12(34 m/s)
1966	6605	强热带风暴	7月13日	珠海	100.8	140.8	7.12—15	6～7	8～9(20 m/s)
1967	6711	台风	8月21日	斗门—台山	53.6	117.0	8.20—22	8～9	10～12(27 m/s)
1968	6808	台风	8月21日	香港	130.7	173.1	8.20—22	7～8	9～11
1971	7108	台风	6月18日	珠海	139.1	142.5	6.17—19	7～8	9～11
	7118	台风	8月17日	番禺	76.1	81.7	8.16—18	8～9	10～12
1979	7913	热带风暴	9月23日	珠海	125.9	142.9	9.23—25	7～8	9～10
1983	8309	台风	9月9日	珠海	82.7	103.3	9.8—10	10～11	≥12(37 m/s)
1991	9108	台风	7月24日	珠海	56.8	91.4	7.23—25	5～7	8～10
1993	9316	台风	9月17日	斗门—台山	81.3	96.0	9.16—18	6～7	8～10
1999	9910	强热带风暴	9月16日	珠海登陆后经中山	313.4	369.5	9.15—17	7～9	10～12(33 m/s)
2003	0313	台风	9月2日	先登陆惠东，后登陆深圳、中山	91.6	97.7	9.2—4	4～8	7～12，中山(33 m/s)

表5-6-2　登陆粤东路径严重影响中山市热带气旋个例的大风、暴雨情况

年份	编号	强度	登陆情况	降水情况			大风情况		
			时间	地点	最大日雨量(mm)	过程雨量(mm)	起止时间	平均风力(级)	阵风(级)
1957	5708	台风	7月16日	惠来—宝安	168.1	189.1	7.16—18	6～7	9～10
1961	6109	热带风暴	7月2日	汕头	172.5	180.5	7.1—3		
1964	6416	台风	9月10日	宝安	149.9	156.7	9.10—12	4～5	8～9
	6423	台风	10月13日	宝安	24.5	50.1	10.12—14	7～8	9～11
1969	6903	台风	7月28日	惠来	49.3	84.0	7.28—30	7～8	9～11
1970	7004	热带风暴	8月3日	宝安—惠阳	202.7	303.7	8.2—4	6～7	8～9
1971	7114	台风	7月22日	惠东	60.3	94.9	7.21—23	6～7	8～9
1976	7616	强热带风暴	8月24日	海丰	220.9	300.1	8.23—26	7～8	9～10
1978	7807	台风	7月30日	惠东	58.8	133.8	7.27—30	6～7	8～9
1979	7908	台风	8月2日	深圳	68.7	128.6	8.1—3	8～10	11～12(40 m/s)

续表

年份	编号	强度	登陆情况	降水情况			大风情况		
			时间	地点	最大日雨量(mm)	过程雨量(mm)	起止时间	平均风力(级)	阵风(级)
1980	8009	台风	7月27日	陆丰	81.3	97.6	7.27—29	7～8	9～11
1984	8408	热带风暴	8月21日	深圳	93.1	96.4	8.20—21	5～6	7～8
1986	8607	台风	7月11日	陆丰—海丰	152.7	199.8	17.11—14	7～8	9～10
1988	8805	台风	7月19日	惠来	118.4	153.1	7.19—21	6～7	8～10
1999	9908	台风	8月22日	深圳	189.6	313.6	8.22—24	5～7	8～9(34.9 m/s)
2008	0806	台风	6月25日	深圳	204.8	228.0	6.25—26		6～9

表 5-6-3　登陆粤西路径严重影响中山市热带气旋个例的大风、暴雨情况

年份	编号	强度	登陆情况	降水情况			大风情况		
			时间	地点	最大日雨量(mm)	过程雨量(mm)	起止时间	平均风力(级)	阵风(级)
1955	5505	台风	6月5日	台山	288.3	317.5	6.4—6	7～8	9～11
1965	6508	台风	7月15日	海康—湛江	27.7	58.0	7.14—16	6～7	8～10(24 m/s)
	6521	热带风暴	9月27日	阳江—电白	165.4	376.6	9.27—29	6	
1972	7220	台风	11月8日	文昌登陆后，电白登陆	43.9	65.9	11.7—9	8～9	10～12
1974	7411	台风	7月22日	阳江	58.9	61.8	7.21—23	6～7	8～9
1975	7513	台风	10月6日	台山	82.7	124.1	10.5—6	9～10	11～12
	7514	台风	10月15日	上川消失	171.9	197.0	10.14—16	7～8	9～10
	7515	台风	10月23日	吴川	68.9	73.7	10.22—24		7～8
1978	7805	热带低压	6月26日	吴川	89.5	187.6	6.26—28	6～7	8～9
	7812	台风	8月27日	吴川	123.9	127.1	8.26—28	7～8	9～10
1980	8007	台风	7月22日	徐闻	56.8	66.9	7.21—23	7～8	9～10
1981	8106	强热带风暴	7月7日	台山	51.2	75.7	7.6—8	7～8	10～11
	8125	热带低压	10月5日	徐闻	169.6	278.0	10.5—7		
1983	8314	强热带风暴	10月13日	台山	68.6	145.8	10.13—15	6～7	8～9
1985	8515	台风	9月6日	台山—阳江	130.5	156.0	9.4—6	6～7	8～9(30 m/s)
1989	8903	强热带风暴	5月20日	台山	135.0	256.2	5.19—21	5～6	7～9
1993	9302	台风	6月27日	台山—阳江	235.2	264.3	6.27—29	6～7	8～10
	9318	台风	9月26日	台山—阳江	159.8	307.6	9.24—27	4～5	6～7
	9323	台风	11月4日	阳江	279.2	373.6	11.3—6	4～5	6～7
1996	9618	台风	9月20日	徐闻	160.6	249.9	9.21—23		
2006	0606	台风	8月3日	阳江—电白	93.5	157.8	8.3—4	6～7	8～10，城区(24.0 m/s)
2008	0814	台风	9月24日	茂名	76.8	80.2	9.23—25		8～12，小榄(36.1 m/s)
2009	0915	台风	9月15日	台山	113.0	138.5	9.14—15		25 m/s
1974	7422	台风	10月22	南海消失	221.0	377.3	10.18—20	6～7	25 m/s
1986	8613	热带风暴	8月10日	陵水—万宁	185.8	236.4	8.10—12	5	

5.6.2　严重影响中山市热带气旋的路径和风雨特征

1955—2010 年共有 59 个热带气旋对中山市造成严重的影响，其中粤中路径 18 个(30.5%)，粤东路径 16 个(27.1%)，粤西路径 23 个(39.0%)，粤西包含海南路径 1 个(1.7%)，其他 1 个(1.7%，南海消失)。

(1)登陆粤西路径热带气旋 25 例概况和分析

在严重影响中山市粤西路径的热带气旋中，有 8 个生成于南海，15 个生成于西太平洋。生成于南海的热带气旋主要特点是雨量大，其中有 4 个造成大暴雨(6521 号热带风暴、8125 号热带低压、9318 号台风、9618 号台风)，有 1 个造成特大暴雨(5505 号台风)，最大的雨量达 288.3 mm，但风力比较小，只有 5505 号台风造成的阵风达 11 级。粤西路径来自太平洋的热带气旋主要特点是风力比较大，其中有 4 个热带气旋造成阵风达到 11 级以上(7220 号台风、7513 号台风、8106 号强热带风暴、8515 号台风)，有 2 个造成阵风达 12 级，7513 号台风阵风达 33 m/s，具体见表 5-6-3 和台风路径图(图 5-6-1 至 5-6-19)，来自西太平洋的热带气旋大多是沿东南向西北走向登陆粤西地区，影响中山市。

1)6521 号热带风暴

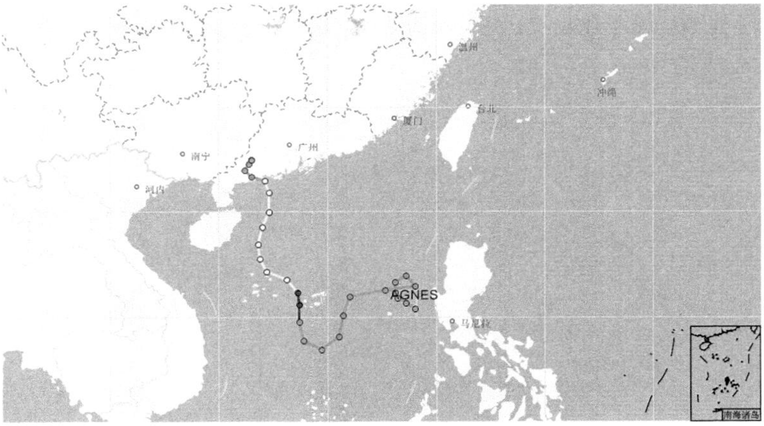

图 5-6-1　6521 号热带风暴路径图

概况：6521 号热带风暴 1965 年 9 月 22 日在南海东部海面生成，于 9 月 27 日 22—23 时在阳江—电白之间沿海登陆，登陆时中心附近最大风力 8～9 级。该热带风暴过程最低气压 980 hPa，中心附近最大风速 25 m/s。受这个热带风暴影响，中山市普降大暴雨，其中城区 9 月 27 日降水量为 120.4 mm；28 日降水量为 165.4 mm；29 日降水量为 90.8 mm；过程总降水量 376.6 mm，平均风速 12 m/s，极大风速 24 m/s。

2)7220 号台风

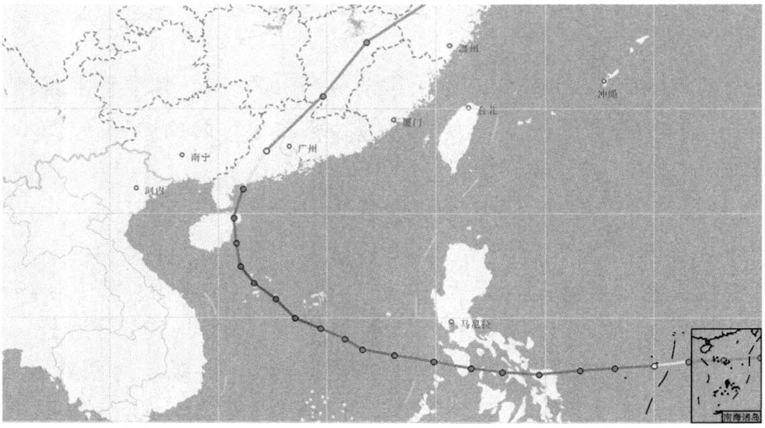

图 5-6-2　7220 号台风路径图

概况:7220 号台风 1972 年 11 月 2 日在西太平洋生成,先于 11 月 8 日 11—12 时在海南岛文昌登陆,后于 11 月 8 日 20—21 时在电白登陆,登陆时中心附近最大风力 11 级。该台风过程最低气压 940 hPa,中心附近最大风速 50 m/s。它给中山市带来大到暴雨降水过程,平均风力 8～9 级,阵风 10～12 级。11 月 8 日,城区降雨量为 43.9 mm,8—9 日过程雨量为 65.9 mm,平均风速 20 m/s,极大风速 26 m/s。

3)7411 号台风

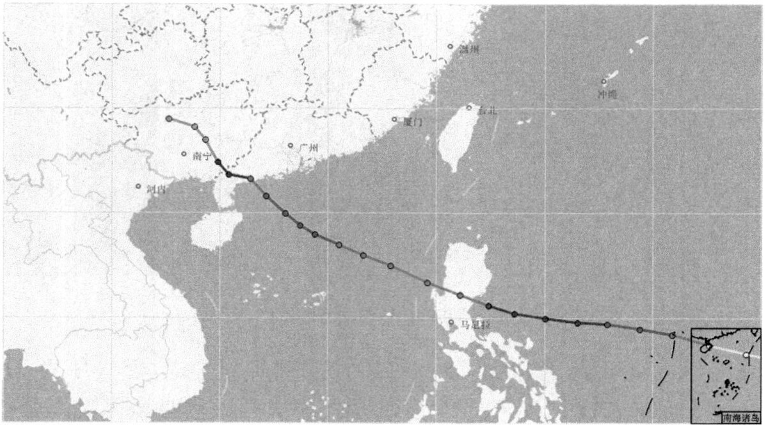

图 5-6-3　7411 号台风路径图

概况:7411 号台风 1974 年 7 月 17 日在西太平洋生成,于 7 月 22 日 18—19 时在阳江登陆,登陆时中心附近最大风力 12 级。该台风过程最低气压 945 hPa,中心附近最大风速 60 m/s。受这个台风影响,中山市平均风力 6～7 级,阵风 8～9 级,全市普降大到暴雨,其中城区 7 月 22 日降水量为 58.9 mm;过程总降水量 61.8 mm,平均风速 12 m/s,极大风速 20 m/s。

4)7422 号台风

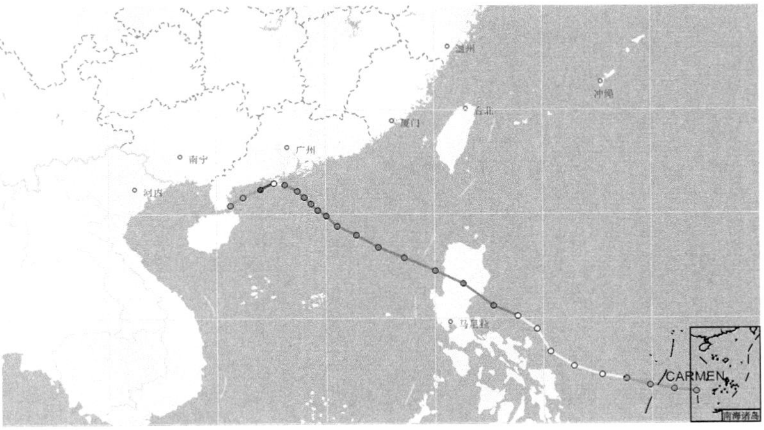

图 5-6-4　7422 号台风路径图

概况:7422 号台风 1974 年 10 月 14 日在西太平洋生成,于 10 月 20 日在南海消失,该台风过程最低气压 974 hPa,中心附近最大风速 40 m/s。受这个台风影响,中山市平均风力 6～7 级,阵风 9～10 级,全市普降暴雨到大暴雨,城区 10 月 19 日降水量为 221.0 mm;过程总降水量 377.3 mm,平均风速 14 m/s,极大风速 25 m/s。

5)7514 号台风

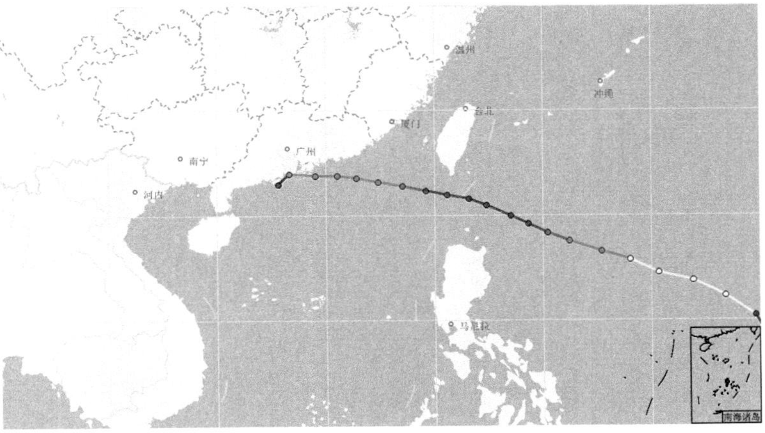

图 5-6-5　7514 号台风路径图

概况:7514 号台风 1975 年 10 月 9 日在西太平洋生成,于 10 月 15 日在上川岛附近消失,该台风过程最低气压 900 hPa,中心附近最大风速 60 m/s。受这个台风影响,中山市平均风力 7～8 级,阵风 9～10 级,全市普降暴雨到大暴雨,其中城区 10 月 15 日降水量为 171.9 mm;过程总降水量 197.0 mm,平均风速 15 m/s,极大风速 20 m/s。

6)7515 号台风

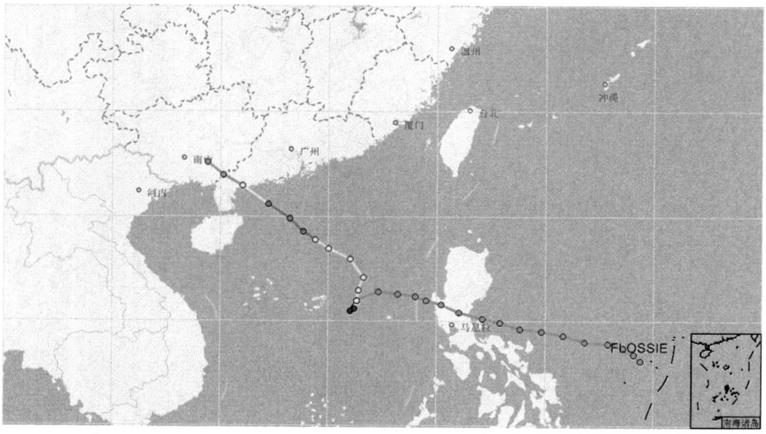

图 5-6-6　7515 号台风路径图

概况:7515 号台风 1975 年 10 月 16 日在西太平洋生成,于 10 月 23 日 16 时在吴川登陆,登陆时中心附近最大风力 11 级。该台风过程最低气压 970 hPa,中心附近最大风速 35 m/s。受这个台风影响,中山市普降大到暴雨,阵风 7～8 级,城区 10 月 23 日降水量为 68.9 mm;过程总降水量 73.7 mm,阵风 8 级。

7)7805 号(序号)热带低压

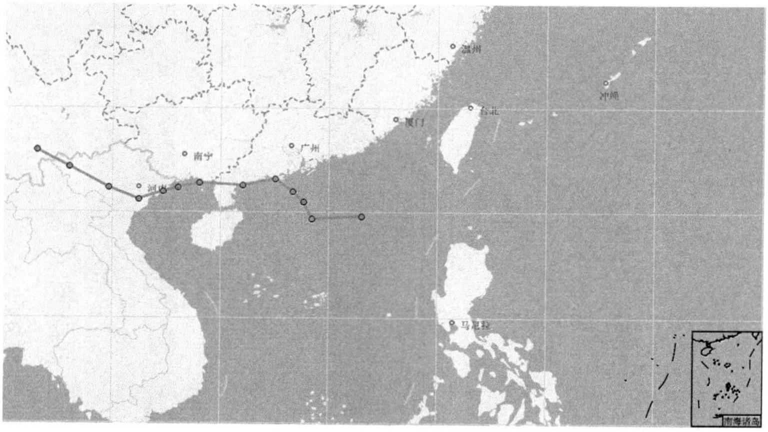

图 5-6-7　7805 号(序号)热带低压路径图

概况:7805 号(序号)热带低压 1978 年 6 月 25 日在南海生成,6 月 26 日 9—10 时在吴川登陆,登陆时中心附近最大风力 5 级,该热带低压过程最低气压 994 hPa,中心附近最大风速 12 m/s。受这个热带低压影响,中山市平均风力 6～7 级,阵风 8～9 级,全市普降大到暴雨,城区 6 月 26 日降水量为 20.3 mm,27 日为 64.0 mm,28 日降水量 89.5 mm,过程总降水量 187.6 mm,平均风速 12 m/s,极大风速 19 m/s。

8)7812 号台风

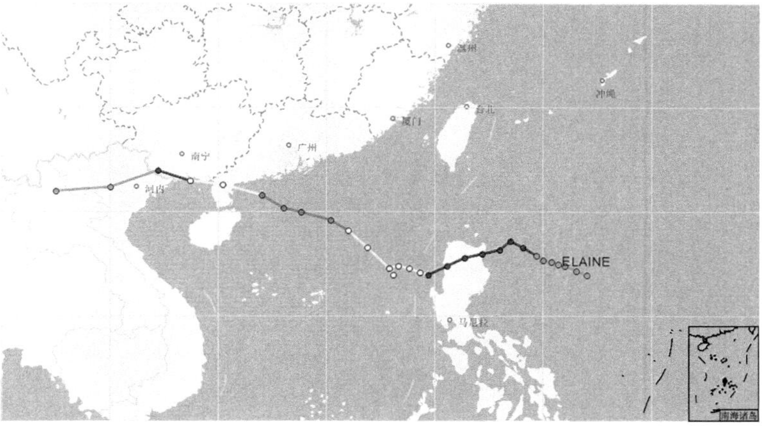

图 5-6-8 7812 号台风路径图

概况:7812 号台风 1978 年 8 月 21 日在西太平洋生成,8 月 27 日 18—19 时在吴川登陆,登陆时中心附近最大风力 11 级。该台风过程最低气压 965 hPa,中心附近最大风速 35 m/s。受这个台风影响,中山市平均风力 7～8 级,阵风 9～10 级,全市普降暴雨到大暴雨,城区 8 月 27 日降水量为 123.9 mm;过程总降水量 127.1 mm,平均风速 16 m/s,极大风速 23 m/s。

9)8007 号台风

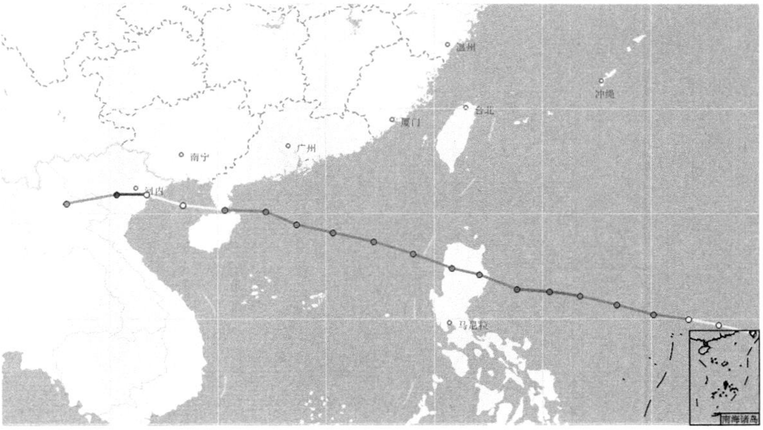

图 5-6-9 8007 号台风路径图

概况:8007 号台风 1980 年 7 月 16 日在西太平洋生成,7 月 22 日 20 时在徐闻登陆,登陆时中心附近最大风力 12 级。该台风过程最低气压 940 hPa,中心附近最大风速 45 m/s。受这个台风影响,中山市平均风力 7～8 级,阵风 9～10 级,全市普降大到暴雨,其中城区平均风速 15 m/s,极大风速 17 m/s,7 月 22 日降水量为 56.8 mm;过程总降水量 66.9 mm。

10)8106 号热带风暴

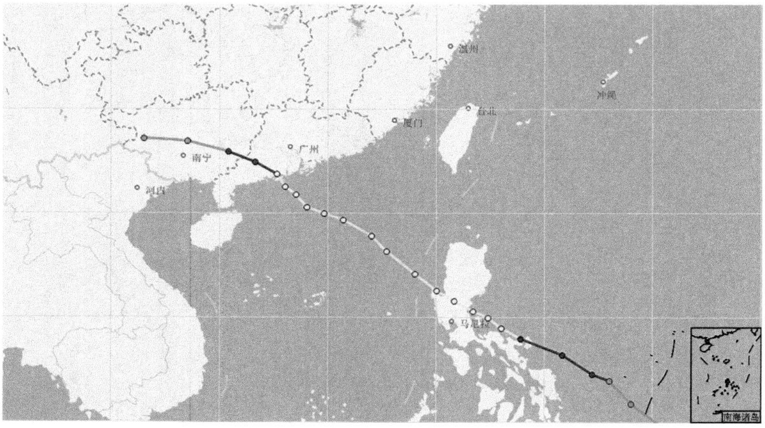

图 5-6-10　8106 号热带风暴路径图

概况:8106 号热带风暴 1981 年 7 月 1 日在西太平洋生成,7 月 7 日 7 时在台山登陆,登陆时中心附近最大风力 10 级。该热带风暴过程最低气压 980 hPa,中心附近最大风速 30 m/s。受这个热带风暴影响,中山市平均风力 7～8 级,阵风 10～11 级,全市普降大到暴雨,城区测得平均风速 17 m/s,极大风速在 17 m/s 以上,7 月 7 日降水量为 51.2 mm;过程总降水量 75.7 mm。

11)8125 号(序号)热带低压

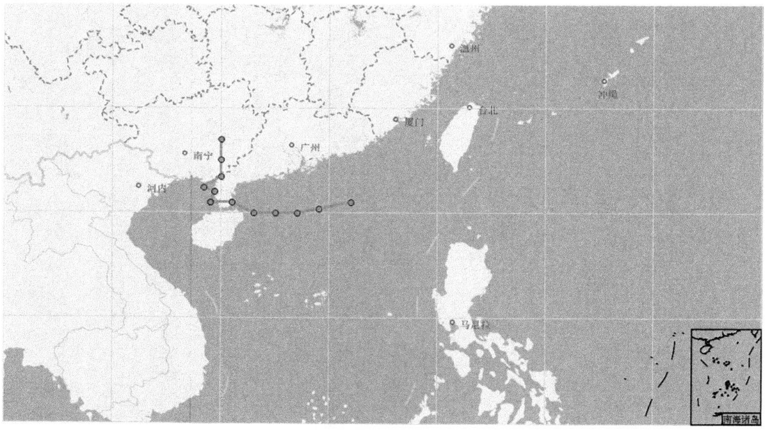

图 5-6-11　8125 号(序号)热带低压路径图

概况:8125 号(序号)热带低压于 1981 年 10 月 3 日在南海生成,10 月 5 日 2—3 时在徐闻登陆,登陆时中心附近最大风力 6 级。该台风过程最低气压 1004 hPa,中心附近最大风速 12 m/s。它给中山市带来一次大暴雨降水过程,10 月 6 日中山城区降水量为91.2 mm,10 月 7 日降水量为 169.6 mm,过程总雨量为 278.0 mm。

12)8314 号热带风暴

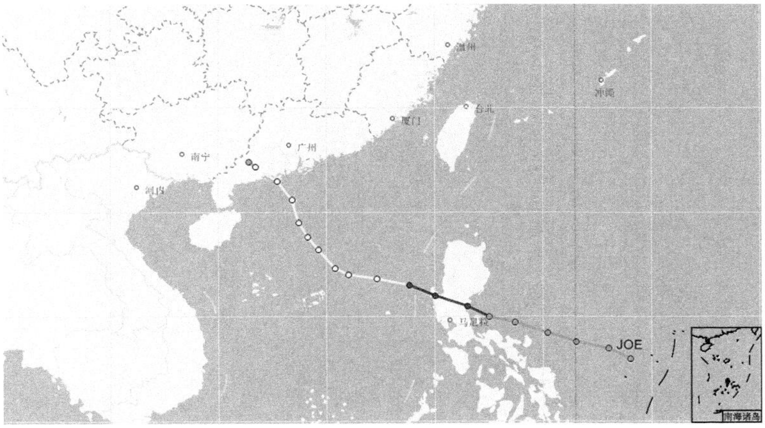

图 5-6-12　8314 号热带风暴路径图

概况:8314 号热带风暴于 1983 年 10 月 9 日在西太平洋生成,10 月 13 日 23 时在台山登陆,登陆时中心附近最大风力 11 级。该热带风暴过程最低气压 985 hPa,中心附近最大风速 30 m/s。受其影响,中山市平均风力 6～7 级,阵风 8～9 级,10 月 13 日城区测得 68.6 mm 的降水,平均风速 12 m/s,极大风速 17 m/s,过程总降水量 145.8 mm。

13)8515 号台风

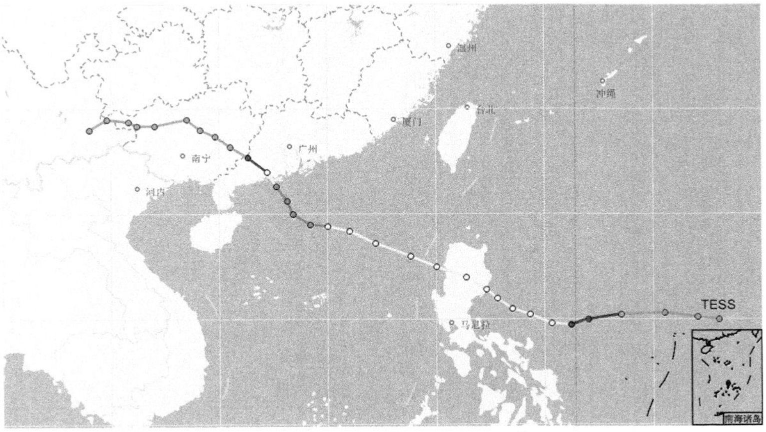

图 5-6-13　8515 号台风路径图

概况:8515 号台风 1985 年 9 月 1 日在西太平洋生成,9 月 6 日 5 时在台山—阳江沿海登陆,登陆时中心附近最大风力 11 级。该台风过程最低气压 965 hPa,中心附近最大风速 40 m/s。受这个台风影响,中山市平均风力 6～7 级,阵风 8～9 级,全市普降暴雨到大暴雨,城区 9 月 6 日降水量 130.5 mm,过程总降水量 156.0 mm,平均风速 14 m/s,极大风速 30 m/s。

14)8613 号热带风暴

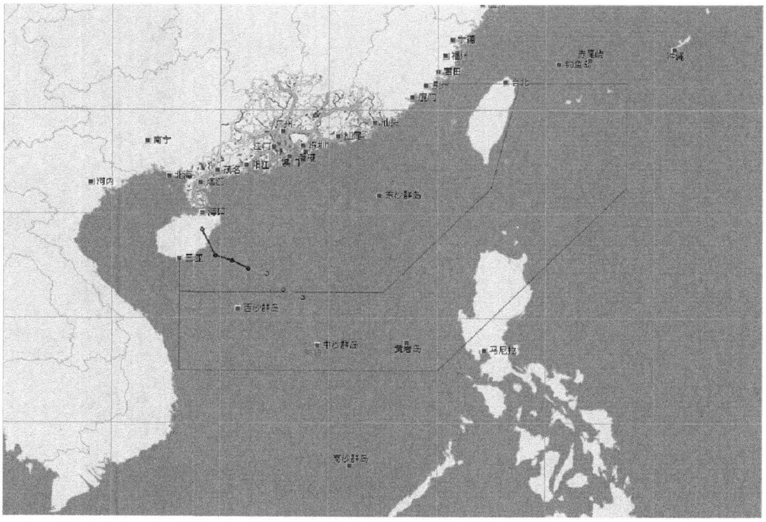

图 5-6-14　8613 号热带风暴路径图

概况:8613 号热带风暴 1986 年 8 月 9 日在南海生成,8 月 10 日 24 时在陵水—万宁之间沿海登陆,登陆时中心附近最大风力 6 级。该风暴过程最低气压 992 hPa,中心附近最大风速 20 m/s。受这个风暴影响,中山市普降暴雨到大暴雨,城区 8 月 11 日降水量 185.8 mm,过程总降水量 236.4 mm,平均风速 8 m/s。

15)8903 号热带风暴

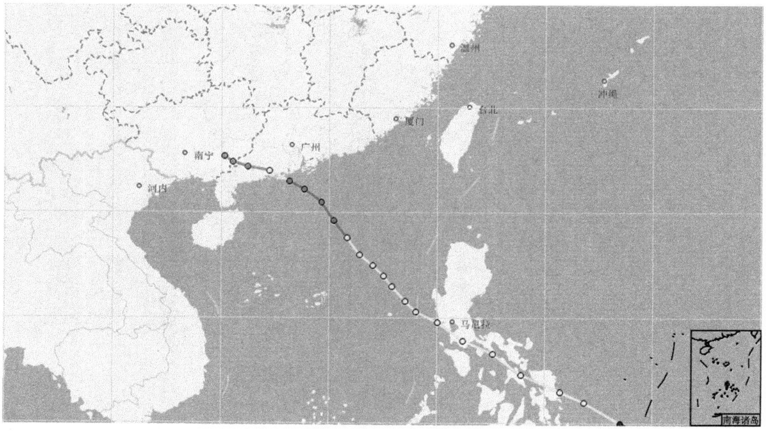

图 5-6-15　8903 号热带风暴路径图

概况:8903 号热带风暴 1989 年 5 月 14 日在西太平洋生成,5 月 20 日 23 时在台山登陆,登陆时中心附近最大风力 11 级。该热带风暴过程最低气压 970 hPa,中心附近最大风速 35 m/s。受这个热带风暴影响,中山市平均风力 5～6 级,阵风 7～9 级,全市普降暴雨到大暴雨,城区 5 月 20 日降水量 118.2 mm,21 日降水量为 135.0 mm,过程总降水量 256.2 mm,平均风速 11 m/s,极大风速 21 m/s。

16)9302 号台风

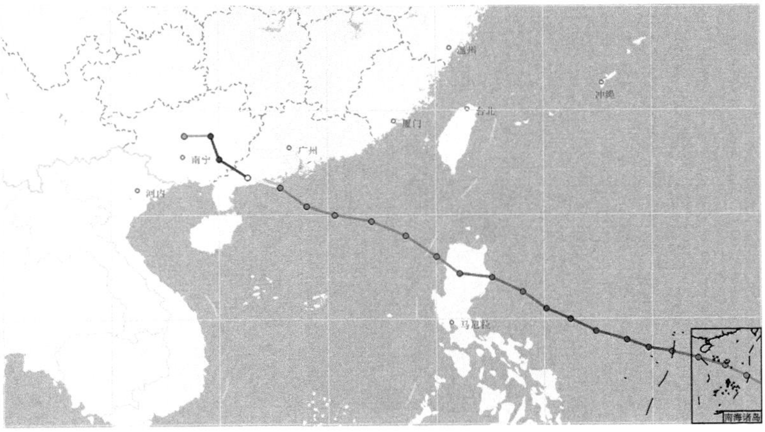

图 5-6-16　9302 号台风路径图

概况:9302 号台风于 1993 年 6 月 16 日在西太平洋生成,6 月 27 日 23—24 时在台山—阳江之间沿海登陆,登陆时中心附近最大风力 12 级。该台风过程最低气压 920 hPa,中心附近最大风速 60 m/s。受这个台风影响,中山市平均风力 6～7 级,阵风 8～10 级,全市普降暴雨到大暴雨,6 月 28 日,城区测得 235.2 mm 的雨量,平均风速 11 m/s,极大风速 23 m/s,过程雨量 264.3 mm。

17)9318 号台风

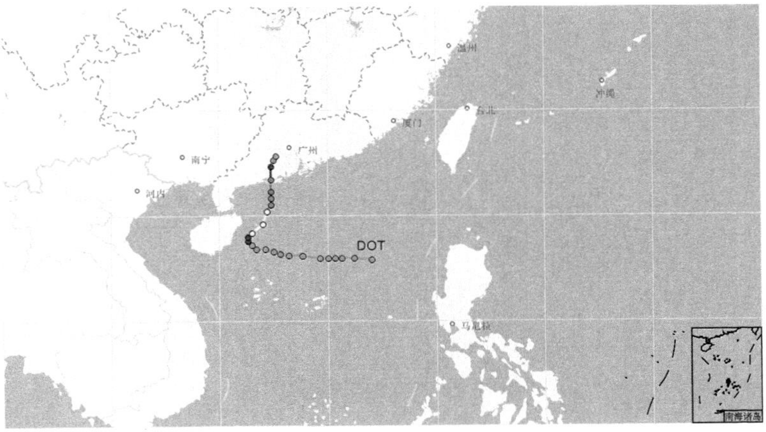

图 5-6-17　9318 号台风路径图

概况:9318 号台风于 1993 年 9 月 21 日在南海生成,9 月 26 日 15 时在台山—阳江之间沿海登陆,登陆时中心附近最大风力 12 级。该台风过程最低气压 965 hPa,中心附近最大风速 40 m/s。这个台风给中山市带来连续 3 d 的暴雨,平均风力 4～5 级,阵风 6～7 级,城区 9 月 25 日雨量为 88.3 mm,26 日为 159.8 mm,27 日为 59.5 mm,测得平均风速 7 m/s,极大风速 12 m/s,过程雨量为 307.6 mm。

18)9323 号台风

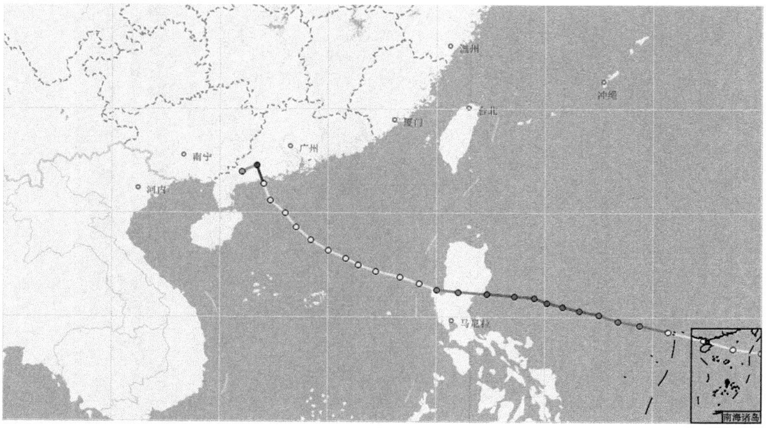

图 5-6-18　9323 号台风路径图

概况:9323 号台风于 1993 年 10 月 27 日在西太平洋生成,11 月 4 日 21—22 时在阳江登陆,登陆时中心附近最大风力 9 级。该台风过程最低气压 950 hPa,中心附近最大风速 45 m/s。受这个台风影响,全市普降暴雨到大暴雨,局部特大暴雨,平均风力 4～5 级,阵风6～7 级,11 月 4 日城区测得 92.4 mm 的雨量,11 月 5 日测得 279.2 mm,平均风速 7 m/s,极大风速10 m/s,过程总降水量 373.6 mm。

19)9618 号台风

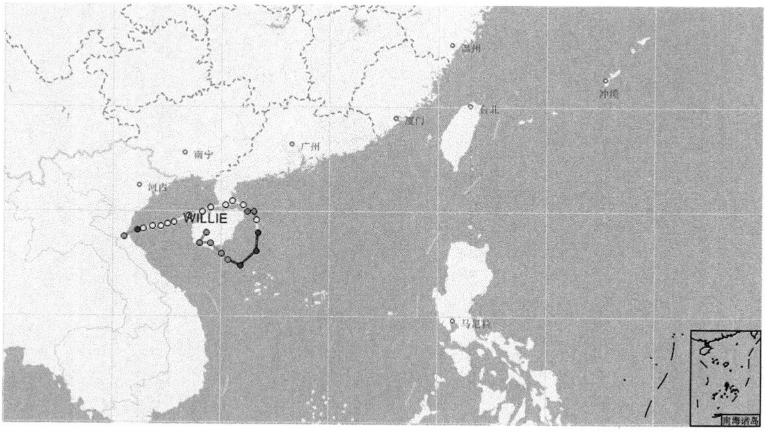

图 5-6-19　9618 号台风路径图

概况:9618 号台风 1996 年 9 月 16 日在海南岛附近海面生成,9 月 20 日 8 时在徐闻登陆,登陆时中心附近最大风力 10 级(28 m/s)。该台风过程最低气压 975 hPa,中心附近最大风速 33 m/s。受这个台风影响,中山市普降暴雨,局部大暴雨,城区 9 月 21 日降水量为 66.4 mm,9 月 22 日降水量为 160.6 mm,过程总降水量 249.9 mm。

(2)登陆粤东路径热带气旋 16 例概况和分析

在严重影响中山市粤东路径的热带气旋中,只有 1 个生成于南海(8408 号热带风暴),其余 15 个都生成于西太平洋,登陆粤东的热带气旋造成中山市出现大暴雨的有 8 个,其中 7004

号热带风暴和 7616 号强热带风暴带来的日雨量分别为 202.7 mm 和 220.9 mm。造成中山出现 11 级以上阵风的有 5 个热带气旋(6423 台风、6903 台风、7908 台风、8009 台风、0313 台风),其中 7908 台风最大阵风达 40 m/s。来自西太平洋上的热带气旋路径基本是呈东南—西北走向。如图 5-6-20 至 5-6-32 所示。

1)5708 号(序号)台风

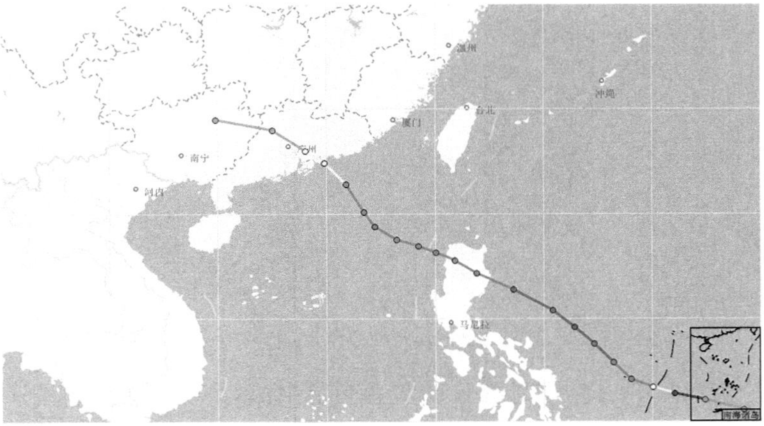

图 5-6-20　5708 号(序号)台风路径图

概况:5708 号(序号)台风 1957 年 7 月 11 日在西太平洋生成,于 7 月 16 日 22—23 时在惠来—宝安沿海地区登陆,登陆时中心附近最大风力 11 级。这个台风过程最低气压 980 hPa,中心附近最大风速 50 m/s。受这个台风影响,中山市普降暴雨,局部大暴雨,城区 7 月 16 日降水量 16.3 mm,7 月 17 日降水量为 168.1 mm,过程总降水量 189.1 mm;全市平均风力 6～7 级,阵风 9～10 级,其中城区平均风速 12 m/s,极大风速 20 m/s。

2)6109 号热带风暴

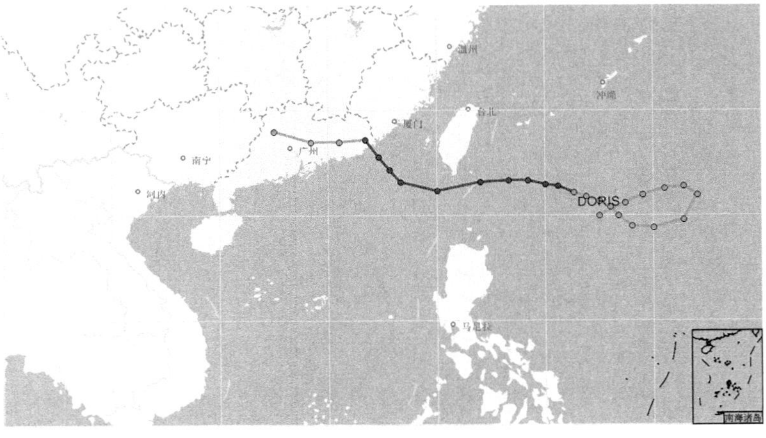

图 5-6-21　6109 号热带风暴路径图

概况:6109 号热带风暴 1961 年 6 月 26 日在西太平洋生成,于 7 月 2 日 7 时在汕头登陆,登陆时中心附近最大风力 8 级。这个热带风暴过程最低气压 986 hPa,中心附近最大风速 20 m/s。受这个热带风暴影响,中山市普降暴雨,局部大暴雨,其中城区 7 月 2 日降水量

172.5 mm，过程总降水量 180.5 mm。

3)6416 号台风

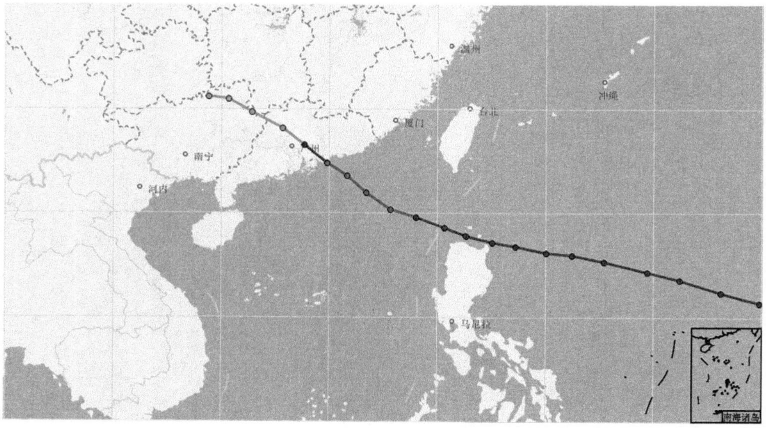

图 5-6-22　6416 号台风路径图

概况：6416 号台风 1964 年 9 月 3 日在西太平洋生成，于 9 月 10 日 21—22 时在宝安登陆，登陆时中心附近最大风力 12 级。这个台风过程最低气压 896 hPa，中心附近最大风速 100 m/s。受这个台风影响，中山市平均风力 4～5 级，阵风 8～9 级，全市普降暴雨到大暴雨，其中城区 9 月 11 日降水量 149.9 mm，过程总降水量 156.7 mm；平均风速 7 m/s，极大风速超过 17 m/s。

4)6423 号台风

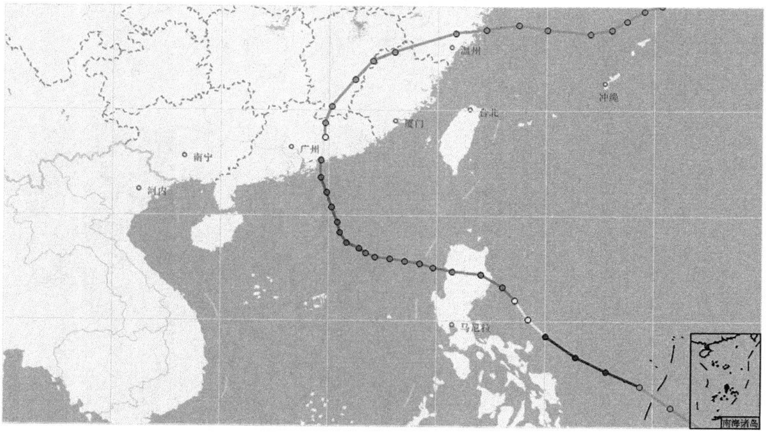

图 5-6-23　6423 号台风路径图

概况：6423 号台风 1964 年 10 月 4 日在西太平洋生成，于 10 月 13 日 9 时在宝安登陆，登陆时中心附近最大风力 12 级。这个台风过程最低气压 975 hPa，中心附近最大风速 45 m/s。受这个台风影响，中山市平均风力 7～8 级，阵风 9～11 级，全市普降中到大雨，局部暴雨，其中市区 10 月 13 日降水量 24.5 mm，过程总降水量 50.1 mm；平均风速 16 m/s，极大风速大于17 m/s。

5)6903 号台风

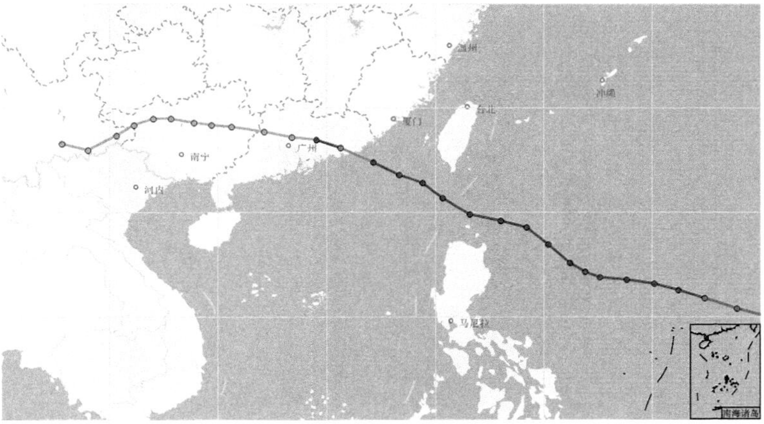

图 5-6-24　6903 号台风路径图

概况:6903 号台风 1969 年 7 月 20 日在西太平洋生成,于 7 月 28 日 11—12 时在惠来登陆,登陆时中心附近最大风力 12 级。这个台风过程最低气压 896 hPa,中心附近最大风速 75 m/s。受这个台风影响,中山市平均风力 7～8 级,阵风 9～11 级,全市普降中到大雨,局部暴雨,其中城区 7 月 29 日降水量 49.3 mm,过程总降水量 84.0 mm;平均风速 16 m/s,极大风速超过 17 m/s。

6)7004 号热带风暴

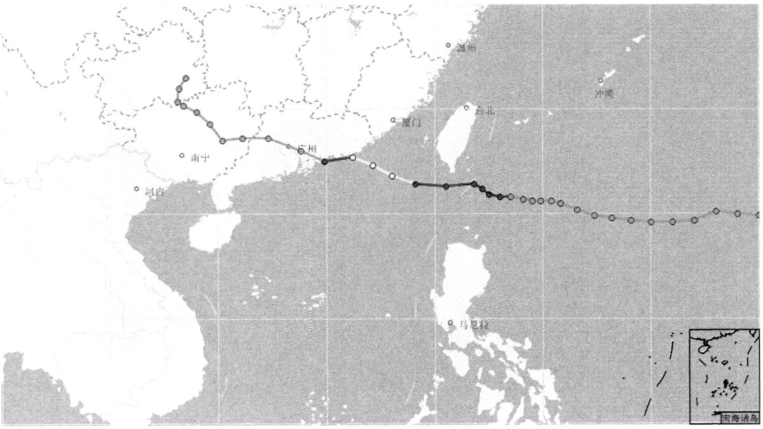

图 5-6-25　7004 号热带风暴路径图

概况:7004 号热带风暴 1970 年 7 月 26 日在西太平洋生成,于 8 月 3 日 3—4 时在宝安—惠阳之间沿海地区登陆,登陆时中心附近最大风力 8 级。这个热带风暴过程最低气压 99C hPa,中心附近最大风速 25 m/s。受这个热带风暴影响,中山市平均风力 6～7 级,阵风 8～9 级,全市普降暴雨到大暴雨,其中城区 8 月 3 日降水量 202.7 mm,8 月 4 日降水量 58.9 mm,过程总降水量 303.7 mm;平均风速 11 m/s,极大风速 18 m/s。

7)7114 号台风

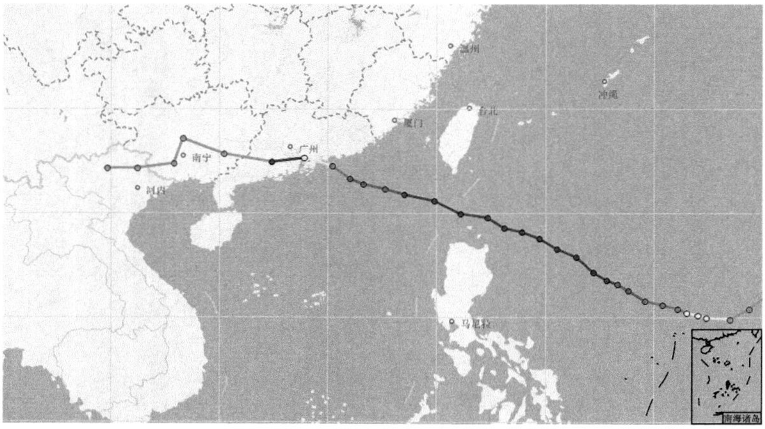

图 5-6-26　7114 号台风路径图

概况:7114 号台风 1971 年 7 月 13 日在西太平洋生成,于 7 月 22 日 10—11 时在惠东登陆,登陆时中心附近最大风力 11 级。这个台风过程最低气压 912 hPa,中心附近最大风速 60 m/s。受这个台风影响,中山市平均风力 6～7 级,阵风 8～9 级,全市普降大到暴雨,其中城区 7 月 22 日降水量 60.3 mm,过程总降水量 94.9 mm;平均风速 13 m/s,极大风速 19 m/s。

8)7616 号热带风暴

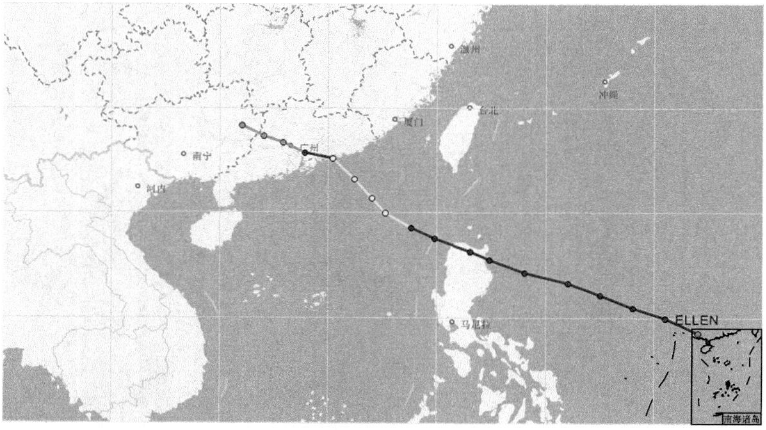

图 5-6-27　7616 号热带风暴路径图

概况:7616 号热带风暴 1976 年 8 月 21 日在西太平洋生成,于 8 月 24 日 8—9 时在海丰登陆,登陆时中心附近最大风力 11 级。这个热带风暴过程最低气压 985 hPa,中心附近最大风速 30 m/s。受这个热带风暴影响,全市普降暴雨到大暴雨,平均风力 7～8 级,阵风 9～10 级,其中城区 8 月 24 日降水量达到 220.9 mm,过程总降水量 300.1 mm;平均风速 16 m/s,极大风速 22 m/s。

9)7908 号台风

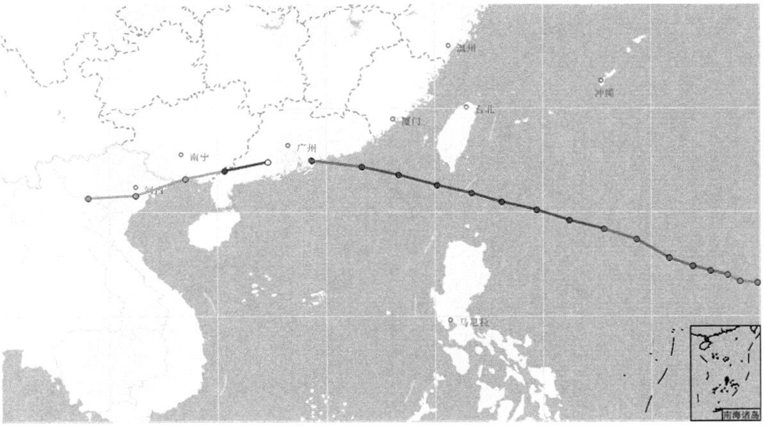

图 5-6-28　7908 号台风路径图

概况:7908 号台风 1979 年 7 月 25 日在西太平洋生成,于 8 月 2 日 13—14 时在深圳登陆,登陆时中心附近最大风力 12 级。这个台风过程最低气压 898 hPa,中心附近最大风速 70 m/s。受这个台风影响,中山市平均风力 8～10 级,阵风 11～12 级,全市普降大到暴雨,城区 8 月 3 日记录到降水量 68.7 mm,1—3 日过程总降水量 128.6 mm;平均风速 23 m/s,极大风速 40 m/s。

10)8408 号热带风暴

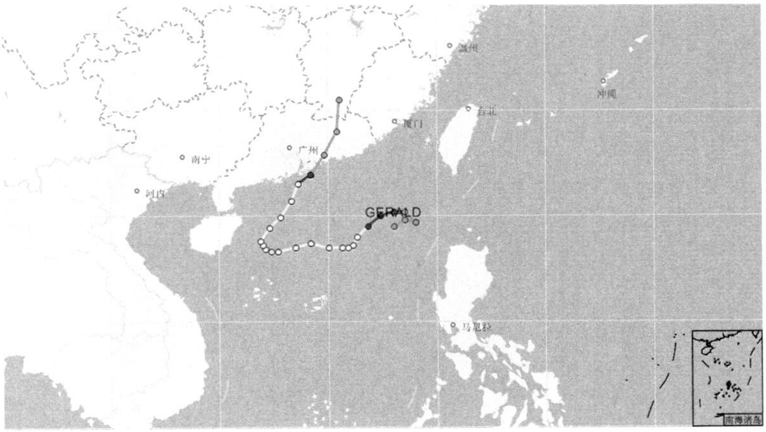

图 5-6-29　8408 号热带风暴路径图

概况:8408 号热带风暴于 1984 年 8 月 15 日在西太平洋生成,8 月 21 日 10—11 时在深圳登陆,登陆时中心附近最大风力 7 级。这个热带风暴过程最低气压 975 hPa,中心附近最大风速 30 m/s。受这个热带风暴影响,中山市普降大到暴雨,平均风力 5～6 级,阵风 7～8 级,城区 8 月 21 日出现了暴雨,雨量 93.1 mm,平均风速 11 m/s,20—22 日过程总雨量 96.4 mm。

11)8607 号台风

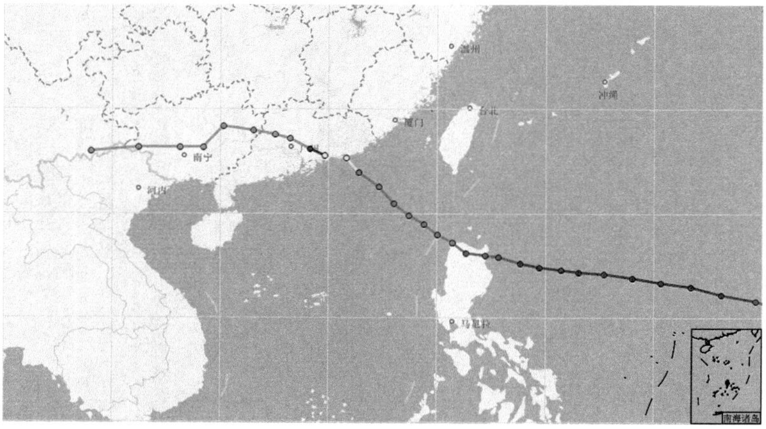

图 5-6-30　8607 号台风路径图

概况:8607 号台风于 1986 年 6 月 30 日在西太平洋生成,7 月 11 日 14—16 时在陆丰—海丰沿海地区登陆,登陆时中心附近最大风力 11 级。这个台风过程最低气压 900 hPa,中心附近最大风速 65 m/s。受这个台风影响,7 月 12 日中山市普降暴雨到大暴雨,平均风力 7～8 级,阵风 9～10 级,城区降水量为 152.7 mm,过程总降水量 199.8 mm;平均风速 17 m/s,极大风速 24 m/s。

12)8805 号台风

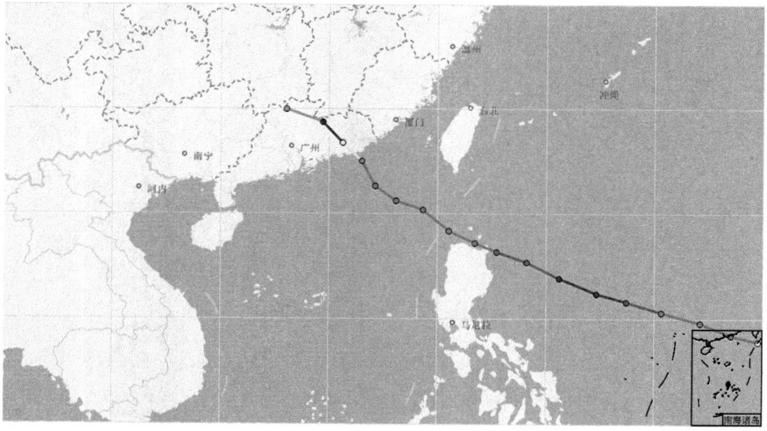

图 5-6-31　8805 号台风路径图

概况:8805 号台风于 1988 年 7 月 13 日在西太平洋生成,7 月 19 日 16—17 时在惠来登陆,登陆时中心附近最大风力 12 级。这个台风过程最低气压 945 hPa,中心附近最大风速 55 m/s。受这个台风影响,中山市平均风力 6～7 级,阵风 8～10 级,全市普降暴雨到大暴雨,7 月 20 日城区出现了大暴雨,雨量为 118.4 mm,平均风速 12 m/s,极大风速 19 m/s,过程雨量 153.1 mm。

13)9908 号台风

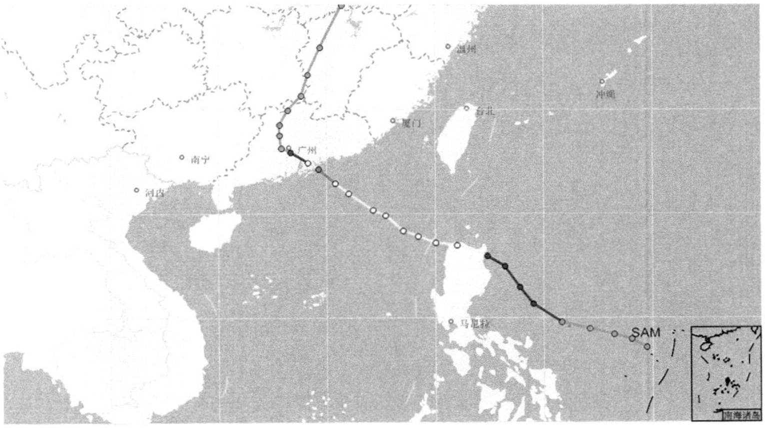

图 5-6-32　9908 号台风路径图

概况：9908 号台风于 1999 年 8 月 19 日在西太平洋生成，8 月 22 日 17 时 30 分在深圳大鹏湾登陆，登陆时中心附近最大风力 12 级(33 m/s)。这个台风过程最低气压 975 hPa，中心附近最大风速 33 m/s。受这个台风影响，中山市普降暴雨到大暴雨，平均风力 5～7 级，阵风 8～9 级，城区 8 月 22 日降水量为 31.4 mm，8 月 23 日降水量 189.6 mm，8 月 24 日降水量 92.6 mm，总降水量 313.6 mm；平均风速 10 m/s，极大风速 18 m/s。

(3)登陆粤中热带气旋 18 个例概况和分析

1955—2010 年登陆粤中严重影响中山的热带气旋有 2 个生成于南海(6001 号台风，6402 号台风)，有 1 个生成于菲律宾附近海面(6103 号台风)，有 15 个来自于西太平洋。在 18 个热带气旋中造成中山市出现大暴雨的有 9 个，其中 9910 号强热带风暴造成特大暴雨，日雨量达到 313.4 mm，也是中山市受热带气旋影响出现最大的一次暴雨。在 18 个热带气旋中造成中山市出现 11 级以上阵风的有 13 个，其中达到 12 级阵风的有 9 个，6415 号台风最大阵风 34 m/s，9910 号强热带风暴达到 33 m/s(城区)和 34.9 m/s(坦洲)。来自于西太平洋的热带气旋基本上为东南—西北走向。详见热带气旋路径图(图 5-6-33 至 5-6-49)。

1)5719 号(序号)台风

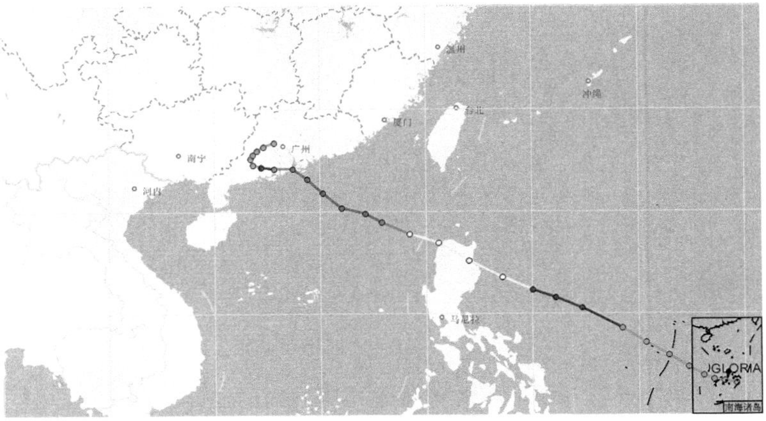

图 5-6-33　5719 号(序号)台风路径图

概况：5719 号(序号)台风 1957 年 9 月 17 日在西太平洋生成，9 月 22 日 21 时在澳门登陆，登陆时中心附近最大风力 12 级。该台风过程最低气压 970 hPa，中心附近最大风速 45 m/s。这个台风给中山市造成严重影响，全市平均风力达 9～10 级，阵风达 11～12 级，城区测得平均风速 22 m/s，极大风速大于 22 m/s，全市普降暴雨到大暴雨，城区 9 月 22 日降水量 67.5 mm，9 月 23 日降水量 93.6 mm，过程总降水量为 166.3 mm。

2)6001 号台风

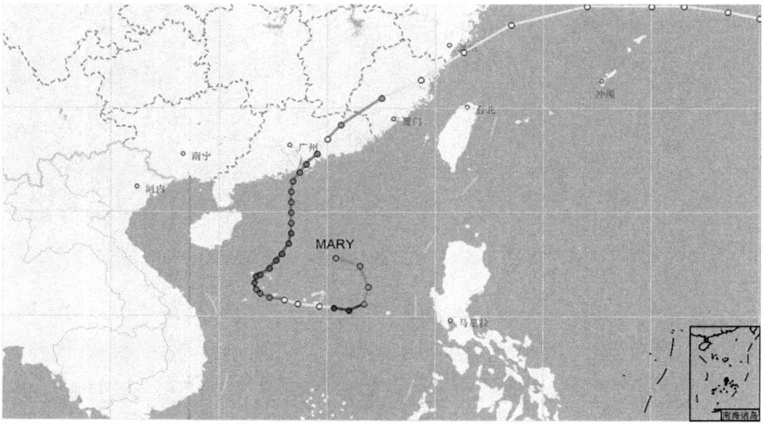

图 5-6-34　6001 号台风路径图

概况：6001 号台风 1960 年 6 月 2 日在南海生成，于 6 月 9 日 3 时在香港登陆，登陆时中心附近最大风力 12 级。该台风过程最低气压 970 hPa，中心附近最大风速 45 m/s。受这个台风影响，中山市平均风力为 7～8 级，阵风 10～11 级，城区测得平均风速 14 m/s，极大风速 20 m/s，全市普降暴雨，局部大暴雨，城区 6 月 8 日降水量 66.7 mm，6 月 9 日为 109.7 mm，过程总降水量为 198.1 mm。

3)6103 号台风

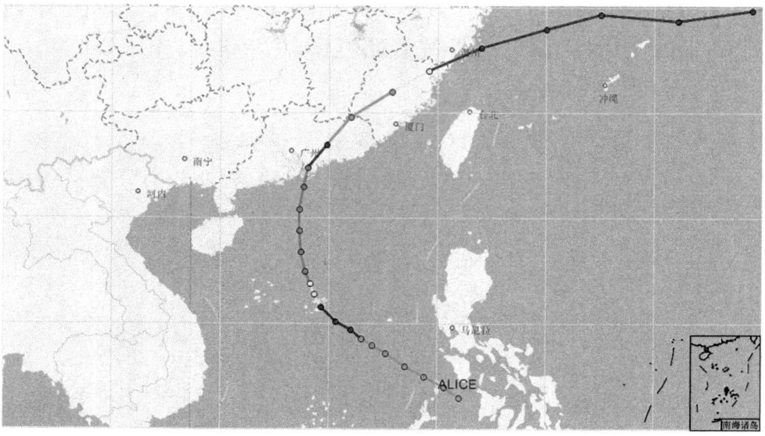

图 5-6-35　6103 号台风路径图

概况：6103 号台风 1961 年 5 月 15 日在菲律宾附近海面生成，于 5 月 19 日 13—14 时在香港登陆，登陆时中心附近最大风力 12 级。该台风过程最低气压 975 hPa，中心附近最大风速

40 m/s。受这个台风影响,中山市平均风力为 6～7 级,阵风 8～10 级,全市普降大到暴雨,其中城区测得平均风速 14 m/s,极大风速 27 m/s,5 月 19 日降水量 47.3 mm,过程总降水量为 62.8 mm。

4)6213 号台风

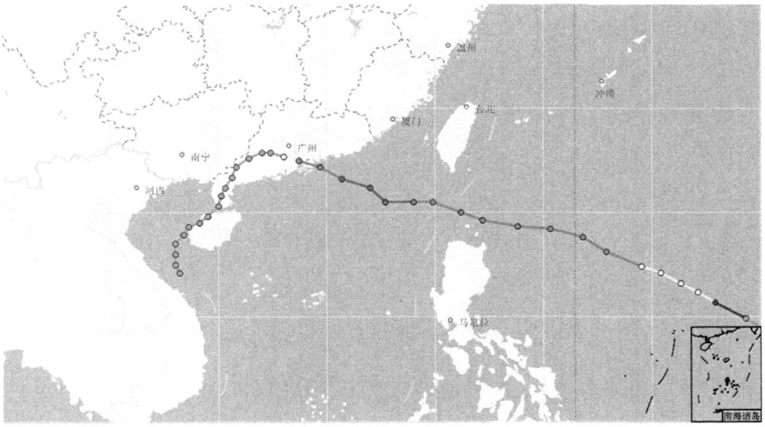

图 5-6-36　6213 号台风路径图

概况:6213 号台风 1962 年 8 月 25 日在西太平洋生成,于 9 月 1 日 10 时在香港登陆,登陆时中心附近最大风力 12 级。该台风过程最低气压 949 hPa,中心附近最大风速 50 m/s。受这个台风影响,中山市平均风力 9～10 级,阵风 11～12 级,全市普降暴雨到大暴雨,其中城区测得平均风速 24 m/s,极大风速 30 m/s 以上,9 月 1 日降水量 116.9 mm,过程总降水量为 127.1 mm。

5)6402 号台风

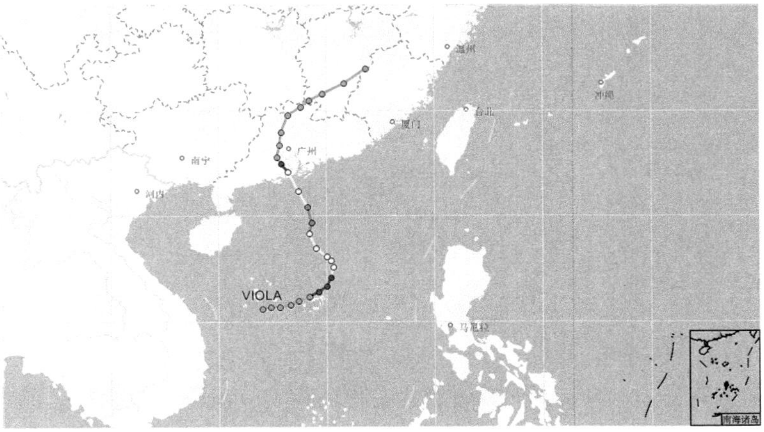

图 5-6-37　6402 号台风路径图

概况:6402 号台风 1964 年 5 月 24 日在南海生成,于 5 月 28 日 8 时在斗门登陆,登陆时中心附近最大风力 11 级。该台风过程最低气压 980 hPa,中心附近最大风速 25 m/s。受这个台风影响,中山市普降暴雨到大暴雨,平均风力为 8～9 级,阵风 10～12 级,其中市区 5 月 28 日降雨量 226.0 mm,过程总降水量 255.1 mm,测得平均风速 18 m/s,极大风速大于 18 m/s。

6)6411 号台风

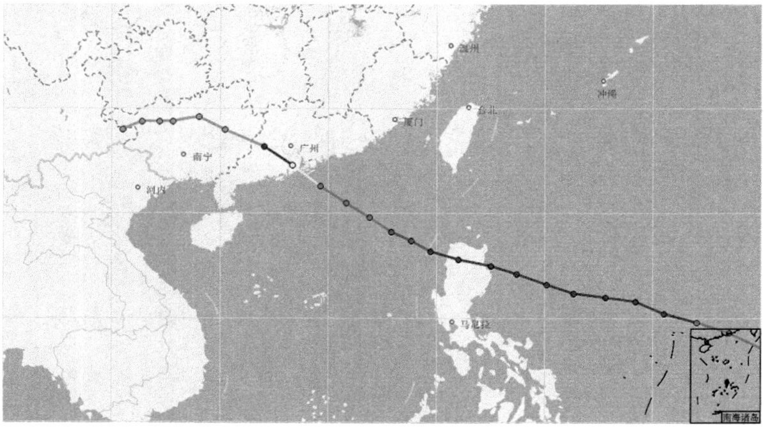

图 5-6-38　6411 号台风路径图

概况：6411 号台风 1964 年 8 月 1 日在西太平洋生成，于 8 月 9 日 1 时在澳门登陆，登陆时中心附近最大风力 12 级。该台风过程最低气压 925 hPa，中心附近最大风速 85 m/s。受这个台风影响，中山市平均风力为 7～8 级，阵风 9～11 级，全市普降大到暴雨，其中市区 8 月 9 日降水量为 50.5 mm，过程总雨量 104.5 mm，测得平均风速 14 m/s，极大风速 18 m/s。

7)6415 号台风

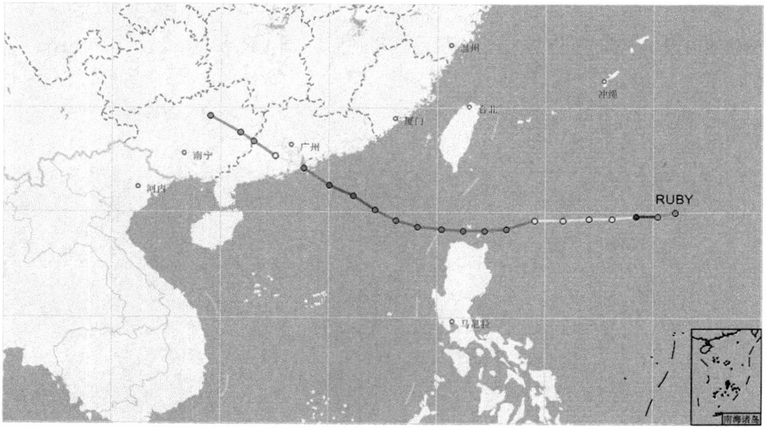

图 5-6-39　6415 号台风路径图

概况：6415 号台风 1964 年 9 月 1 日在西太平洋生成，于 9 月 5 日 15 时在珠海登陆，登陆时中心附近最大风力 12 级。该台风过程最低气压 960 hPa，中心附近最大风速 45 m/s。受这个台风影响，中山市平均风力为 8～9 级，阵风 11～12 级，全市普降暴雨到大暴雨，其中城区 9 月 6 日降水量 126.3 mm，过程总降水量为 211.3 mm，平均风速 18 m/s，极大风速 34 m/s。

8)6605 号热带风暴

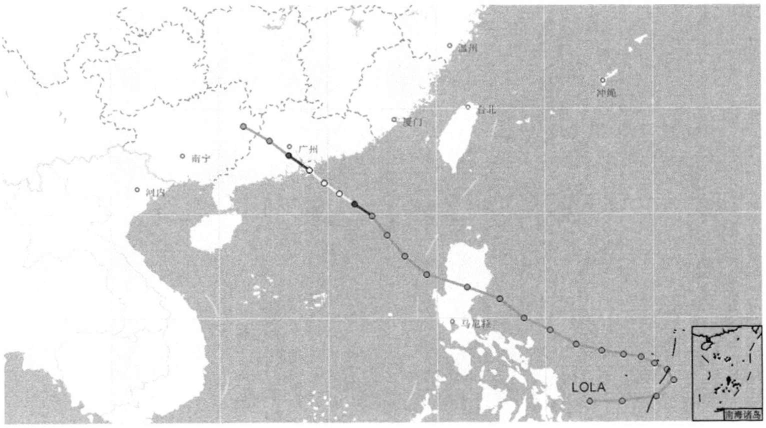

图 5-6-40　6605 号热带风暴路径图

概况:6605 号热带风暴 1966 年 7 月 8 日在菲律宾以东洋面生成,7 月 13 日 23 时在珠海登陆,登陆时中心附近最大风力 10 级。该热带风暴过程最低气压 986 hPa,中心附近最大风速 25 m/s。受这个热带风暴影响,中山市普降暴雨,平均风力为 6～7 级,阵风 8～9 级,其中城区 7 月 14 日降水量为 100.8 mm,过程总降水量为 140.8 mm,平均风速 12 m/s,极大风速 20 m/s。

9)6711 号台风

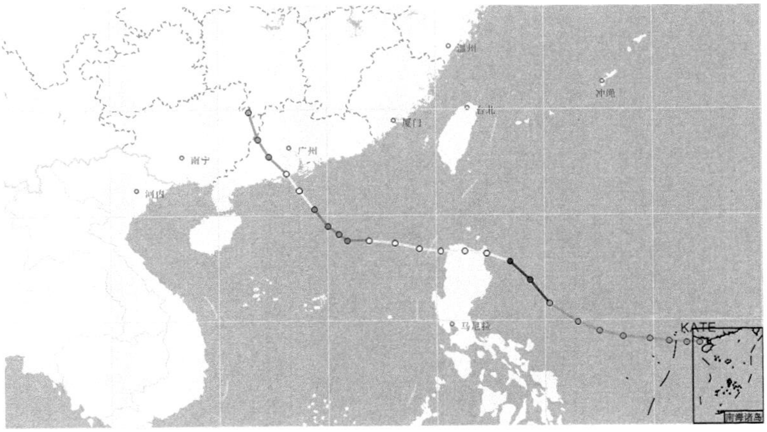

图 5-6-41　6711 号台风路径图

概况:6711 号台风 1967 年 8 月 16 日在西太平洋生成,于 8 月 21 日 20—21 时在斗门—台山之间沿海登陆,登陆时中心附近最大风力 9～10 级。该台风过程最低气压 980 hPa,中心附近最大风速 35 m/s。受这个台风影响,中山市平均风力为 8～9 级,阵风 10～12 级,全市普降大到暴雨,其中城区 8 月 21 日降水量 51.3 mm,22 日降水量 53.6 mm,过程总降水量为 117.0 mm,测得平均风速 18 m/s,极大风速超过 18 m/s。

10)6808 号台风

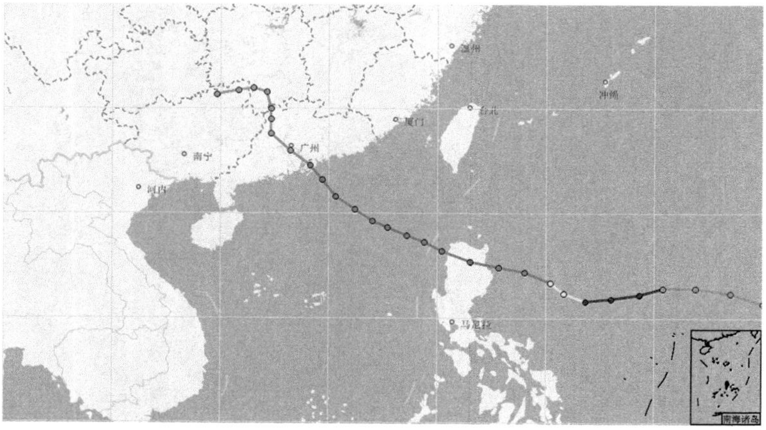

图 5-6-42　6808 号台风路径图

概况:6808 号台风 1968 年 8 月 14 日在西太平洋生成,8 月 21 日 19—20 时在香港登陆,登陆时中心附近最大风力 12 级。该台风过程最低气压 962 hPa,中心附近最大风速 40 m/s。受这个台风影响,中山市平均风力为 7～8 级,阵风 9～11 级,全市普降暴雨到大暴雨,其中城区 8 月 22 日降水量 130.7 mm,过程总降水量为 173.1 mm,测得平均风速 17 m/s,极大风速 18 m/s。

11)7108 号台风

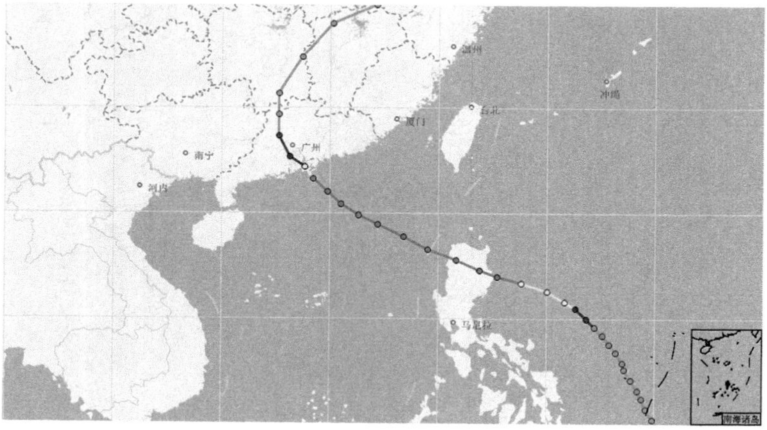

图 5-6-43　7108 号台风路径图

概况:7108 号台风 1971 年 6 月 10 日在西太平洋生成,于 6 月 18 日 3—4 时在珠海登陆,登陆时中心附近最大风力 10 级。该台风过程最低气压 978 hPa,中心附近最大风速 35 m/s。受这个台风影响,中山市平均风力为 7～8 级,阵风 9～11 级,全市普降暴雨,局部大暴雨,其中城区 6 月 18 日降水量 139.1 mm,过程总降水量为 142.5 mm,平均风速 16 m/s,极大风速25 m/s。

12)7118 号台风

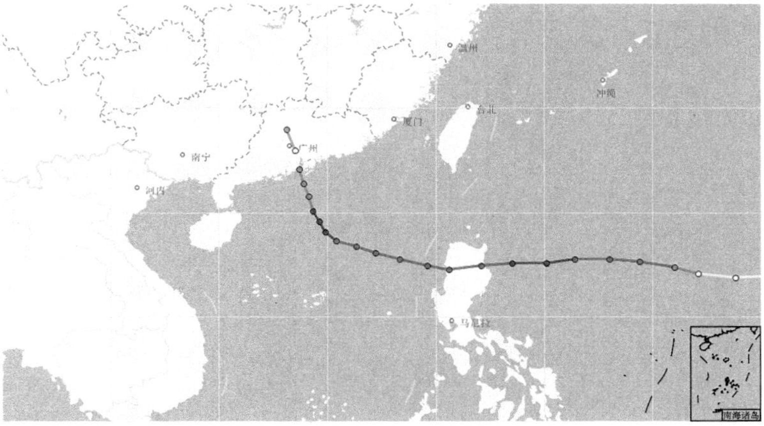

图 5-6-44　7118 号台风路径图

概况：7118 号台风 1971 年 8 月 8 日在西太平洋生成，于 8 月 17 日 5 时在番禺登陆，登陆时中心附近最大风力 11 级。该台风过程最低气压 959 hPa，中心附近最大风速 60 m/s。受这个台风影响，中山市平均风力为 8～9 级，阵风 10～12 级，全市普降大到暴雨，其中城区 8 月 17 日降水量 76.1 mm，过程总降水量为 81.7 mm，平均风速 19 m/s，极大风速 27 m/s。

13)7913 号热带风暴

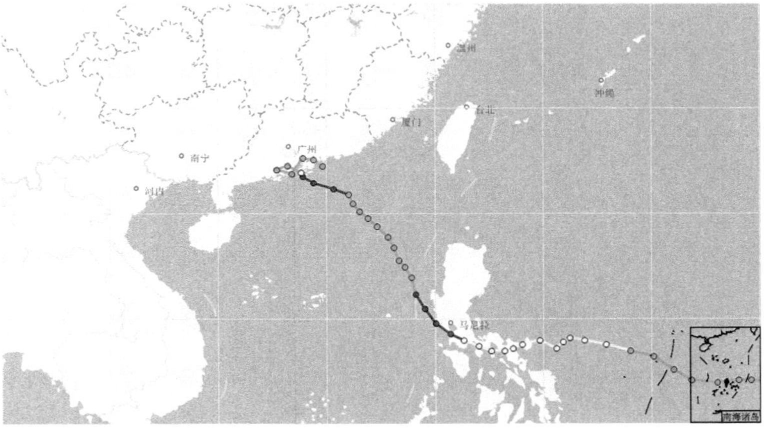

图 5-6-45　7913 号热带风暴路径图

概况：7913 号热带风暴 1979 年 9 月 12 日在西太平洋生成，先于 9 月 23 日 23 时在珠海登陆，登陆时中心附近最大风力 9 级，后于 9 月 25 日 2 时在深圳登陆，登陆时中心附近最大风力小于 5 级。该热带风暴过程最低气压 983 hPa，中心附近最大风速 30 m/s。受这个热带风暴影响，中山市平均风力为 7～8 级，阵风 9～10 级，全市普降暴雨到大暴雨，9 月 24 日，城区测得 125.9 mm 降水，23—25 日过程总雨量为 142.9 mm，平均风速 17 m/s，极大风速 20 m/s。

14)8309 号台风

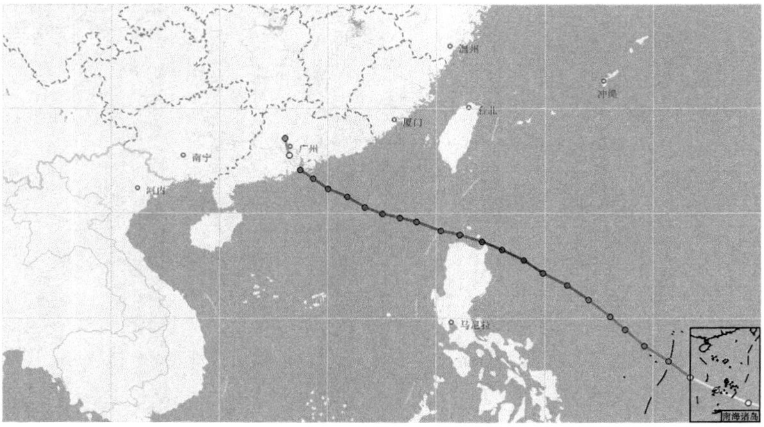

图 5-6-46　8309 号台风路径图

概况:8309 号台风 1983 年 8 月 30 日在西太平洋生成,9 月 9 日 08—09 时在珠海登陆,登陆时中心附近最大风力 12 级。该台风过程最低气压 928 hPa,中心附近最大风速 60 m/s。这个台风对中山市有严重影响,中山市平均风力为 10～11 级,阵风超过 12 级,全市普降暴雨,城区测得平均风速 29 m/s,极大风速 37 m/s,9 月 9 日降水量 82.7 mm,过程总降水量为 103.3 mm。

15)9108 号台风

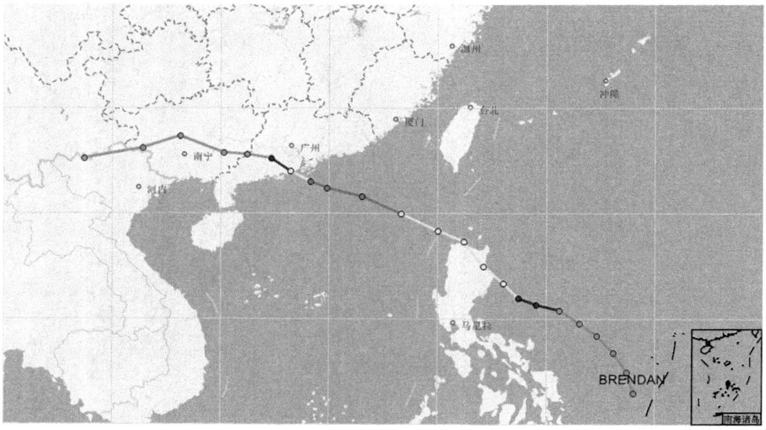

图 5-6-47　9108 号台风路径图

概况:9108 号台风于 1991 年 7 月 20 日在西太平洋生成,7 月 24 日 07—08 时在珠海登陆,登陆时中心附近最大风力 12 级。该台风过程最低气压 975 hPa,中心附近最大风速 35 m/s。受这个台风影响,中山市平均风力为 5～7 级,阵风 8～10 级,全市普降大到暴雨,7 月 24 日,中山城区测得 32.0 mm 的雨量,平均风速 12 m/s,极大风速 23 m/s,7 月 25 日测得 56.8 mm 的雨量,过程雨量 91.4 mm。

16)9316 号台风

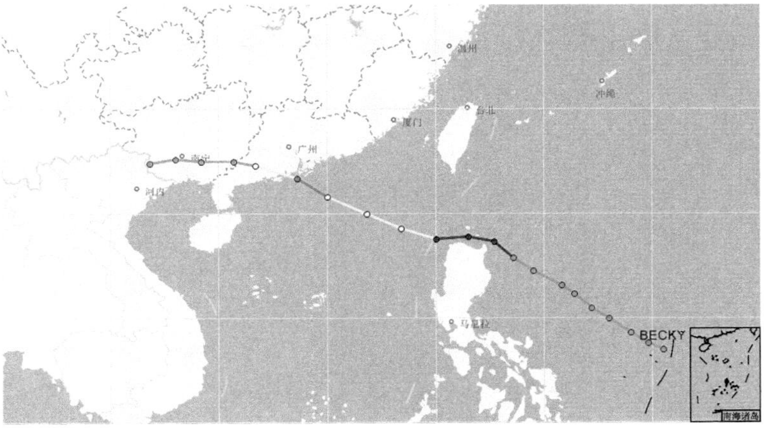

图 5-6-48　9316 号台风路径图

概况:9316 号台风于 1993 年 9 月 13 日在西太平洋生成,9 月 17 日 10—11 时在斗门—台山之间沿海登陆,登陆时中心附近最大风力 12 级。该台风过程最低气压 975 hPa,中心附近最大风速 35 m/s。受这个台风影响,中山市平均风力为 6～7 级,阵风 8～10 级,全市普降大到暴雨,9 月 17 日城区测得 81.3 mm 雨量,平均风速 11 m/s,极大风速 23 m/s,过程总降水量为 96.0 mm。

17)9910 号热带风暴

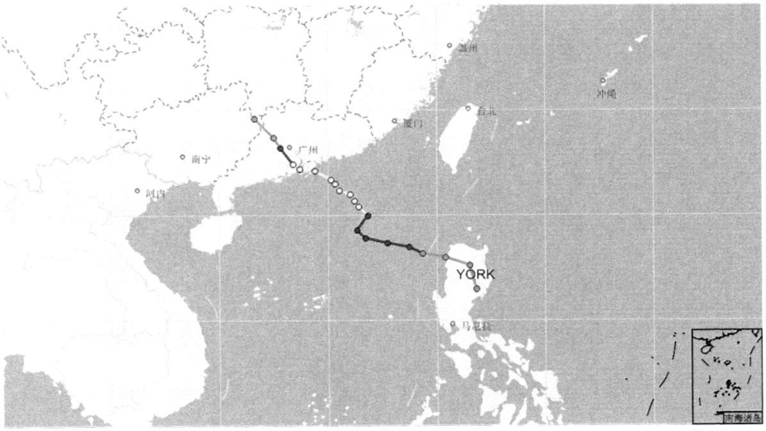

图 5-6-49　9910 号热带风暴路径图

概况:9910 号热带风暴 1999 年 9 月 11 日在西太平洋生成,于 9 月 16 日 16—17 时在珠海登陆,登陆时中心附近最大风力 11 级(30 m/s)。该热带风暴过程最低气压 975 hPa,中心附近最大风速 30 m/s。这个热带风暴在珠海登陆后穿过中山市的翠亨、南朗等地,它对中山市造成严重影响,9 月 16 日全市普降大暴雨,局部特大暴雨,平均风力为 7～9 级,阵风 10～12 级,以坦洲测得风力最大,平均风速为 19.7 mm,极大风速 34.9 mm,城区平均风速 20 m/s,阵风 33 m/s,日降水量打破了历史纪录 313.4 mm。

(4)登陆海南岛热带气旋 1 个例概况和分析

从 1955—2010 年的 55 年间只有 1 个登陆海南岛热带气旋(8613 号热带风暴)对中山市造成严重影响。风暴路径如图 5-6-50 所示。

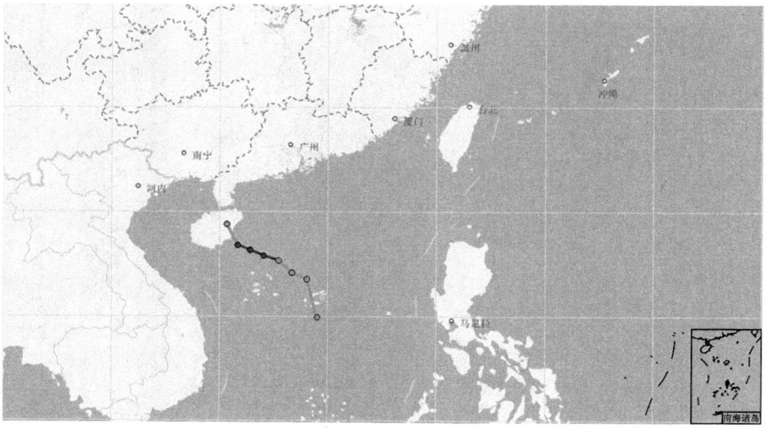

图 5-6-50　8613 号热带风暴路径图

概况:8613 号热带风暴 1986 年 8 月 9 日在南海生成,8 月 10 日 24 时在陵水—万宁之间沿海登陆,登陆时中心附近最大风力 6 级。该风暴过程最低气压 992 hPa,中心附近最大风速 20 m/s。受这个风暴影响,中山市普降暴雨到大暴雨,城区 8 月 11 日降水量 185.8 mm,过程总降水量为 236.4 mm,平均风速 8 m/s。

(5)登陆南海热带气旋 1 个例概况和分析

56 年内严重影响中山市的热带气旋,其中有 1 个(7422 号台风)在南海消失。该台风路径如图 5-6-51 所示。

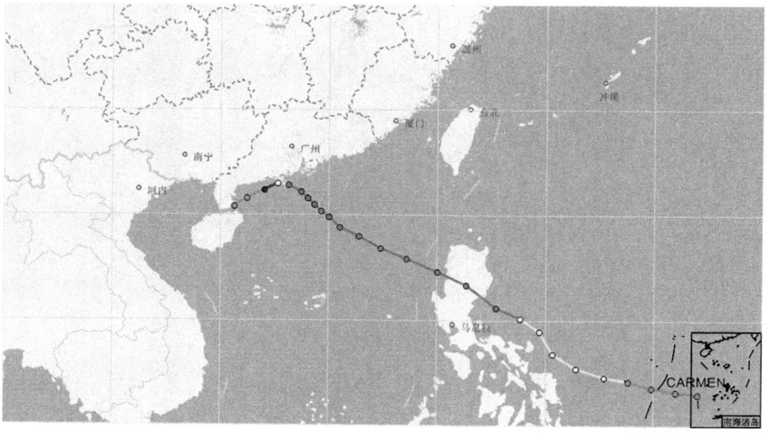

图 5-6-51　7422 号台风路径图

概况:7422 号台风 1974 年 10 月 14 日在西太平洋生成,于 10 月 20 日在南海消失,该台风过程最低气压 974 hPa,中心附近最大风速 40 m/s。受这个台风影响,中山市平均风力为 6～7 级,阵风 9～10 级,全市普降暴雨到大暴雨,城区 10 月 19 日降水量 221.0 mm,过程总降水量为377.3 mm,平均风速14 m/s,极大风速25 m/s。

5.6.3 热带气旋的预报服务

(1)中山市热带气旋警戒防线

根据热带气旋对中山市造成影响的范围制定出影响范围区,具体分为两个防区:第一个是二防区,第二个是三防区。二防区是:(21.4°N,111.0°E)、(14°N,113.0°E)、(14°N,119°E)、(19.5°N,124°E)、(23.4°N,117.2°E),三防区是(41.4°N,111.0°E)、(17°N,112.5°E)、(17°N,117°E)、(20°N,20°E)、(22.8°N,116.2°E)。

(2)热带气旋警报的发布

1)发布热带气旋信息

当西太平洋或南海或菲律宾沿海附近有热带气旋生成时,中山市气象局预计热带气旋未来60 h有可能影响中山市或广东省沿岸时,就要开始发布热带气旋的信息,告知人们西太平洋或南海有热带气旋生成、强度(最低气压和中心附近风力)、移向和移动速度等信息。

2)发布热带气旋警报

当热带气旋进入到三防防区时,如果预计热带气旋未来48 h对中山市或广东省沿岸地区有影响时,就要发布热带气旋警报。这时还要预报本市受热带气旋影响的风雨情况。

3)当热带气旋进入到三防区时,如果中山市气象局预计热带气旋未来24 h以内会影响中山市,就要发布热带气旋紧急警报,这时,不但要预报热带气旋影响本市的风雨情况,还要预报热带气旋的登陆地点和登陆时间。局领导要及时把热带气旋的动向和对本市影响的程度向市有关领导及市三防办汇报,同时要把热带气旋的有关信息通过各种媒体向全市发出警报,以及做好气象预报跟踪服务。

(3)中山市热带气旋服务要点

1)密切关注热带气旋的动态

热带气旋对中山市的风雨影响情况与热带气旋路径、登陆地点、中心强度等有关。如果热带气旋的强度比较强,又在中山市附近沿海地区登陆,往往会造成强风、暴雨或特大暴雨,在这种情况下要认真做好有关的预报跟踪服务。

2)密切关注大潮汛是否与热带气旋重叠影响

在热带气旋影响时,如果遇上大潮时,沿海地区的防汛工作比较严峻,这时要及时做好以上两种的气象预报服务。

3)密切关注防台预案的落实

热带气旋所造成的狂风暴雨虽然影响很大,但如果预先做好城市、江河、海堤的各种防治抗台预案措施,充分利用气象信息时间,采取物资调度、人员转移、组织抢险等有效的防台抗台措施,就可以将热带气旋造成的损失降低到最低程度。

5.7 防旱气象服务

5.7.1 中山市干旱灾害的季节分布特点

根据中山市的气象资料分析表明，干旱的时间分布每年是不尽相同的，有的年份出现冬春旱，有的年份出现夏旱，有的年份出现夏秋旱等，从时间分布上又会出现先旱后涝或者先涝后旱的特点。特别是近二十年来，由于各地建水库围堰拦绝水源，下游水位下降，因此冬春季节雨量偏少就会造成海水上涌形成咸潮，使得江河河水食盐浓度升高，严重影响到居民的日常生活。表 5-7-1 是中山市 1955—2010 年干旱的时间分布。

表 5-7-1　中山市 1955—2010 年干旱年份分布

项目	年份(年)
春旱	1991,1999,2000,2004
夏旱	1983,1984,1988,1989,1990
秋旱	1986,1990
冬旱	1962,1976,1998
冬春旱	1955,1977,1984,1988,2000(受咸潮影响),2004(受咸潮影响)
夏秋旱	
秋冬春旱	1963,1999(咸潮严重)
春夏旱	2002

5.7.2 中山市的干旱灾害

(1)中山市历史上干旱的典型个例

如表 5-7-2 所示。

表 5-7-2　中山市历史上干旱情况

年份(年)	项目	内容
1963	雨情	从 1962 年 10 月至 1963 年 5 月底，历时 243 d 未下过透雨，中山市总雨量只有 195.4 mm，仅为历年同期平均值的 36%，其中 1962 年 12 月、1963 年 2 月和 4 月这几个月的月雨量均在 10 mm 以下，4 月的月雨量只有 7.9 mm，这在汛期是十分罕见的
	旱情灾情	1963 年大旱，全县受旱面积 30 万亩，受咸面积 14 万亩，禾苗因缺水枯死 2 万多亩。全县日最高出动抗旱人数 47744 人
	原因	由于秋冬春连旱、长时期没透雨，加上上游来水少
1977	雨情	从 1976 年 11 月至 1977 年 4 月，中山总雨量只有 63.1 mm，其中 4 月总雨量只有 8.7 mm
	旱情灾情	干旱(情)持续了 6 个多月，据统计受旱禾田 31 万亩
	原因	由于冬春连旱长时期降水偏少，加之上游江河来水也少

续表

年份(年)	项目	内容
1986	雨情	1986 年，9 月中旬至 10 月 15 日三十多天，中山仅有 3 d 小雨，总雨量只有 12.2 mm
	旱情灾情	1986 年秋旱全市受旱面积 36.3 万亩，其中水稻 23.8 万亩（严重受旱 2.75 万亩，旱死 950 万亩），作物 12.5 万亩（严重受旱 6.5 万亩，旱死 400 亩）
	原因	由于无降水，气温比较高，上游来水少，导致秋旱
1991	雨情	1991 年 1—5 月雨量 434.7 mm，比历史同期平均减少 26%，其中 4 月份雨量只有58.6 mm，只有历年同期平均值的 34%
	旱情灾情	1991 年继 1990 年秋旱后出现春旱，旱情导致五桂山大部分溪流断流，塘库干枯。全市 134 座塘库只有 6 座水库有少量蓄水，这次春旱以五桂山片最为严重，自来水部分无法供水。全市农田受旱面积 29.18 万亩，水稻为 20.4 万亩，作物为 0.78 万亩
	原因	由于秋冬连春旱降水偏少导致干旱
1999	雨情	1998 年 10 月至 1999 年 3 月，全市气温偏高，日照偏高，降水偏少，1—3 月的降水不到同期平均的一半，1999 年 2 月降水为 0 mm
	旱情灾情	由于春旱严重，上游江河来水又偏少，导致海水上涌，中山市出现严重咸潮。3 月 13 日，全禄水厂、马大丰水厂一度停止供水，致使城区停水，这是新中国成立以来从未出现过的现象。南朗镇、坦洲镇受咸潮影响，分别有 1 万亩和 3 万亩农田灌溉用水困难
	原因	由于降水严重偏少，导致春旱，江河水位低，海潮上涌，出现严重咸潮
2004	雨情	2001 年，中山市降水量 1441.4 mm，比多年平均值减少 20%，咸潮由年初持续到 6 月初
	旱情灾情	由于降水偏少，1—6 月咸潮严重，2 月 3—6 日，大涌口录得咸潮大于 6000 mm/L；2 月 5 日，神湾镇记录的最高咸度 5800 mg/L，火炬区小隐水闸为 5175 mg/L。2004 年由于全年降水量偏少，当年后汛期又出现历史上罕见的咸潮
	原因	由于当年降水偏少，上游江河来水也少，造成海水上涌，出现严重咸潮

(2)导致中山干旱灾害的主要原因

1)前汛期降水偏少

中山市前汛期 4—6 月的降水主要由于锋面低槽造成，这一时期，南方和北方的天气系统都比较活跃，北方冷空气虽然强度大大减弱，但由于西风带的槽脊活动频繁，常常带来冷空气南下，南方的热带系统由于严冬过去又开始活跃起来，所以锋面低槽往往在南岭山脉附近活动，给广东省各地带来丰沛的降水。但有的年份会出现北方天气系统过强，锋面低槽快速移出南岭到达南海以南地区，使得广东省天气较好，降水偏少，或有的年份北方天气系统偏弱，南方的热带天气系统过强，也就是广东省受单一热带气团影响，这样会造成气温偏高，降水偏少。

2)热带气旋的形成或登陆偏少

热带气旋的狂风暴雨虽然会造成很大的破坏，但热带气旋的登陆带来大量的降水，所以，热带气旋被喻为“移动的巨型水库和能量的调节器”。特别是后汛期，如果完全没有受到热带气旋的影响，降水就会严重偏少，会造成夏旱或秋旱出现。

3)上游江河来水不足

由于上游地区降水稀少，江河水位降低会导致上游来水不足，中山市的河流主要来自云南、广西地区，如果云南、广西降水稀少，加上中山市降水又偏少，就会造成干旱现象。

5.7.3 干旱的防御措施

(1)采取有效措施,保护山林,杜绝乱砍滥伐,同时扩大绿化面积,提高绿化覆盖率,涵养水源,调节气候,保护土壤,减少土壤的水分蒸发,城市内也要大搞绿化,多建公园,建设园林城市,保护生态与人类自然和谐。

(2)防御措施

①农业部门根据当地干旱的规律安排农业产业结构,调整插播期。

②合理灌溉,采用喷灌、滴灌、浸润灌等节水方法。

③抑制土壤蒸发和植物蒸腾,主要取用草、秸秆等覆盖土壤表面,或采用地膜覆盖等。

5.7.4 防旱气象服务要点

要预防干旱灾害发生,降低干旱灾害的损失,气象预报与水利防旱措施必须有效地结合,因此,防旱气象服务中气象部门除了做好年度、季度的短期气候预测外,还应做好干旱期内的中短期降水过程的预报。

(1)年度旱涝趋势预测

干旱的防御重在提前准备部署,气象部门的年度趋势气候预测是水利部门、三防指挥部门统筹安排防旱工作、调度和利用水资源的主要依据。年度旱涝趋势预测是气象部门一年一度的工作,气象部门依据大气环流的变化规律,海温的变动,太阳活动,ENSO 现象等影响气候因子的特征和本局的历史气象资料进行统计分析。在年度旱涝趋势预测中,重点做好全年的降水和热带气旋趋势预测,尤其是汛期降水总量趋势和时空分布趋势的预测以及台风年度的影响个数。

(2)滚动月度降水趋势预测

中山市气象局开展滚动的月度降水趋势预测工作,预测的重点是做好每月的主要降水时段趋势预测和旱涝转折预测,为三防和水利部门提供依据。

(3)干旱期内的降雨过程预报

随着数值天气预报的迅速发展,不但提高了 1～2 d 的天气预报的准确率,对 3～7 d 的中期天气预报也提供了很好的参考价值,在干旱期内,降水过程的预报要采用中、短期相结合的方式。短期预报的要点是提前预报 1～2 d 降水的强度和落区,中期预报的重点是提前预报 3～7 d 内的降水过程影响日期。人们知道干旱时期内的降雨十分珍贵,若能利用好降雨的时机,合理利用及时的降水,可以减轻干旱的损失。

(4)先旱后涝、旱涝转折的预报

在长期的干旱时期,防旱抗旱是各部门的工作重点,为了缓解和减轻旱情,三防、水利、农业等部门会积极采取引水、调水等措施缓解旱情。有时在长时间干旱后,会转入洪水时期,使有关部门对洪涝的发生措手不及。

1988 年中山市上半年降水量 586.1 mm,仅为同期平均值的 66%,出现了春夏旱情,全市受旱面积 31.8 万亩,到了 8 月下旬,由于西江上中游不断降雨,广西红水河、柳江一带出现大暴雨到特大暴雨、莺哥咀水位最高达到 4.34 m,受到洪水影响,全市受浸农田 30.5 万亩,大堤外水位崩决30多处，损坏泄闸7座，受浸工厂67间，民房242间，直接经济损失1560万元。按中山市干旱情况分析，大多是出现冬春旱，如果春旱持续到5、6月，这时，热带气旋又开始活动，由于长时间少雨，又会转为多雨时期，所以，干旱时期也要为防汛防涝作准备，防汛防旱两手抓。气象部门除了要做好防旱的气象服务，还应该加强旱涝转折形势的预测，为三防水利部门防汛抗旱的统筹部署提供参考依据。

(5)开展人工增雨作业

在干旱严重时期，人工增雨是充分利用空气中水汽资源进行防旱抗旱的有效手段，气象部门要做好天气过程的预报，抓住有利于人工增雨的天气形势，选择有利的增雨时机，与水利、农业、民航、军队等部门紧密配合，在省人工增雨办公室的统一指挥下实施飞机或火箭人工增雨作业，争取最大程度地缓解旱情，减轻干旱造成的损失。因为中山市处于珠江三角洲地带，城市、村镇、人口密集，一旦出现非常严重的干旱，可以采取飞机作业的办法开展人工增雨来缓解旱情。目前，在广东省的粤北、粤西或粤东地区出现干旱大多是采用火箭作业的办法缓解旱情。

5.7.5 人工影响天气原理和组织实施

人工影响天气是指为避免或者减轻气象灾害，合理利用气候资源，在适当条件下通过科技手段对局部大气采用人为手段影响天气现象，朝着人们预定的方向转化，如人工增雨、人工防雹、人工消云、人工消雾、人工削弱台风、人工抑制雷电、人工防霜冻等。

现代人工影响天气的原理是基于自然云和降水的形成过程建立的，人工影响天气作业实施则是通过飞机、火箭等运载工具向云中播撒催化剂促进云水向降水的转化过程和提高转化效率，如播撒碘化银催化剂，形成大量的人工冰晶，促进云中过冷水冰晶化而形成降水。通过飞机向云中播撒吸湿性催化剂(氯化钠等盐粒子)促进云滴粒子形成的核化和碰并过程，产生降水粒子。

(1)人工影响天气原理

人工影响天气主要是利用云(雾)的微物理不稳定性，例如在温度低于0℃的冷云中往往存在着大量未冻结的水滴，播撒成冰催化剂可使它们转化为冰晶以促进水滴的形成，释放的潜热会改变云的热力、动力结构，在不同场合下可以促进降水、减少冰雹、消云(雾)或者减小台风风力；在暖云(雾)中播撒大小适当的盐粉可以促进雨滴的生成，在不同场合下可以促进降雨或者消云(雾)。

(2)国内外人工影响天气发展状况

1946年，美国科学家根据冰晶在降水形成过程中的重要作用，提出了人工产生冰晶影响冷云降水的设想，同时，发现将干冰碎粒和碘化银烟粒引入充满过冷水滴的云室里，能够产生大量的冰晶。同时，科学家用飞机将3磅①干冰碎块投入云顶温度为－20℃的过冷层状云中，5 min后，云下出现了降雪。此试验结果引起广泛的重视，推动了人工影响天气试验的迅速发展。

到了20世纪60年代，美国科学家又进行了动力催化试验，获得一定程度的成效。苏联科

① 1磅＝0.4536 kg。

学家用冷云催化方法进行了大规模防雹试验。目前开展人工增雨作业较多的国家有俄罗斯、美国、以色列、泰国等，开展防雹作业规模较大的国家有俄罗斯。俄罗斯继承了前苏联的组织管理体制，作业由该国水文气象局负责组织和管理，由专业作业队在各地实施作业，曾拥有各类探测和作业飞机30余架，有关科研院所提供技术支持，先后为古巴、叙利亚、伊朗、阿根廷等国家提供增雨、防雹作业服务。以色列由水务管理部门组织开展，有关大学提供技术支持。泰国由农业部下属的皇家造雨局组织实施作业，引进美国的技术，建立了两架探测专用飞机，有空军的60多架飞机可供随时调用。美国人工的增雨作业主要采取市场商业化运作，由专业人工影响天气公司向用户提供服务。

由于自然云雨的复杂多变，人工影响天气条件和催化技术方法的实时掌握以及增雨效果的客观评估仍有较大难度，人工影响天气至今仍是一门发展中的科学技术。

国外人工增雨多采用飞机和地面焰的作业方式，主要针对地形云、对流云、层积混合云进行催化。

中国从20世纪50年代开始，在大多数的省(自治区)开展了人工降水或防雹试验，有些单位还进行过消雾、消云和抑制雷电的试验。改革开放之后特别是90年代以来，各地根据不同的需求利用气象现代化建设成果开展了以抗旱减灾水库增水、生态环境改善、扑灭山火等为目的的人工增雨作业，开展了保障大型社会活动的人工增雨和防雹作业，以及对机场、高速公路、城市的人工消雾等，都取得了较大的成果。

(3)人工影响天气最主要的方法

人工影响天气最主要的方法是播云，即用飞机、火箭或地面发生器等手段向云中播撒碘化银等催化剂，改变云的微结构，使云、雾、降水等天气现象发生改变。

1)催化降水种类

①冷云催化降水。温度为0℃到−30℃的云中，往往存在过冷却水滴，若在这种云中播撒碘化银或固体二氧化碳(又称干冰)等成冰催化剂，可以生成大量的人工冰晶。这类催化剂的成冰效率很高，1 g[①] 催化剂就可生成数量级为1万亿个的冰晶。在某些云中，人工冰晶通过伯杰龙过程可形成降水，从而达到人工降水的目的。在强对流云中，人工冰晶能长大成冰雹胚胎，同自然冰雹争夺水分，使各个冰雹都不能长成危害严重的大雹块，这样可达到防雹的目的。在过冷云(雾)中，人工冰晶使云(雾)滴蒸发而自身长大下落，又可达到消云(雾)的目的。在冷云催化过程中释放的巨大潜热会改变云的热力、动力过程，着力于这种动力效应的催化称为动力催化。动力催化可使某些对流云的云体发展而增加降水。在台风云系某些部位的动力催化，可能改变台风的环流结构而削弱其最大风力，从而减轻台风造成的灾害。

②暖云催化降水。在云中播撒直径略大于0.04 mm的水滴，使它们同云滴碰并，长成雨滴而降落到地面。此法效率很低，每克水大约只能形成几百万个雨滴胚胎。如果播撒大小适当的吸湿性盐粒，也能促成雨滴的生成，且效率比播撒水滴高，每克食盐大约能形成几千万个雨滴胚胎，再通过碰并过程形成雨滴，此法可促使暖云增加降水。在暖雾或某些暖云中播撒盐粒使雾滴或云滴蒸发，盐粒吸湿长大下落，也可达到消雾或消云的目的。

③混合云催化降水。深厚的层状云和积雨云为混合云，其降水机制皆由暖云和冷云二者的协同作用，且为主要降水系统。按高度和云温自上而下可分为三层：上层温度在−25℃以

① $1\ g=1\times10^{-3}\ kg$。

下，基本为冰晶；中层温度在0℃以下，冰晶和过冷水滴同时存在；下层为0℃以上的丰水层。上层冰云、冰晶数浓度高，凝华长大后下落，对中层起“播种”冰晶的作用，中层有丰富的过冷水，但冰晶含量少，不足以激发降水，冰晶在中层上部，可以通过冰—水转化长大，该层起到供水的作用，当水滴到一定的程度后，将通过结凇迅速增长，通过暖云雨滴破碎繁生机制，形成较强的降水。

2)播云的手段

①地面播撒，通过空气运动，带入云中。此法虽然简易，但催化剂从何处入云，能有多少入云，都很难掌握。

②将催化剂装入火箭弹头或高射炮弹内，发射到云中的预定部位。此法虽迅速和直接，但是载量有限。

③用飞机将催化剂直接播入云内。此法机动性强，载量也大，但有时受飞行安全的限制。

除播云方法外，用加热空气的方法消雾或防霜冻，也有一定效果。但此法耗费很大，只能用于很小的范围，如机场跑道的消雾和果园的防霜冻。此外，用向上喷射的高温气流以促使空中或云中的局部空气产生对流运动，增加局地的水汽凝结和降水；改变地面状态或在空气中播撒碳黑微粒以吸收更多的太阳辐射，改变局地空气的热力结构。这些方法还处于探索阶段。

(4)人工影响天气的管理

人工影响天气是科技型公益事业，是气象防灾减灾、保护人民生命财产安全、提高人民生活质量、合理利用气象资源、生态建设与保护等的一项重要手段，是政府领导、气象部门归口管理，并组织实施的为公众和社会提供的一项公益服务。

1)国家人工影响天气管理

国家人工影响天气管理工作由各级政府部门及国务院气象主管部门负责。任务是负责全国人工影响天气工作的宏观组织、管理指导；组织拟定全国人工影响天气工作的方针政策、发展战略和规定；制定人工影响天气行业管理规范及技术标准；协调人工影响天气管理工作与有关部门的工作，管理人工影响天气作业专用设备供求；指导人工影响天气作业科研和推广先进技术。

2)省人工影响天气管理

省人工影响天气管理工作由省人工影响天气领导小组负责，领导小组以省有关部门领导为成员，下设办公室，该办公室是全省人工影响天气管理和指导部门，其职责是：在本级人民政府的领导和协调下，执行国家和上级有关部门的方针、政策、指示；组织编制省级人工影响天气工作计划，并在本省人民政府批准后组织实施；向本级人民政府和上级主管机构报告本省人工影响天气工作情况；制定本省人工影响天气的各项管理规章和业务流程，建立相应制度；检查、监督和指导下级工作；制定飞机增雨作业实施方案；依照国家有关规定和技术标准制定地面增雨，防雹作业布点方案和建设方案，并会同空域管制部门对下级作业站点设置进行审批；制定本省人工影响天气专用技术装备管理规章，并负责集中购置、存储和调配；制定作业装备年检实施方案；制定本省人工影响天气作业单位或组织的资质标准，负责资质审批、颁发及年审工作；制定本省作业效果评估方案；制定科研和技术开发计划；制定人工影响天气作业人员岗位培训计划；审批作业人员上岗证书及年审；制定人工影响天气作业公告实施办法，公告省级人工影响天气活动；组织人工影响天气活动的协调会、论证会和听证会等。

3)市县级机构设置参照省级机构组织原则成立相应机构，在县人民政府的领导下，按分级管理的原则和本地区防灾减灾要求，由市县级气象局负责本地区的人工增雨工作计划、规划的制定和执行、作业的组织实施。

中山市气象局在中山市人民政府和广东省气象局的领导下，于2004年成立了中山市人工影响天气领导小组，领导成员是由局领导和各科室领导组成，下设办公室，和气象服务中心合署办公。近十年，广东省人工影响天气主要采用火箭增雨作业，这项工作在粤东、粤北、粤西等地开展作业比较多，珠江三角洲开展人工增雨作业相对比较少。主要是由于珠江三角洲人口密集，安全性隐患大，不适用采取火箭人工增雨作业。中山市处于珠江三角洲地区，城镇、农村人口密集，在少雨干旱季节也不适用采取火箭人工增雨作业。如果中山市遇有严重的少雨干旱天气出现，中山市气象局会协同广东省人工影响天气领导小组和人工影响天气办公室采用飞机人工增雨作业，保障中山市人工影响天气业务和气象防灾减灾工作的开展，保障人民生命安全。

5.8 防雷气象服务

5.8.1 雷暴的形成原理和条件

(1)雷暴的形成

雷电，是大气中伴有闪电和雷鸣的一种剧烈而宏伟壮观的放电现象，过去，人们既不能解释这种现象，更谈不上和它斗争，因此，雷电被人们当作神来崇拜。自18世纪富兰克林著名的风筝实验以来，人们致力于雷电及其防护的研究实践已有200多年的历史，对雷电的防护已经取得了很大的成绩，积累了丰富的经验。

不管是直击雷还是感应雷都与带电的云层分不开，带电的云层通常被称为雷雨云(或雷暴云)。雷暴是伴有雷击和闪电的局地对流性天气。它必定产生在发展旺盛的积雨云中，因此，常伴有强烈的阵雨或暴雨，有时伴有冰雹和龙卷风，属强对流天气系统。形成雷暴的积雨云发展旺盛，云的上部常有冰晶。冰晶的凇附、水滴的破碎以及空气对流等过程，使云中产生电荷。云中电荷的分布很复杂，但总的说来，云的上部以正电荷为主，云的中、下部以负电荷为主，云的下部前方的强烈上升气流中还有一范围小的正电区。因此，云的上、下之间形成一个电位差，当电位差大到一定程度后，就产生放电，这就是平常所见的闪电现象，放电过程中，闪道中的温度骤增，使空气体积急剧膨胀，从而产生冲击波，导致强烈的雷鸣。当云层很低时，有时可形成云地间放电，这就是雷击。因此，雷暴是大气不稳定状况的产物，是积雨云及其伴生的各种强烈天气的总称。雷暴的持续时间一般较短，单个雷暴的生命史一般不超过2 h。我国雷暴南方多于北方，山区多于平原，多出现在春季和夏季，冬季只在我国南方偶有出现。

(2)闪电的类型

最常见的闪电是线状闪电，它是一些非常明亮的白色、粉红色或淡蓝色的光线，如像悬挂在天空中枝丫纵横的树枝，又如地图上的一条分枝茂密的河流。

还有一种是球状闪电。这种闪电非常罕见，多出现在强雷雨的恶劣天气里，在线状闪电过后，天空突然出现一个火球，它的大小不一，小的直径只有几厘米，大的有几米。球形闪电有时发白光，有时发出像流星一样的粉红色的光，这种火球喜欢钻洞，有时从烟囱、窗门、门缝窜入屋内，在屋子里溜一圈之后又溜出去，球形闪电在滚动时，发出吱吱声，最后发出沉闷的巨响而消失。

除了以上两种闪电外，还有一种极为少见的链状闪电，像一排发光的链球挂在天空，它多出现在线状闪电之后，并与线状闪电出现在同一路径上。

(3)雷雨云的形成条件和天气形势

雷雨云形成要具备三个条件：一是空气中要有充分的水汽，促成云的发展；二是太阳加热地面及其附近的空气，产生抬升作用，使水汽凝结成水滴；三是大气层结必须是不稳定的，从而使大气产生强烈的对流运动。

天气形势：最有利雷暴形成的形势是各种锋面，因为锋面是冷暖空气交界地带，这里空气的垂直运动剧烈，容易形成雷雨云系，导致云体产生雷鸣闪电现象。其次，有利雷暴形成的天气形势是：副热带高压边缘性和暖式切变型。6—8月中山市出现的雷雨天气大多属这种天气类型。第三是热带气旋登陆前的天气形势类型，在夏半年台风季节，由于天气炎热，在台风登陆之前往往会发生一场强烈的雷雨天气，但大多数台风不在此地登陆。

5.8.2 雷击的破坏形式

受雷电破坏表现的形式主要有三种。

(1)直击雷

直击雷是带电云层(雷雨云)与建筑物、大地、其他物体或防雷装置之间发生迅猛的放电现象，并由此伴随产生的电效应、热效应或机械力等一系列的破坏作用，直击雷的电压峰值通常可达到几万伏甚至几百万伏，电流峰值可达到几十安培乃至几百安培，其之所以破坏性很强，主要原因是雷雨云或蕴藏的能量在极短的时间内释放出来。防避直击雷通常是采用避雷针、避雷带、避雷线、避雷网或金属物体作为接闪器，将雷电流接引下来，并通过做引下线的金属导体导引埋于大地起散流作用的接地装置，再泄散入地下。

(2)感应雷击

感应雷击是由于雷雨云的静电感应或放电时的电感应作用，使建筑物的金属线(如钢筋、管道、电线等)感应出与雷雨云相反的电荷而悄悄发生，因而不容易被察觉。感应雷一般是由于空中电磁场发生剧烈变化使得在金属导体上感应出一定的感应电压，当这个电压超过电子器件的耐压值很多时，电器元器件就会被击穿或烧毁，也就是发生了感应雷击。对感应雷的防御最稳妥的方法是：在雷雨天气发生前，暂时断开机房电源进入，改由UPS供电，断开信号引进线。对家用电器设备，在雷电发生前尽量将家中的电器断开电源，将电视机、计算机等信号线拔掉。当雷电发生时，避免使用电话，紧闭门窗，不要靠近金属门窗和金属管道，以防危害的发生。

(3)球状雷击

在雷雨季节，偶然会在闪电过后，出现一个火球、大小不一；有时从天而降然后又在空中或沿地面水平移动，有时平移，有时滚动，有时无声的消失，有时又会发生剧烈的爆炸。防御球状雷击，最好的办法在雷雨天气不要打开窗户，在烟囱、通风管道等空气流动窗户装上网眼不大于4 cm^2，粗约2～2.5 mm的金属保护网，同时要做良好接地。

5.8.3　中山市雷电灾害情况和破坏特点

(1)雷电灾害情况

中山市位于珠江三角洲南部，地处南亚热带季风气候区，是雷电灾害的高发区，年平均雷暴日为84.5 d，年最多雷暴日达115 d，每年因雷击造成的停电、停产、建筑物和设备损失、人员伤亡事故时有发生。雷电灾害的频繁发生，对中山市的工农业生产和人民生活造成严重危害，据不完全统计，中山市每年因雷电灾害造成的损失以千万元计。根据分析，中山市雷电灾害的空间区域分布，主要呈现出东南部比西北部多的特点。如中山市的坦洲镇，1996—1999年的三年内共有7人遭受雷击死亡。在时间分布上来说，主要是发生在4—9月。其中又以6—9月出现雷暴的次数最多。以1996年为例，9月中山市共有3人遭受雷击死亡。

(2)雷电灾害破坏的特点

根据中山市遭受雷电灾害的破坏性质情况分析具有如下特点。

一是雷电电磁脉冲灾害多于直击雷灾害，在雷击破坏中现代化设备多于建筑物。这主要是由于中山市大部分建筑物都已安装防直击雷设施，但许多场所并未对综合防雷措施进行投入。

二是间接损失多于直接损失。近年来，随着中山市经济社会的快速发展，各种高精尖电子设备已广泛应用在各类场所，由于这些设备耐压水平低，因而极易受雷电的损害。例如通信系统、计算机网络系统等弱电系统遭受雷击的案例较多。

三是乡村雷灾多于城区，雷击造成的人员伤亡主要是在空旷地带。据分析主要有两方面的原因：一方面农村地区防雷设备不完善，大多没有安装防雷设施；另一方面农民群众防雷知识淡薄，甚至没有防雷避雷的意识。遇到雷雨天气，在田间作业的农民大多数选择在大树下，空旷田间的窝棚等处避雨，而这些地方又恰恰是雷电击中率最高的地方。也有一些人因住宅周边较为空旷，又无直击雷防护措施或住宅外竖立高高的电视接收天线，从而招致雷击。

5.8.4　防雷基本技术

(1)防雷装置的组成

雷电导致多种不同形式的灾害，没有任何一种单一的技术措施可以有效防止雷电的危害，防雷装置的设计应对多方面给予足够的重视，所以防雷技术是一项综合系统工程。一个有效的防雷装置应包括两大部分：一是外部防雷装置，它由接闪器、引下线、接地装置组成。这种装置能起到拦截雷电作用，将部分雷电引入到大地中泄放，二是内部防雷装置，它由防雷等电位连接组成。在建筑内电气系统和电子系统需要防雷时，还应考虑采取屏蔽和电器，电子系统的进一步等电位连接，合理布线等措施。

阻止雷电电磁感应的有效手段之一就是屏蔽，比如将建筑物墙体中的钢筋以及金属门窗等，通通连起来，形成“笼”状，当达到一定密度就可以将雷电电磁场挡在“笼”之外了。

防御雷电波入侵的办法之一在进户(入室内)的各种线缆上加装相应的电涌保护器(低压避雷器、信号避雷器)可以在极短的时间内做出反应，将雷电波带来的雷电流入大地，从而不会影响设备的正常工作。

防御雷电反击最有效的方法是采用等电位连接。将房屋的钢筋、门窗的金属部位、金属管道、设备的金属外壳和所有平时不带电的金属物体都连接到同一接地装置上，使它们成为等电位体。

(2)建筑物防雷措施

随着现代化迅速发展和信息技术时代的到来，高层建筑的不断涌现和电气设备、电子设备的大量使用，雷电构成的威胁也日趋严重。采用综合防雷技术，将防雷工程为系统进行规范设计，认真施工、严格验收、经常维修、定期检测，确保防雷装置安全有效。

建设单位在防雷装置的设计和施工时，应根据地质、土壤、气象、环境、被保护物体的特点、雷电活动规律等因素综合考虑，采用安全可靠、技术先进、经济合理的设计施工方案。

(3)电器、电子设备防雷措施

在雷雨季节，影响电气安全主要是由于雷电电磁场感应或雷电波侵入。雷电波侵入主要有供电线、电话线、有线电视或无线电的馈线等。

在引入室内的电源线、电流线、电视信号线应屏蔽接地引入，比如室外馈线靠近避雷针或引下线时，馈线应牵金属管或采用金属屏蔽层的馈线，并将金属管或金属屏蔽层接地。

在雷雨发生前，最好将家用电器的插头拔下，不看电视，不开空调，不打电话等。

5.9　大气污染的防治

5.9.1　大气污染的概况

(1)大气污染的定义

在干洁的大气中，微量气体的组成是微不足道的。但是在一定范围的大气中，出现了原来没有的微量物质，其浓度和持续时间，都有可能造成对人、动物、植物及物品、材料的不利影响和危害。当大气中污染物质的浓度达到有害程度，以至破坏生态系统和人类正常生存和发展的条件，这一现象就是大气污染。造成大气污染的原因，既有自然因素又有人为因素，尤其是人为因素，如工业废气、燃烧、汽车尾气和核爆炸等。随着人类经济活动和生产的迅速发展，在大量消耗能源的同时，也将大量的废气、烟尘物质排入大气，严重影响了大气环境的质量，特别是在人口稠密的城市和工业区域。

所谓干洁空气是指在自然状态下的大气(由混合气体、水汽和杂质组成)除去水汽和杂质的空气，其主要成分包括氮气，占 78.09%；氧气，占 20.94%；氩，占 0.93%；其他各种含量不到 0.1%的微量气体(如氖、氦、二氧化碳、氪)。

(2)大气污染的原因

气体污染物在大气中平均停留时间少有几分钟，多至几十年、百余年。大气污染物一般分为两类：一级(原生)污染物，即由污染源直接排入大气的；二级(次生)污染物，是由一级污染物在大气中进行热或光化学反应后的产物。后者往往危害性更大。大气污染主要来源于人类生活及生产活动，大气的人为污染源主要有三种。

1)生活污染

人们由于烧饭、取暖、沐浴等生活上的需要，如炉灶、锅炉等燃烧化石燃料和生活垃圾、稻草的燃烧，而向大气排放的煤烟和二氧化硫等，具有量大、分布广、排放高度低等特点，其危害性不容忽视。

2)工业污染

它是造成大气污染最重要的来源，主要来自工厂企业所用原料不同的工艺而排放不同的有害气体和其他物质，包括火力发电厂、钢铁厂、水泥厂和化工厂等耗能较多企业燃料燃烧排放的污染物，在生产过程中的排气(如炼焦厂向大气排放 H_2S、酚、苯、烃类等有毒物质；各类化工厂向大气排放具有刺激性、腐蚀性、异味性或恶臭的有机和无机气体；化纤厂排放的 H_2S、NH_3、CS_2、甲醇、丙酮等)以及生产过程中排放的各种矿物和金属粉尘。

3)交通运输污染

主要指由飞机、船舶、汽车等交通工具排放的尾气。比如随着汽车的增加，每天排放一氧化碳、氮氧化合物的数量十分可观，每千辆汽车每天排放量分别为：一氧化碳 300 kg、氮氧化合物 200～400 kg。在一些发达国家，汽车排放尾气已构成大气污染的主要污染源。

5.9.2　大气污染与气象条件

随着社会的发展，经济规模的迅速扩大，城市化进程也在加快，大气污染正在日趋严重，空气质量、大气污染和城市状况越来越引起人们的关注。人们也意识到大气污染与气象条件是十分密切的，当污染源在正常排放的情况下，气象条件对大气污染物的浓度有直接关系，气象条件的改变主要体现对大气污染物的积聚和扩散。气象条件变化对大气污染的影响主要有风、湍流、温度层结分布以及边界逆温作用、降水、空气湿度等。

(1)风的作用

风对污染物起到输送的作用，把污染物吹到污染源的下方，使污染源下方地区造成污染区。另外，风对污染的烟气能起到冲洗或稀释的作用，但风的大小对大气污染的作用是不同的。比如在污染源排放速度不变时，静风和微风(1～2 级，风速≤3 m/s)容易造成严重的空气污染，使污染滞留在当地的空气中，不能向外扩散排泄。当风速较大时，即风力达到了 3～4 级或以上时，则情况相反，使污染物质向外扩散，起稀释作用，污染情况降低。中山多年平均风速的月变化，大致是 2—9 月，平均风速≥2.0 m/s，10 月至次年 1 月平均风速≤1.9 m/s，按最近 10 年，空气污染的雾霾大多是出现在 10 月至次年 1 月，而 2—8 月空气污染的概率相对小许多。

(2)降水的作用

降水对大气污染能起到一种清洗作用，目前空气污染主要是由于人为因素而引起，人类主要在近地面的大气中活动，降水也出现在对流层，一次明显的降水可以把这一空间漂浮的污染物从空中冲到地面，每次降水过后空气变得清新。根据中山市降水的分析，4—9 月，由于降水日数比较多，灰霾天气较少，而 10 月至次年 1 月由于降水日数较少，灰霾天气比较多。就我国的灰霾天气来说，近几年我国北方的雾霾天气非常严重，与降水较少、空气干燥有很大关系。

(3)湍流作用

大气的风时大时小，有时沿主导风向出现上下、左右的无规律摆动，这种无规律的摆动称为大气的湍流。湍流运动的作用主要是造成大气中流场各部分之间的强烈混合，这种混合作用能将污染物从高浓度区向低浓度区输送，使空气污染逐渐起到稀释作用，这个过程，称为湍流扩散过程。

近地面层大气湍流可分为两种：一种是由于垂直方向温度分布不均而引起的热力湍流，它的强度主要取决于温度层结；另一种是由于垂直方向风速分布不均匀及地面粗糙度引起的机械湍流。

(4)温度层结的作用

温度层结是指大气温度随高度的变化情况，大气温度的垂直分布，主要取决于大气的稳定程度。它与大气湍流运动的强弱密切相关，对大气中污染物的滞留或扩散起着重要的作用。一般情况下，气温随高度的变化是每上升 100 m 降低 0.65℃，如果用 γ 表示气温垂直直减率，则为 $\gamma=0.65$ ℃/100 m。

当 $\gamma>0$ 时，空气上下对流，随之湍流发展，对污染物扩散有利；

当 $\gamma=0$ 时，等温层，空气也就没有垂直运动，不利于污染物扩散，稀释；

当 $\gamma<0$ 时，逆温层，空气对流和湍流被抑制，污染物无法扩散。

(5)逆温对大气污染的影响

在对流层中，从总的状况来看，气温是随高度的增加而降低的，但在某些情况下，在大气中某一高度范围内则会出现气温随高度的增加而升高的现象。这种气温随高度增加的空气层叫作逆温层。根据逆温形成的原因，可以分为辐射逆温、下沉逆温、地形逆温、平流逆温和锋面逆温等。

辐射逆温：在晴朗微风或少云的夜间，地面因辐射冷却很快，贴近地面层的空气随之降温，由于愈靠近地面的空气受地面的影响愈大，降温也愈多，离地面愈远降温愈少，于是便形成了逆温。日出以后，太阳辐射使下垫面增温很快，逆温层便自下而上逐渐消失。

下沉逆温：由于空气下沉压缩增温作用而形成。

地形逆温：由于地形造成，在盆地，谷地，山脉背风侧的逆流。

平流逆温：由暖空气流到冷的地面上形成。

锋面逆温：由于冷暖气流相遇形成的倾斜过渡层，这种情况是冷空气重在下面，而暖空气轻在上面而形成的逆温。

逆温的存在能阻碍空气的上下运动，使得空气中的杂质、尘埃聚集在下面，造成低层大气能见度差，污染物聚集，空气质量下降，加剧空气污染。如果逆温层的强度越强，大气中的污染物质就更不容易扩散和稀释，大气污染会更加严重。就中山市的情况分析，每年 10 月至次年 1 月，由于受高气压影响，大气稳定，晴天多，风力微弱，出现辐射逆温现象比较多。这与 10 月至次年 1 月空气污染比较严重，灰霾天气出现较多有很大关系。

(6)下垫面条件

地形和下垫面的非均匀性，对气流运动和气象条件产生动力和热力的影响，尤其是当下垫面不均匀时加剧湍流运动，如山谷风、过山气流(迎坡风抬升、背坡风下沉)、烟囱或建筑物的下沉和尾流混合、海陆风、城市热岛等在特殊下垫面形成的现象，均会改变污染物的扩散条件。

5.9.3　大气污染的危害与防治

(1)大气污染的危害

世界卫生组织和联合国环境组织表明：空气污染已成为全世界城市居民生活中一个无法

逃避的现象。工业文明和城市发展，在为人类创造巨大财富的同时，也把大量的废气和废物排入大气之中，人类赖以生存的大气圈却成了空中垃圾库和毒气库。因此，大气中的有害气体和污染物达到一定浓度时，就会对人类和环境带来巨大灾难。

1)大气污染对人体和健康的伤害

大气污染物主要通过三个途径危害人体：一是人体表面接触后受到伤害；二是食用含有大气污染物的食物和水中毒；三是吸入污染的空气后患了种种严重的疾病。从表 5-9-1 中可以看到：各种大气污染物是通过多种途径进入人体的，对人体的影响又是多方面的。而且，其危害也是极为严重的。

表 5-9-1 几种大气污染物对人体的危害

名称	对人体的影响
二氧化硫	视程减少，流泪，眼睛有炎症。闻到有异味，胸闷，呼吸道有炎症，呼吸困难，肺水肿，迅速窒息死亡
硫化氢	恶臭难闻，恶心、呕吐，影响人体呼吸、血液循环、内分泌、消化和神经系统，昏迷，中毒死亡
氮氧化物	闻到有异味，支气管炎、气管炎，肺水肿、肺气肿，呼吸困难，直至死亡
粉尘	伤害眼睛，视程减少，慢性气管炎、幼儿气喘病和尘肺，死亡率增加，能见度降低，交通事故增多
光化学烟雾	眼睛红痛，视力减弱，头疼、胸痛、全身疼痛，麻痹，肺水肿，严重的在 1 h 内死亡
碳氢化合物	皮肤和肝脏损害，致癌死亡
一氧化碳	头晕、头疼，贫血、心肌损伤，中枢神经麻痹、呼吸困难，严重的在 1 h 内死亡
氟和氟化氢	强烈刺激眼睛、鼻腔和呼吸道，引起气管炎，肺水肿、氟骨症和斑釉齿
氯气和氯化氢	刺激眼睛、上呼吸道，严重时引起中毒性肺水肿
铅	神经衰弱，腹部不适，便秘、贫血，记忆力低下

2)大气污染危害生物的途径

大气污染主要通过三条途径危害生物的生长：一是使生物中毒或枯竭死亡；二是减缓生物的正常生长；三是降低生物对病虫害的抗御能力。植物在生长期中长期接触大气的污染，损伤了叶面，减弱了光合作用；伤害了内部结构，使植物枯萎，直至死亡。各种有害气体中，二氧化硫、氯气和氟化氢等对植物的危害最大。大气污染对动物的损害，主要是呼吸道感染和食用了被大气污染的食物，其中以砷、氟、铅、钼等的危害最大。大气污染使动物体质变弱，以至死亡。大气污染还通过酸雨形式杀死土壤微生物，使土壤酸化，降低土壤肥力，危害了农作物和森林。

3)大气污染对物体的腐蚀

大气污染物对仪器、设备和建筑物等，都有腐蚀作用。如金属建筑物出现的锈斑、古代文物的严重风化等。

4)大气污染对全球大气环境的影响

大气污染发展至今已超越国界，其危害遍及全球。对全球大气的影响明显表现为三个方面：一是臭氧层破坏；二是酸雨腐蚀；三是全球气候变暖。

①南极上空出现臭氧洞

在离地面 10～55 km 的平流层里，大气中的臭氧相对集中，形成了臭氧层。大气中有了臭氧层，起着净化大气和杀菌作用，可以把大部分有害的紫外线都过滤掉，减少了对人体的伤害，而且使许多农作物增产。臭氧过浓会使人体中毒，而臭氧含量减少，紫外线就长驱直入，使人体皮肤癌发病率增加，农作物减产。科学家已经发现，在南北两极上空的臭氧减少，好像天空坍塌了一个空洞，叫作“臭氧洞”。紫外线就通过“臭氧洞”进入大气，危害人类和自然界的其他生物。“臭氧洞”的出现，同广泛使用氟利昂（电冰箱、空调等的制冷材料）有关。现在，美国和欧洲等国家决定，自 2000 年起，停止生产氟利昂。

②酸雨的危害向全世界蔓延

酸雨的危害遍及欧洲和北美，我国主要分布贵阳、重庆和柳州等地。酸雨降到地面后，导致水质恶化，各种水生动物和植物都会受到死亡的威胁。植物叶片和根部吸收了大量酸性物质后，引起枯萎死亡。酸雨进入土壤后，使土壤肥力减弱。人类长期生活在酸雨中，饮用酸性的水质，会造成呼吸器官、肾病和癌症等一系列的疾病。

③全球气候变暖，气象灾害增多

我们居住的地球周围，包裹着一层厚厚的大气，形成了一座无形的“玻璃房”，在地球上产生了类似玻璃暖房的效应。本来，这种“温室效应”是正常的。但是，进入工业革命以来，由于人类大量燃烧煤、石油和天然气等燃料，使大气中二氧化碳的含量骤增，“玻璃房”吸收的太阳能量也随之增加。于是，在地球上产生了干旱、热浪、热带风暴和海平面上升等一系列严重的自然灾害，对人类造成了巨大的威胁。

(2)大气污染的防治

在一个特定区域内，把大气环境看作一个整体，统一规划能源结构、工业发展、城市建设布局等，综合运用各种防治污染的技术措施，充分利用环境的自净能力，改善大气质量。

大气污染按影响范围可分为局部污染、地区性污染、广域污染和全球性污染。地区性污染和广域污染是多种污染源造成的，并受该地区的地形、气象、绿化面积、能源结构、工业结构、工业布局、建筑布局、交通管理、人口密度等多种自然因素和社会因素的影响。大气污染物又不可能集中起来进行统一处理，因此，只靠单项治理措施解决不了区域性的大气污染问题。实践证明，只有从整个区域大气污染状况出发，统一规划并综合运用各种防治措施，才可能有效地控制大气污染。

1)减少或防止污染物的排放

①改革能源结构，采用无污染能源（如太阳能、风力、水力）和低污染能源（如天然气、沼气、酒精）。

②对燃料进行预处理（如燃料脱硫、煤的液化和气化），以减少燃烧时产生污染大气的物质。

③改进燃烧装置和燃烧技术（如改革炉灶、采用沸腾炉燃烧等）以提高燃烧效率和降低有害气体排放量。

④采用无污染或低污染的工业生产工艺（如不用和少用易引起污染的原料，采用闭路循环工艺等）。

⑤节约能源和开展资源综合利用。

⑥加强企业管理，减少事故性排放和逸散。

⑦加强建设工地、交通道路的管理，及时清理和妥善处置工业、生活和建筑废渣，减少地面扬尘。

2)治理排放的主要污染物

燃烧过程和工业生产过程在采取上述措施后，仍有一些污染物排入大气，应控制其排放浓度和排放总量使之不超过该地区的环境容量。主要方法有：

①利用各种除尘器去除烟尘和各种工业粉尘。

②采用气体吸收法处理有害气体(如用氨水、氢氧化钠、碳酸钠等碱性溶液吸收废气中二氧化硫;用碱吸收法处理排烟中的氮氧化物)。

③应用其他物理的(如冷凝)、化学的(如催化转化)、物理化学的(如分子筛、活性炭吸附、膜分离)方法回收利用废气中的有用物质,或使有害气体无害化。

3)发展植物净化

植物具有美化环境、调节气候、截留粉尘、吸收大气中有害气体等功能,可以在大面积的范围内,长时间地、连续地净化大气。尤其是大气中污染物影响范围广、浓度比较低的情况下,植物净化是行之有效的方法。在城市和工业区有计划地、有选择地扩大绿地面积是大气污染综合防治具有长效能和多功能的措施。

4)利用环境的自净能力

大气环境的自净有物理、化学作用(扩散、稀释、氧化、还原、降水洗涤等)和生物作用。在排出的污染物总量恒定的情况下,污染物浓度在时间上和空间上的分布同气象条件有关,认识和掌握气象变化规律,充分利用大气自净能力,可以降低大气中污染物浓度,避免或减少大气污染危害。例如,以不同地区、不同高度的大气层的空气动力学和热力学的变化规律为依据,可以合理地确定不同地区的烟囱高度,使经烟囱排放的大气污染物能在大气中迅速地扩散稀释。

5.9.4 中山市空气质量和地面气象要素条件的特征分析

中山市位于珠江出海口,重工业企业少,绿化面积大,因而空气质量较好。通过计算2001—2002年中山市三个主要监测点(即华柏园、张溪工业区、长江旅游区)每日的API指数,发现全部测站的空气质量都属优或良,无轻微污染以上的天数出现。

对于大气污染较严重的城市(比如重庆),关于大气污染与气象方面的研究很多,但对于环境空气质量良好的城市这种研究就很少。以中山这个环境优秀城市为例,分析在空气质量受到污染源影响相对较小的情况下大气污染物的变化特征,以及它们与地面气象要素变化的关系,从而为做好空气质量预报、采取有效措施调节和控制大气污染提供依据。

(1)三种污染物浓度之间的变化特征

影响空气质量的三种主要污染物是二氧化硫(SO_2)、二氧化氮(NO_2)和可吸入颗粒物(PM_{10})。分析发现,三种污染物的浓度变化存在一定的规律:

①无论是月均值的变化还是日均值的变化,三种污染物的浓度随时间的变化都具有非常好的一致性。计算三个测站三种污染物两年(730 d)的日均浓度变化的相关系数发现,三种浓度间存在很高的相关性,相关系数全部超过0.6,置信水平($1-\alpha$)逼近100%。一般来说,污染源对三个污染物浓度的贡献不同,因此,从三种污染物浓度变化的一致性上可以表明:在正常污染排放情况下,污染源对每日、每月污染物浓度的变化贡献很小,而外界对污染物的浓度变化的贡献更大,本节的分析将证实气象要素的变化对污染物的浓度变化有重要贡献。

②中山的主要大气污染物为PM_{10}。统计显示,每个月的平均PM_{10}浓度都显著超过其他两种污染物,而对每日三种污染物的浓度计算发现PM_{10}为主要污染物的天数占到总天数的82%以上。

鉴于以上两种特性,将着重以PM_{10}作为污染物的代表对中山空气质量的变化特征和与之相关的气象要素特征进行分析。

(2)大气污染浓度的变化特征及与地面气象要素的相关

1)污染浓度月均值的变化特征及回归分析

对 2001 年 1 月至 2003 年 6 月三个站点月均的 PM_{10}、SO_2、NO_2 污染物浓度进行分析，发现它们具有以下变化特征：

①三种污染物的浓度具有很强的余弦波震荡特点。从 1 月到 12 月正好是一个完整的余弦波，与余弦曲线吻合得非常好。表现为：冬季污染浓度高，尤以 1 月最高；夏季污染浓度低，最低值都出现在 6 月，且 1 月的污染浓度高出 6 月 1～2 倍。

②月均污染浓度与气压变化同位相。标准化后的气压和三种污染物浓度的月均值变化相当一致，最高值和最低值的出现时间和振幅都基本相同，相关高达 0.75 以上，置信水平逼近 100%。

③月均污染浓度与气温、降水量、风速、相对湿度、蒸发量成反相关，相关系数绝对值都高于 0.5，置信水平高于 99.8%。

考虑以上特性，并运用线性回归方法得到月均 PM_{10} 浓度的回归方程：PM_{10} 浓度＝(－0.000159)×气压＋(－0.000195)×气温＋(－6.91E－05)×降水量＋0.01772×角度的余弦＋1.71763(其中的要素值为月均值)。由于气温、气压相关很好，因而气压的系数会出现负值。该回归方程拟合后的回归平方程占总方差平方和的比率高达 86.0%。

2)污染浓度日均值变化特征及回归分析

一年 365 d，日均的污染物浓度变化比月均污染物浓度变化更加不稳定，它沿着月均浓度起伏，又具有较大的波动性。这种波动性受气象条件影响明显。计算 2001 年 1 月 1 日至 2003 年 4 月 30 日华柏园站 PM_{10} 浓度与气压、气温、湿度、风速、降水、蒸发的相关，得到相关系数分别是：0.57、－0.53、－0.31、－0.30、－0.26、－0.12，置信水平都逼近 100%。

应用两年 730 d 的资料和多元回归的方法得到日均污染浓度的回归方程：日均 PM_{10} 浓度＝0.423×月均 PM_{10} 浓度(回归值)＋0.481×前一天 PM_{10} 浓度＋(－0.0038)×风速＋(－0.0004)×相对湿度＋0.038(其中气象要素值为日均值)。为了获得更高的准确率，因子中加入了每月的 PM_{10} 浓度值及前一天的 PM_{10} 浓度值，由于月均 PM_{10} 和前一日的 PM_{10} 浓度中已包括气象要素对污染浓度的影响，因此我们剔除了对总方差贡献较小的几个气象因子，最后得到回归方程的回归平方和占总方差平方和的比率可达 66.2%。从公式中可看到，气象因子只剩下风速和相对湿度两项，而实际工作中预报员对风速和湿度的预测要比对降水和气压的预测准确得多，因此，该回归方程具有很好的实际预报效果，按照中国气象局对空气质量的评分办法评分，评分结果绝大多数超过 80 分。

3)大气污染的日变化特征分析

受到污染物排放与在空气中传播等不稳定因素影响，三种主要污染物浓度的日变化呈现很不规律的变化特征，甚至经常出现突变。它们日变化幅度非常大，振幅大多在 0.02～0.15，振幅之大可与年振幅相比，这与气象要素的稳定而有规律的日变化完全不同。但通过分析仍然发现污染物浓度的日变化(以华柏园 PM_{10} 为例)的一些有价值的特征：

①日变化具有明显的双峰特征

11 月、12 月和 4—6 月的 PM_{10} 浓度的日变化较有规律，存在两个明显的峰值和谷值，峰值主要出现在早上 08—10 时和 18—21 时两个时段，谷值主要出现在凌晨 03—05 时和下午 14—

16 时两个时段，两个波峰与上下班时间大致对应。这种双峰特性在冬、夏表现得尤为明显。

②日变化受气压影响较大

PM_{10}浓度的日变化与气压的日变化有一定的相关，从 2003 年 5 月 1 日至 5 月 10 日本站气压与华柏园 PM_{10}浓度的每小时变化曲线图（图略）中可看出两者相关型极好，相关系数高达 0.51，置信水平逼近 100%。

③日变化具有明显的季节特征

PM_{10}浓度的日变化曲线在不同季节表现出不同的特征，按照日变化的不同特征分类可将它们大致分为四种类型：高值双峰型（以冬季的 11、12 月为代表），低值双峰型（以前汛期 4—6 月为代表），波动型（以后汛期 7—9 月为代表），反位相型（以春季的 2、3 月为代表）。

4)结论

通过对两年多的空气质量观测资料及相应的气象资料分析，我们得到了在空气质量较好的中山市，大气污染的一些变化特征以及与气象要素的关系：

①三种主要大气污染浓度的月均值和日均值的变化具有一致性。

②大气污染浓度的月均值变化与气压具有高相关，且具有余弦波的震荡特性。预测月均污染浓度的回归方程，回归平方和占总方差平方和的比率高达 86%。

③大气污染浓度日均值的变化也与气象要素的变化有密切关系，回归分析显示，因子中加入污染浓度的月均值和当日的实况值后，气象因子就只剩相对湿度和风速，因而可大大提高预报准确率。

④大气污染浓度的日变化具有明显的双峰特性和季节变化特点，峰值一般出现在上下班高峰时段，且双峰特性在冬、夏尤为明显。这对于有关部门采取措施调节和控制大气污染是很有帮助的。

5.10 城市热岛效应

城市热岛效应是指城市中的气温明显高于外围郊区的现象。在近地面温度图上，郊区气温变化很小，而城区则是一个高温区，就像突出海面的岛屿，由于这种岛屿代表高温的城市区域，所以就被形象地称为城市热岛。城市热岛效应使城市年平均气温比郊区高出 0.5～1.5℃。夏季，城市局部地区的气温有时甚至比郊区高出 2℃以上。此外，城市密集高大的建筑物阻碍气流的流通，使城市风速减小。由于城市热岛效应，城市与郊区形成了一个白天与夜间相同的热力环流。

近年来，由于城市人口集中，工业发达，交通拥塞，大气污染严重，而且城市中的建筑大多数是采用混凝土和石头建成，它的热传导率和热容量都很高，加上建筑物本身对风的阻挡或减弱作用，可使城市年平均气温比郊区高。热岛效应是人们改变城市地表而引起小气候变化的综合现象。在冬季最为明显，夜间也比白天明显，是城市气候最明显的特征之一。

中山市在改革开放以来城市发展很快，不但城区得到快速发展，而且镇区也发展成为一个个小城市，因此，城市热岛效应也是非常明显的。以城区为例，市气象局的站址，从 1955 年至今一直是建在中山市的西区，20 世纪 90 年代之前，西区还是以农业为主，气象局周围基本是农田，1991 年之后建筑物逐年增多，2000 年之后，西区变成了一个城市中心，气温也发生了明显的变化。根据气象资料分析,从1955—2010年每10年的年平均气温变化可以看出,头3个10年(1955—1984年),10年年平均气温比较稳定,到了第4个10年(即1985—1994年),10年年平均气温转为上升,升幅为0.3℃。到了第5个10年(1995—2004年),气温明显上升,年平均气温整整上升了1℃,这除以气候变暖有关外,以城市热岛效应也应该是有很大关系的。又如极端最高气温,从1955—1993年每年的最高气温都是在34～36.5℃摆动,到1994年出现了37.5℃的高温,2004年和2005年、2006年分别出现38.3℃、38.7℃、37.1℃的高温,这与城市热岛效应是有关系的。

5.10.1 形成原因

首先,是受城市下垫面特性的影响。城市内有大量的人工构筑物,如混凝土、柏油路面,各种建筑墙面等,改变了下垫面的热力属性,这些人工构筑物吸热量快而热容量小,在相同的太阳辐射条件下,它们比自然下垫面(绿地、水面等)升温快,因而其表面温度明显高于自然下垫面。

另一个主要原因是人工热源的影响。工厂生产、交通运输以及居民生活都需要燃烧各种燃料,每天都在向外排放大量的热量。此外,城市里中绿地、林木和水体的减少也是一个主要原因。随着城市化的发展,城市人口的增加,城市中的建筑、广场和道路等大量增加,绿地、水体等却相应减少,缓解热岛效应的能力被削弱。

另外,城市中的大气污染也是一个重要原因。城市中的机动车、工业生产以及居民生活,产生了大量的氮氧化物、二氧化碳和粉尘等排放物。这些物质会吸收下垫面热辐射,产生温室效应,从而引起大气进一步升温。

5.10.2 城市热岛形成的天气条件

当晴空少云天气时,以及近地面为静风或微风,气温日较差大,大气层结比较稳定。在这种天气形势下,经城市下垫面长波辐射和人为热作用而增暖的空气,滞留在城市低空,热量不易外散,热岛效应明显,气温升高明显。如果风速增大,来自上风方向的郊区空气进入市区,引起空气的水平混合和上下混合作用,会把热岛效应破坏。白天,当云量增多时,太阳的直接辐射减弱,城市下垫面吸收的热量减少,城市热岛效应不明显。夜间,如果云量增多,城市和郊区的地面有效辐射的差异也减少,热岛效应也不明显。

5.10.3 城市热岛效应的影响

原则上,一年四季都可能出现城市热岛效应。但是,对居民生活构成影响的主要是夏季高温天气下的热岛效应。高温天气对人体健康的影响是不利的。有关研究表明,环境温度高于28℃时,人们就会有不适感;温度再高还容易导致烦躁、中暑、精神紊乱等症状;气温持续高于34℃,还可引起一系列疾病,特别是使心脏、脑血管和呼吸系统疾病的发病率上升,死亡率明显增加。

另外,热岛效应不仅使人们工作效率降低,高温导致火灾多发,而且有家居光化学烟雾的危害。

在夜间，城市上空有一混合层，混合层厚度与城市大小有关，城市越大、混合层越厚，在混合层之上为逆温层，城市排出的污染物在混合层中混合，无法向四周扩散，夜间城市空气中的污染物浓度较高。

城市“热岛效应”增强了近地层的不稳定度，有利于强对流天气的发生，加上城市空气污染使空气导电性能明显提高，容易带来雷雨天气，电闪雷鸣现象发生频繁。因此，城市的发展会加剧市区雷电灾害的发生。

5.10.4 改善城市热岛效应的办法

(1)绿化城市及改造环境

①可采用高效美观的绿化形式，包括街心公园、屋顶绿化、墙壁垂直绿化及水景设置，能有效地降低热岛效应，获得清新宜人的室内外环境。

②居住区的绿化管理要建立绿化与环境相结合的管理机制并且建立相关的地方性行政法规，以保证绿化用地。

③要统筹规划公路、高空走廊和街道这些温室气体排放较为密集地区的绿化，营造绿色通风系统，把市外新鲜空气引进市内，以改善小气候。

④应把消除裸地、消灭扬尘作为城市管理的重要内容。除建筑物、硬路面和林木之外，全部地表应为草坪所覆盖，甚至在树根盖土处应用碎玉米秸和锯木小块加以遮蔽，以提高地表的比热容。

⑤多建设林荫大道，使其构成城区的带状绿色通道，逐步形成以绿色为隔离带的城区组团布局，减弱热岛效应；

(2)充分利用现代技术

①控制使用空调器，提高建筑物隔热材料的质量，以减少人工热量的排放；改善市区道路的保水性能。

②建筑物淡色化以增加热量的反射。

③提高能源的利用率，改燃煤为燃气。

④此外，“透水性公路铺设计划”，即用透水性强的新型柏油铺设公路，以储存雨水，降低路面温度。

⑤形成环市水系，调节市区气候。

⑥提高人工水蒸发补给，例如喷泉、喷雾、细水雾浇灌。

此外，市区人口稠密也是热岛效应形成的重要原因之一。所以，在今后的新城市规划时，可以考虑在市中心只保留政府、旅游、金融等部门，其余部门应迁往卫星城，再通过环城地铁连接各卫星城。

热岛效应给人们带来的危害的确不小，但若能够正确的利用已有的技术，控制城市的过快发展，合理规划城市，这个问题并非不可解决。

5.11　厄尔尼诺现象与中山天气气候

5.11.1　厄尔尼诺现象

（1）厄尔尼诺解释

厄尔尼诺现象是发生在热带太平洋海温异常增暖的一种气候现象。大范围热带太平洋增暖，会造成全球气候的变化，但这个状态要维持 3 个月以上，才认定是真正发生了厄尔尼诺事件。

进入 20 世纪 70 年代后，全世界出现的异常天气，有范围广、灾情重、时间长等特点。在这一系列异常天气中，科学家发现一种作为海洋与大气系统重要现象之一的“厄尔尼诺”起着重要作用。

“厄尔尼诺”是西班牙的译音，原意是“神童”或“圣明之子”。相传，很久以前，居住在秘鲁和厄瓜多尔海岸一带的古印第安人，很注意海洋与天气的关系。他们发现，如果在圣诞节前后，附近的海水比往常格外温暖，不久，便会天降大雨，并伴有海鸟结队迁徙等怪现象发生。古印第安人出于迷信，称这种反常的温暖潮流为“神童”潮流，即“厄尔尼诺”潮流。

（2）形成原因

当南半球赤道附近吹的东南信风减弱后，太平洋地区的冷水上泛会减少或停止，从而形成大范围海水温度异常增暖，传统赤道洋流和大气环流发生异常，导致太平洋沿岸一些地区迎来反常降水，另一些地方则干旱严重。

在正常年份，此区域东南信风盛行。赤道表面东风应力把表层暖水向西太平洋输送，在西太平洋堆积，从而使那里的海平面上升，海水温度升高。而东太平洋在离岸风的作用下，表层海水产生离岸漂流，造成这里持续的海水质量辐散，海平面降低，下层冷海水上涌，导致这里海面温度降低。上涌的冷海水营养盐比较丰富，使得浮游生物大量繁殖，为鱼类提供充足的食物。鱼类的繁盛又为以鱼为食的鸟类提供了丰盛的食物，所以这里的鸟类甚多。由于海水温度低于气温，空气层结稳定，对流不宜发展，赤道东太平洋地区降雨偏少，气候偏干；而赤道西太平洋地区由于海水温度高，空气层结不稳定，对流强烈，降水较多，气候较湿润。

当东南信风异常加强时，赤道东太平洋海水上翻异常强烈，降水异常偏少；而赤道西太平洋海水温度异常偏高，降水异常偏多。这就是所说的拉尼娜事件。拉尼娜现象与厄尔尼诺相反，指东太平洋海水温度异常降低。两种现象都与全球气候有密切联系，可能导致极端天气出现的概率增加。

可是每隔数年，东南信风减弱，东太平洋冷水上翻现象消失，表层暖水向东回流，导致赤道东太平洋海面上升，海面水温升高，秘鲁、厄瓜多尔沿岸由冷洋流转变为暖洋流。下层海水中的无机盐类营养成分不再涌向海面导致当地的浮游生物和鱼类大量死亡，大批鸟类亦因饥饿而死。形成一种严重的灾害。与此同时，原来的干旱气候转变为多雨气候，甚至造成洪水泛滥，这就是厄尔尼诺。

厄尔尼诺对气候的影响，以环赤道太平洋地区最为显著。在厄尔尼诺年，印度尼西亚、澳大利亚、南亚次大陆和巴西东北部均出现干旱，而从赤道中太平洋到南美西岸则多雨。厄尔尼诺现象可以产生毁灭性的影响，可能在拉丁美洲引发洪水、导致澳大利亚出现干旱和印度的农作物歉收。许多观测事实还表明，厄尔尼诺事件通过海气作用的遥相关，还对相当远的地区，甚至对北半球中高纬度的环流变化也有一定影响。

(3)运行周期

厄尔尼诺是一种周期性的自然现象，大约每隔7年出现一次。科学家通过对全球气候的研究，认为厄尔尼诺不是一个孤立的自然现象，它是全球性气候异常的一个方面。在正常年份，秘鲁西海岸的太平洋沿岸地区都受一股冷洋流控制，有一个范围很大的天然渔场。一旦出现气候异常，东太平洋的冷洋流即被一股暖洋流所代替。厚度达30多米的暖洋流覆盖在冷洋流之上，使大量冷水性的浮游生物遭到灭顶之灾，纷纷逃离或死亡，这就是厄尔尼诺现象。

(4)科学研究

厄尔尼诺现象又称厄尔尼诺海流，是太平洋赤道带大范围内海洋和大气相互作用后失去平衡而产生的一种气候现象。正常情况下，热带太平洋区域的季风洋流是从美洲走向亚洲，使太平洋表面保持温暖，给印尼周围带来热带降雨。但这种模式每2～7年被打乱一次，使风向和洋流发生逆转，太平洋表层的热流就转而向东走向美洲，随之便带走了热带降雨，出现所谓的"厄尔尼诺现象"。在正常年份，南美洲的西海岸有一条冷洋流——秘鲁洋流环绕着。洋流里含有丰富的浮游生物，因而鱼量很大(鱼以浮游生物为食)。在东太平洋上空存在着一个反气旋(即高气压区域)，热带信风于是在太平洋从东向西吹，风中包含大量水汽，使澳洲和印度尼西亚普降大雨。但是，有时候反气旋向西太平洋移动，从而导致信风由西向东吹，并推动海水上层的暖洋流覆盖秘鲁冷洋流，使后者的温度猛升3～6℃。这就是厄尔尼诺现象。这种反常现象可持续几个月，它严重扰乱正常气候，并危害沿岸有关国家的生活条件。

气象学家对厄尔尼诺的研究，还是20世纪60年代后期的事。他们查阅了第二次世界大战以来30余年的天气档案，发现几次重大的"厄尔尼诺"现象发生年，都出现过全球性的天气异常。1972年的全球天气异常，就与当年厄尔尼诺暖流特别强大有关。这一年我国发生了新中国成立以来最严重的一次全国性干旱。与此同时，有一些国家和地区却发生了严重洪水，非洲突尼斯出现了200年一遇的特大洪水，秘鲁出现了40年来最严重的水灾。1982年底又出现了厄尔尼诺暖流，东太平洋近赤道地区的海水异常增温，范围越来越大，圣诞节前后，栖息在圣诞岛上的1700多只海鸟不知去向；接着秘鲁大雨滂沱，洪水泛滥。科学家们认为，厄尔尼诺现象的发生与人类自然环境的日益恶化有关，是地球温室效应增加的直接结果，与人类向大自然过多索取而不注意环境保护有关。

据美国科学家的最新研究，厄尔尼诺现象可能是由于水下火山熔岩喷发引起的。熔岩从大洋底部地壳断层喷出，将巨大的热量传给赤道附近的太平洋海流，使海水增温变暖，从而导致东太平洋海区水温及海流方向的异常。

(5)历史记录

厄尔尼诺显著的年份：1790—1793、1828、1876—1878、1891、1925—1926、1982—1983、1997—1998。规模较小的年份：1986—1987、1991—1994、1997—1998、2002—2007、2009—2010。自1949年有记录以来，1949—1951年、1954—1956年、1964—1966年、1970—1971年、1973—1976年、1984年底—1985年、1988—1989年、1995—1996年、1998年底—2000年初、2007年底—2008年、2010年底—2012年都发生了厄尔尼诺现象，令太平洋东部至中部的海水

温度比正常低了1～2℃。有的科学家认为，由于全球暖化的趋势，厄尔尼诺现象有减弱的趋势。

大型厄尔尼诺现象曾经在以下年份出现：1790—1793、1828、1876—1878、1891、1925—1926、1982—1983、1997—1998。

厄尔尼诺现象在以下年份出现：1986—1987、1991—1994、1997—1998、2002—2003、2004—2005、2006—2007、2009—2010、2014—2015。

(6)厄尔尼诺对我国的影响

1997年至1998年的厄尔尼诺现象，太平洋东部至中部水面温度比正常高出约3～4℃，美洲地区有持续暴雨，东南亚地区则持续干旱并发生大规模的森林大火。这次厄尔尼诺现象紧接1990—1994年发生，频密程度罕见，但规模较小。同时，厄尔尼诺带动的温暖海水，影响鱼类的成群移动，破坏珊瑚礁的生长。特别是，在厄尔尼诺现象发生当年，容易在西北太平洋和东北太平洋形成威力强大的台风和飓风，例如，1997年太平洋台风季当年就曾出现十个威力达到等级最高的5级台风，在1997年太平洋飓风季也出现两个等级最高的5级飓风分别是：飓风“琳达”和飓风“盖勒摩”。

对于中国来说，厄尔尼诺易导致暖冬，南方易出现暴雨洪涝，北方易出现高温干旱，东北易出现冷夏。比起单纯的气温变化，极端天气更容易引发危险。

①台风减少。西太平洋热带风暴(台风)的产生次数及在我国沿海登陆次数均较正常年份少。

②夏季风较弱，季风雨带偏南，位于中国中部或长江以南地区。北方地区夏季容易出现干旱、高温，南方易发生低温、洪涝。近百年来我国的严重洪水，如1931年、1954年和1998年长江中下游地区的洪水，都发生在厄尔尼诺现象出现的次年。

③厄尔尼诺现象发生后的冬季，我国北方地区容易出现暖冬。

5.11.2 厄尔尼诺现象对中山天气气候的影响

众所周知，海洋占地球面积的70%以上，加之它巨大的热容量，同时海洋又是供应大气水汽的主要源地，因此可以说，如不考虑海洋的存在和发生在海洋中运动状态的变化，是模拟不出气候的平均状态来的，特别是目前研究发现厄尔尼诺是能够产生年际气候变化最强的海洋信号。

许多人都讨论过厄尔尼诺和拉尼娜事件与中国气候乃至某个地区气候(特别是气温和降水)的关系，本节探讨厄尔尼诺事件对中山气候的影响，分析了厄尔尼诺对中山年、月乃至日气候特征的影响，以及对冷空气和暴雨的影响。本节使用的Niño3.4指数来自IRI(International Research Institute for Climate Prediction)网站1950—2003年Niño3.4区标准化后的海温指数数据。根据Niño3.4指数年序列，我们选出了13个厄尔尼诺年和13个拉尼娜年。

(1)厄尔尼诺对气温的影响

1)厄尔尼诺对月平均气温的影响

分析厄尔尼诺年1—12月标准化的月平均气温变化情况，发现厄尔尼诺年1、3月平均气温偏高，2、6、10、12月偏低；拉尼娜年1、3、8、11、12月明显偏低，4、9月偏高。总的来说拉尼娜年气温整体水平偏低一些，特别是冬季11月至次年1月表现得最明显，而厄尔尼诺年气温整体水平正常，仅在1月和3月偏高。

2)厄尔尼诺对日气温的影响

中山位于华南沿海，炎热天气较多，表现在气温频率图上就是：日平均气温频率峰值出现在 26～28℃，为 70 d/a，高于 26℃的天数高达 146 d/a。日最高气温的频率峰值出现在30～32℃，高于 34℃的天数达 16 d/a。厄尔尼诺对炎热天气的影响主要表现在日平均气温频率峰值天数的变化，厄尔尼诺年日均气温在 26～28℃的天数偏少，为 63 d/a；而拉尼娜年正常偏多，为 72 d/a；而日均气温高于 26℃的天数两者无明显差异，同时日最高气温大于 34℃天数两者的频率也接近，分别 12 d/a 和 14 d/a，显示厄尔尼诺年中山的炎热天气无显著增多或减少迹象。

另外，厄尔尼诺对日最低气温的影响较为显著，主要表现在日最低气温在 22～26℃的天数两者相差 44 d/a，在 14～16℃两者相差 10 d/a。计算日最低气温低于 10℃的频率发现，厄尔尼诺年偏少，为 37 d/a；拉尼娜年偏多，为 54 d/a，正常年份为 40 d/a。日最低气温高于 24℃的频率两者也有明显差别，厄尔尼诺年偏少(167 d/a)，拉尼娜年偏多(218 d/a)，正常年份为 181 d/a。以上数据说明，厄尔尼诺年冬夏的日最低气温会比拉尼娜年和正常年份更舒适，即冬季夜间气温偏暖，夏季夜间气温较凉，而拉尼娜年冬夏日最低气温会趋于极端冷或热。厄尔尼诺对寒冷天气的影响，日平均温度表现得不如日最低气温明显，厄尔尼诺年日平均气温低于 14℃的天数比正常年份少 4 d，而拉尼娜年与正常年份一样多。

3)厄尔尼诺对冷空气的影响

依照业务规范按平均气温 24 h 和 48 h 的降温程度将冷空气划分为弱冷空气、中等偏弱、中等、中等偏强、强冷空气、寒潮六类。计算厄尔尼诺年冷空气的发生频率，发现中等强度以下(含中等强度，下同)和中等强度以上的冷空气次数对厄尔尼诺的反应是相反的，厄尔尼诺年影响中山的中等强度以下冷空气次数偏少，中等强度以上冷空气次数偏多；而拉尼娜年中等强度以下冷空气次数接近正常，中等强度以上的冷空气偏少。影响冷空气的总次数是厄尔尼诺年正常偏少，而拉尼娜年接近正常。从前面对气温的分析可以得出，中等强度以下冷空气对厄尔尼诺年气温的影响比强度强的冷空气对厄尔尼诺年冬季气温影响要强，由于拉尼娜年中等强度以下的冷空气次数较厄尔尼诺年多，导致拉尼娜年较厄尔尼诺年冬季(11、12、1 月)气温低，同时日最低气温低于 10℃的频率较厄尔尼诺年多。

(2)厄尔尼诺对降水量的影响

1)厄尔尼诺年月降水量特征

分析 1—12 月厄尔尼诺年标准化的月降水量的变化情况，发现厄尔尼诺年在 1、3、11 月降水量明显偏高，在 8、12 月明显偏低；拉尼娜年在 3、6、7、11 月降水量明显偏低，在 5、8、10、12 月明显偏高，而厄尔尼诺年和拉尼娜年的年平均差别很小。值得一提的是，厄尔尼诺事件对应的降水量和气温并非完全反位相的，仅在厄尔尼诺年的 2、9 月和拉尼娜年的 1、8、12 月呈反位相变化。

2)厄尔尼诺年对日降水量的影响

这里我们把日降水量划分 8 个级别，分别是无雨、微雨、小雨、中雨、大雨、暴雨、大暴雨和特大暴雨，统计了厄尔尼诺年和累年平均的各雨量级别对应的降雨频数，可见中雨、大雨和暴雨对总雨量的贡献最大，其次是小雨和大暴雨。各雨量级别次数和雨量的变化基本一致，说明降雨的天数是决定各级别降水量的重要因素。厄尔尼诺年的小雨、中雨、大雨和暴雨的次数比正常偏多，大暴雨以上量级的次数较正常年份偏少；而拉尼娜年的微雨和小雨的次数偏多，中雨、大雨和暴雨次数偏少，大暴雨和特大暴雨次数偏多。两者的无雨日都较正常年份减少，两者的总雨量都较正常年份偏多，尤其是厄尔尼诺年。厄尔尼诺年平均每十年大暴雨以上的次数为14.6 d，比正常年份(18.1 d)少了3.5 d；而拉尼娜年为23.1 d，比正常年份多了5 d。总的来说，厄尔尼诺年和拉尼娜年都会比正常年份雨量略偏多，无雨日减少，厄尔尼诺年降水增加主要体现在小雨到暴雨雨量次数的增加，而拉尼娜年降水的增加主要表现在极端强降水的增多。

(3)结论

通过统计分析发现厄尔尼诺对中山气温、降水、冷空气等的影响显著，主要结论如下：

1)总的来说，拉尼娜年气温偏低，特别是冬季11月至次年1月表现得最明显；而厄尔尼诺年气温接近正常，仅在1月和3月偏高。

2)厄尔尼诺对炎热天气无明显影响，而对最低气温影响较大。厄尔尼诺年冬夏的最低气温会比拉尼娜年和正常年份更舒适，而拉尼娜年冬夏最低气温会更极端冷或热。

3)中等强度以下(含中等强度)和中等强度以上的冷空气次数对厄尔尼诺事件的反应是相反的。厄尔尼诺年影响中山的中等强度以下的冷空气次数较正常偏少，中等强度以上的冷空气偏多；拉尼娜年影响中山的中等强度以下的冷空气次数接近正常，而中等强度以上的冷空气偏少。

4)厄尔尼诺年和拉尼娜年的年平均降水量无明显差别，但厄尔尼诺年的1、3、11月降水量会偏高，8、12月偏低；拉尼娜年的3、6、7、11月降水量偏低，5、8、10、12月偏高。

5)一般来说，厄尔尼诺年和拉尼娜年都会比正常年份雨量偏多，无雨日减少，厄尔尼诺年降水增加主要体现在小雨到暴雨次数的增加，而拉尼娜年降水的增加主要表现在极端强降水的增多。

主要参考文献

陈吟晖，姜丽萍，朱舒曼，2006. 中山市地面气象要素与环境空气质量的关系[J]. 广东气象，(2)：36-39.

陈桢华，马慧，汤沛，2011. 珠三角盛夏高温特征及其原因分析[J]. 气象研究与应用，**32**(1)：22-24.

广东省气象局，2006. 广东省天气预报技术手册[M]. 北京：气象出版社.

黄静，姜丽萍，冯志强，2003. 中山市“9.16”特大暴雨分析[J]. 广东气象，(3)：19-20.

黄静，姜丽萍，吴嘉豪，2006. 中山市短时强降水预警条件的综合分析[J]. 广东气象，(2)：26-29.

黄奇章，1994. 中山市暴雨统计分析[J]. 广东气象，(2)：30-32.

江苏省气象局，2001. 江苏省决策气象服务手册[M]. 北京：气象出版社.

姜丽萍，卢山，2002. 中山市冷害天气气候特征及成因分析[J]. 广东气象，(1)：7-9.

姜丽萍，夏冠聪，尤红，等，2008.“珍珠”台风强度及路径异常的分析[J]. 应用海洋学学报，**27**(1)：124-128.

李海鹰，郭德铿，2002. 近 40 年中山市气候变化特征分析[J]. 广东气象，(3)：28-29.

李海鹰，马慧，夏冠聪，等，2009. 热带气旋与中山两种极端天气的关系[J]. 气象研究与应用，**30**(a02)：6-7.

李海鹰，徐宁军，2005. 预警信号发布中的一些问题[J]. 气象，**31**(6)：83-86.

李海鹰，余江华，唐仰华，2005. 热带气旋与珠江三角洲高温天气的关系[J]. 气象科技，**33**(6)：501-504.

林泽金，夏冠聪，2009. 珠江三角洲 3 月份暴雨天气形势分析[J]. 气象研究与应用，**30**(a02)：12-13.

马慧，陈桢华，2005. 2005 年 6 月华南暴雨的气候背景[J]. 广东气象，(4)：14-16.

麦健华，方宇凌，饶生辉，2014. 中山市一次大雾天气过程的成因和物理诊断分析[J]. 广东气象，**36**(5)：19-23.

麦健华，罗乃兴，赖文锋，等，2011. 城市化对珠江三角洲热岛效应影响的模拟[J]. 热带地理，**31**(2)：187-192.

吴兑，邓雪娇，2001. 环境气象学与特种气象预报[M]. 北京：气象出版社.

徐宁军，马慧，陈桢华，等，2010. 2008 年中山市极端天气分析[J]. 贵州气象，**34**(1)：13-16.

中山市地方志办公室，2011. 中山年鉴[M]. 广州：广东省人民出版社.

中山市地方志办公室，2012. 中山市气象志[M]. 北京：气象出版社.

中山市气象局，2001. 影响中山市的热带气旋[M]. 北京：气象出版社.

中山市水利电力局，2007. 中山市水利志[M]. 广州：岭南美术出版社.

朱乾根，林锦瑞，寿绍文，等，2007. 天气学原理和方法[M]. 北京：气象出版社.

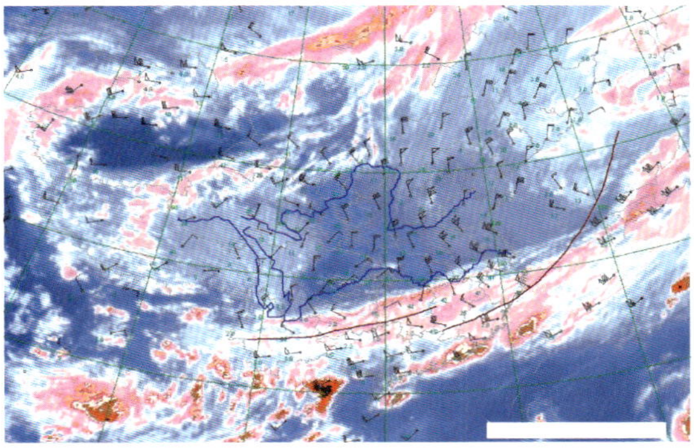

(a)2007年5月19日08时风云2号红外云图

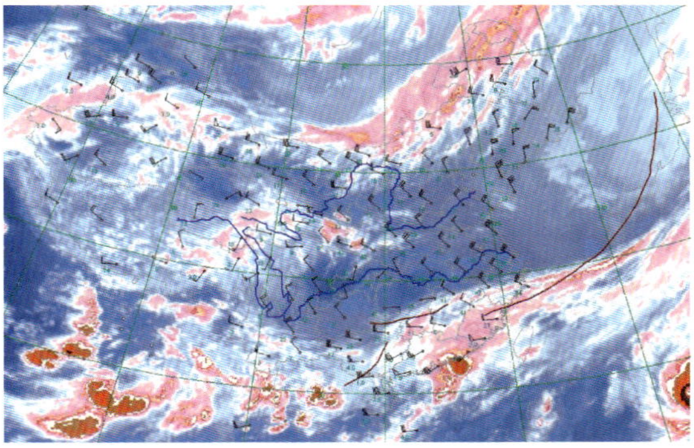

(b)2007年5月19日20时风云2号红外云图

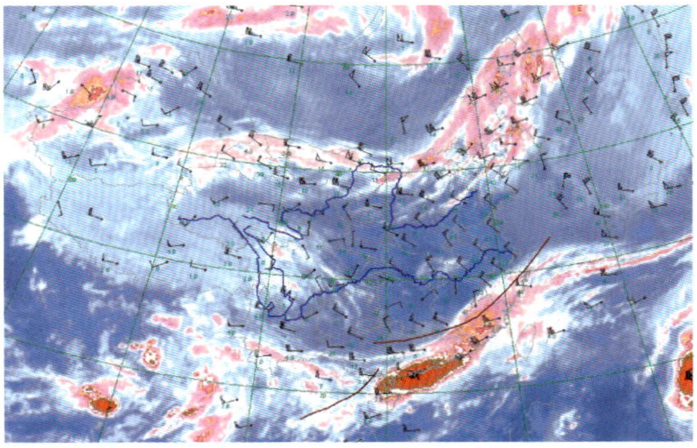

(c)2007年5月20日02时风云2号红外云图

图 3-3-7　2007 年 5 月 19—20 日卫星云图(a—c)

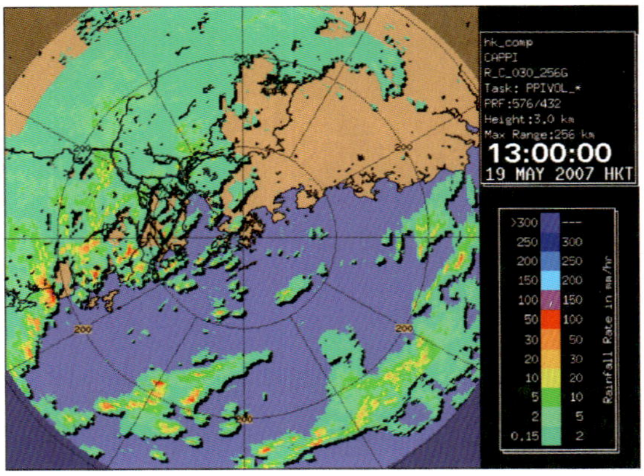

(a)2007年5月19日13时00分雷达图

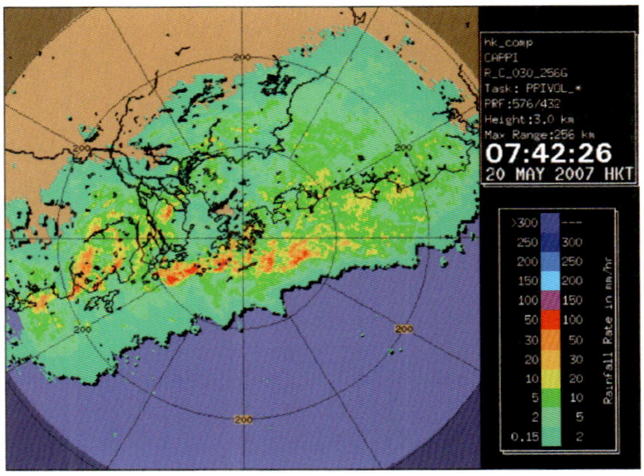

(b)2007年5月20日07时42分雷达图

图 3-3-8　2007 年 5 月 19—20 日雷达回波图(a—b)

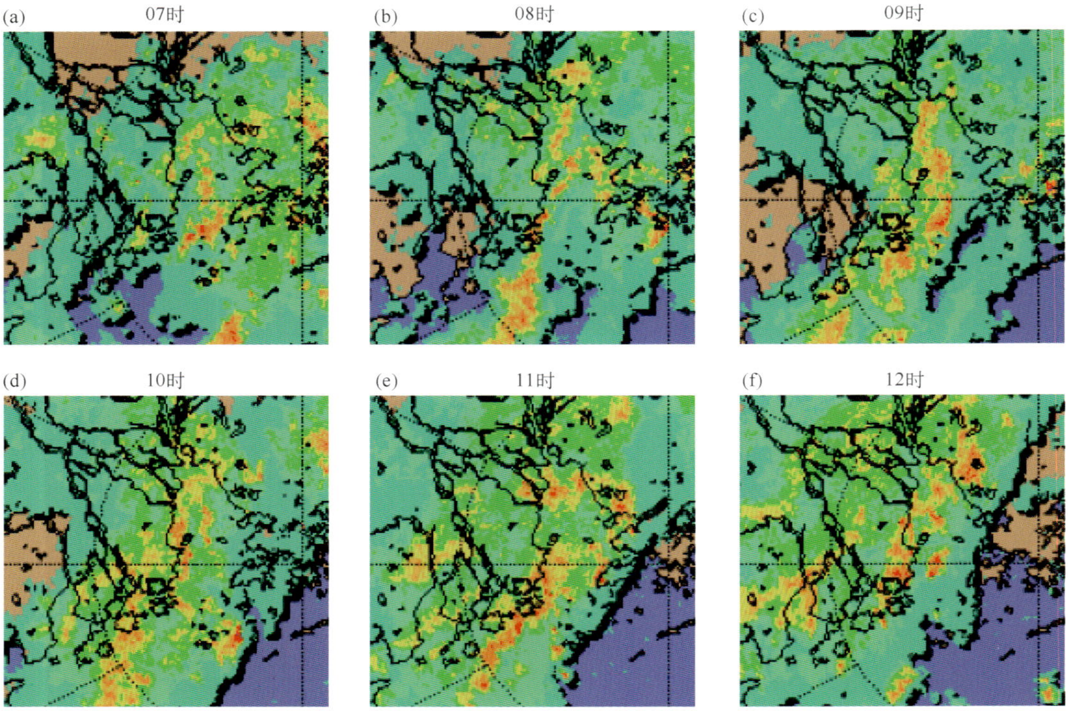

图 3-3-12　2004 年 8 月 29 日 07—12 时香港雷达逐小时回波演变图(a—f)

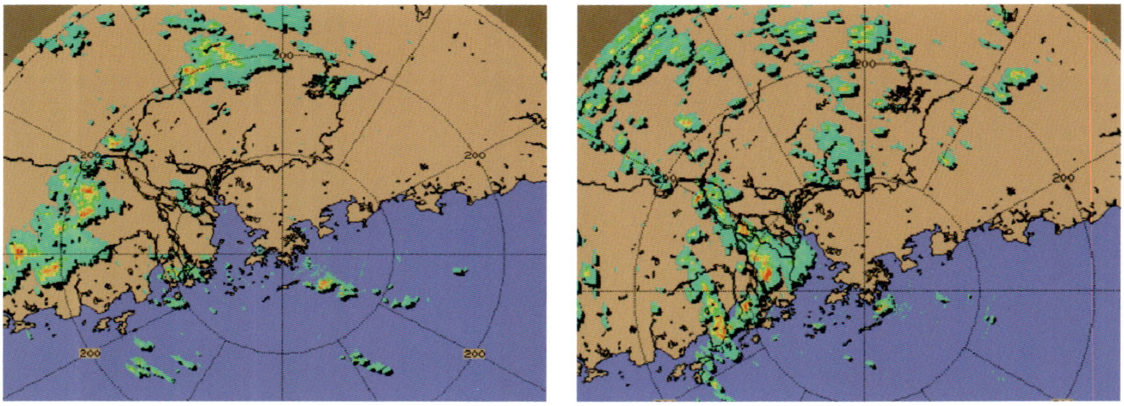

(a)5月20日6:30小波动回波带东传　　(b)5月20日12:30移至本地上空加强的回波

图 3-3-14　5·20 雷达回波图

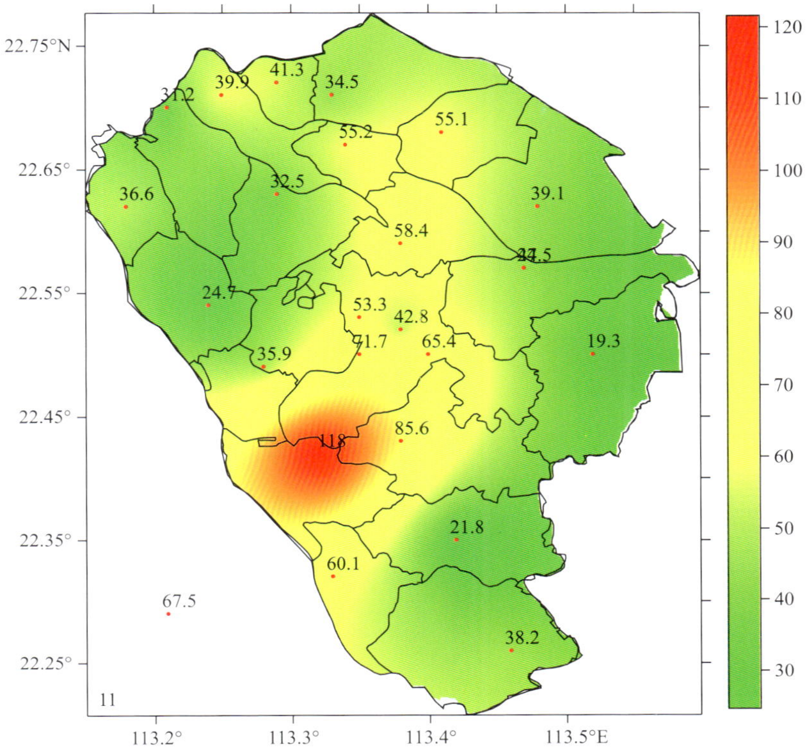

图 3-4-2　2009 年 6 月 26 日 08 时—29 日 08 时中山市累计雨量分布图(单位:mm)

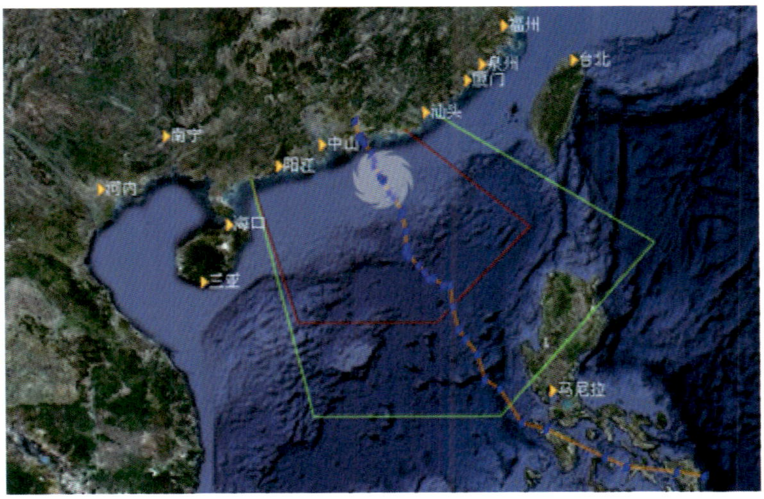

图 3-4-3　0904 号热带风暴"浪卡"移动路径图

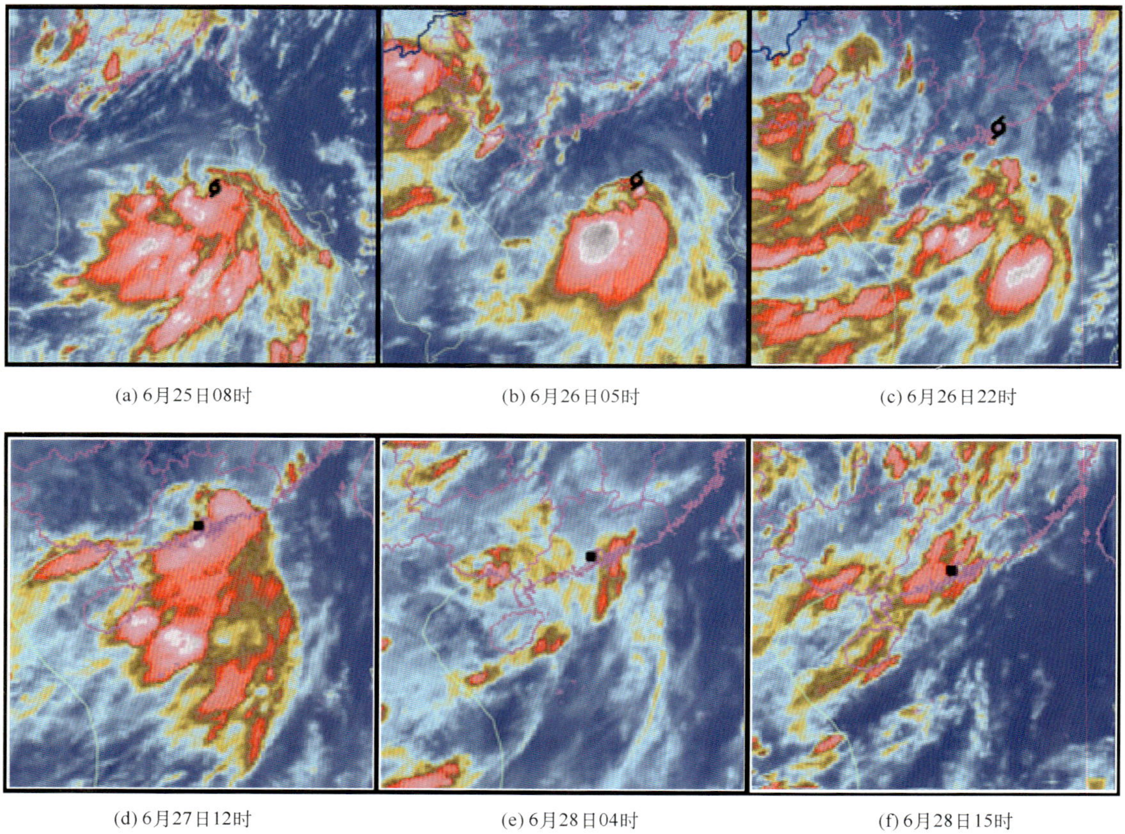

(a) 6月25日08时　(b) 6月26日05时　(c) 6月26日22时

(d) 6月27日12时　(e) 6月28日04时　(f) 6月28日15时

图 3-4-4　2009 年 6 月 25—28 日卫星云图

（黑圈为“浪卡”中心位置，黑点为中山市的地理位置）

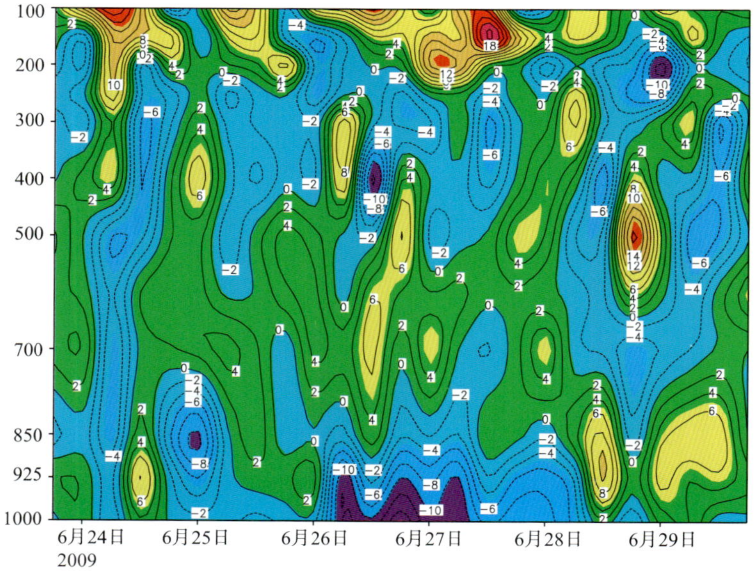

图 3-4-6　2009 年 6 月 24—29 日 112°～113°E、22°～23°N 区域内辐散场时间变化图（世界时，单位：10^{-6} m/s）